U0175010

生命科学与人工智能导论

主　编　王淑芳

副主编　刘冰冰　门　森　刘丹丹

参　编　刘　伟　张东波

科学出版社

北京

内 容 简 介

21世纪，生命科学成为带头学科，进一步推动计算机、互联网、机器人、人工智能等领域的发展。各个研究领域与之交叉融合，形成新工科理念。生命科学的基本概念、基本原理和基本方法成为适应未来的新工科人才必备的核心素养。为了顺应21世纪经济、社会、科技、文化发展对高等教育人才培养的要求，非生物专业的在校大学生不仅需要掌握一些生命科学的基础知识，还要站在国家发展和个人前途交汇点思考自己的未来，更要以生命逻辑的方式思考人类的未来。本教材将人工智能、机器人等机械类相关专业知识与生命科学相融合，引导学生理解新概念，掌握新原理，提出新方法。本教材中每章都附有相应的专题视频，从国家政策、中国故事、人类与自然共同体、新技术浪潮等各方面引导学生以生命的逻辑思考专业和人生。

本教材融合新工科发展趋势，深化课程思政建设思路，秉承工程教育认证OBE教学理念，可以作为机械工程、机械工程及自动化、机器人工程、软件工程等专业本科生的教学用书，也可供高等职业技术学院、高等专科学校和成人高等院校非生物专业的学生使用。

图书在版编目（CIP）数据

生命科学与人工智能导论/王淑芳主编. —北京：科学出版社，2022.6
ISBN 978-7-03-072282-9

Ⅰ.①生… Ⅱ.①王… Ⅲ.①生命科学 ②人工智能 Ⅳ.①Q1-0 ②TP18

中国版本图书馆CIP数据核字（2022）第082144号

责任编辑：林梦阳/责任校对：郝甜甜
责任印制：张 伟/封面设计：蓝正设计

科 学 出 版 社 出版

北京东黄城根北街16号
邮政编码：100717
http://www.sciencep.com

北京九州迅驰传媒文化有限公司 印刷

科学出版社发行 各地新华书店经销

*

2022年6月第 一 版 开本：787×1092 1/16
2023年6月第三次印刷 印张：11 1/2
字数：300 000

定价：49.80 元
（如有印装质量问题，我社负责调换）

前　言

近 300 年来，物理学引领着天文、地质、气象、化学等学科发展，是当之无愧的带头学科。物理学家艾萨克·牛顿（Isaac Newton）把宇宙统一为一个整体，同时又把我们的世界分割成"物理世界和生命世界"。近代物理学家埃尔温·薛定谔（Erwin Schrodinger）试着跨越物理世界和生命世界之间难以逾越的鸿沟，通过撰写《生命是什么》在物理世界和生命世界之间建立了一座桥梁。宇宙大爆炸产生元素，在星系形成过程中形成无机物和有机物；有机物聚合成生物大分子并产生 RNA，诞生最初的生命；不稳定的 RNA 提升编码稳定性产生DNA；原核细胞吞食形成拥有更多 DNA 的真核细胞；真核细胞分化形成拥有共同 DNA 的体细胞和生殖细胞，形成多细胞生命；有性繁殖通过基因重组方式增加多细胞生命 DNA 的多样性，使得多细胞生命向更大、更复杂、组织性和系统性更强的方向发展。最终人类诞生了。可以说，遗传与变异是写在生命基因中的。人类通过不断地尝试更深入地追溯宇宙起源、生命起源、生命进化之谜。同时人类也希望通过阅读生命之书突破 DNA 局限，重塑我们的形体和智能。

本教材内容不仅包括生命的定义、生命如何起源、生命如何构建、生命如何绽放、人类如何创新，而且包含生命科学和机械工程、机器人及人工智能相结合的交叉领域的最新研究成果。全书共 7 章，第 1 章为绪论，论述生命科学作为 21 世纪带头学科的重要地位，以及生命科学对其他学科的启发。第 2 章介绍生命的定义和特征，人类对生命的追寻历程，机器人与生命探索的交叉。第 3 章追溯宇宙起源，并描述地球生命起源，人类对外星人的想象，通过宇宙探测机器人进行的探索。第 4 章主要描述生命如何构建，生命诞生条件和生命如何繁衍，在此基础上人类对人工生命和生物机器人的研究。第 5 章描述生命在细胞基础上绽放出丰富多彩的性状，生命的生存策略和繁衍智慧，自然进化与人工选择的作用，仿生及仿生机器人。第 6 章介绍人类及人类的创新，畅想人类的未来，仿人机器人的发展。第 7 章介绍人工智能的发展趋势，人工智能机器人以及人工智能的未来。

通过对本教材的学习，可以帮助学生了解和掌握生命科学的基础知识、学科前沿、发展趋势及与其他学科的联系；使学生将生命科学知识同所从事的专业结合起来，产生新思路、开拓新领域；加强学生对生命科学的认识，提高综合素质，增强学习能力和创新意识，成为适应21 世纪需要的复合型人才。

通过对本教材的学习，可以帮助学生培养社会责任、家国情怀、工程伦理、人文精神，激发学生对价值、认知、情感和行为的认同，实现知识传授与价值引领相统一、教书与育人相统一。

通过对本教材的学习，可以使学生了解宇宙的浩渺，自然的神秘；理解生命秩序跟知识秩序、文化秩序、社会秩序是一样的，都是在无序中生成有序，在有序中扩展秩序。通过秩序实现物质、能量、信息的交互，从而保证生命体秩序的延续。通过对生命科学的学习使学生认识到自己的独一无二，把自己看作人类文明的一份子，成长为更好的自己，为中华民族的伟大复兴而奋斗！

本教材的编写获得"北京联合大学教材资助项目"及"北京联合大学人才强校优选计划项目"的资助。本教材由北京联合大学王淑芳编写第 2 章、第 6 章及负责全书的统稿，刘冰冰编写第 3 章、第 7 章，门森编写第 1 章、第 5 章，刘丹丹编写第 4 章。刘伟、张东波等参加资料收集整理及校订工作。书中引用了国内外研究成果，这些引用的资料和图片在参考文献或正文中给出了了讨论，在此对原作者表致以衷心的感谢和真挚的歉意！由于编者水平有限，书中难免存在不妥之处，敬请使用本教材的师生、有关专家和同行批评指正，以便本书再版的时候改正和完善。

编者

2021 年 11 月

目 录

《生命科学与人工智能导论》教学课件索取单

　　凡使用本书作为教材的主讲教师，可获赠教学课件一份。欢迎通过以下两种方式之一与我们联系。本活动解释权在科学出版社。

1. 关注微信公众号"科学 EDU"索取教学课件

关注→"教学服务"→"课件申请"

科学 EDU

2. 填写教学课件索取单拍照发送至联系人邮箱

姓名：	职称：	职务：
学校：	院系：	
电话：	QQ：	

电子邮件（重要）：

所授课程 1：	学生数：
课程对象：□研究生 □本科（＿＿＿年级）□其他＿＿＿＿	授课专业：
所授课程 2：	学生数：
课程对象：□研究生 □本科（＿＿＿年级）□其他＿＿＿＿	授课专业：

使用教材名称 / 作者 / 出版社：

联系人：林梦阳　　　　咨询电话：010-64030233　　　　回执邮箱：bio@mail.sciencep.com

第1章 绪 论

　　创新是国家和民族发展的不竭动力，而与生命科学相结合的新工科是创新突破的蓝海。本章主要介绍生命研究领域的重要性。生命科学在科学界的带头地位，研究前沿以及生命科学与人工智能和机器人的交叉创新。

　　本章学习要求：

　　（1）了解生命科学的重要地位。

　　（2）了解生命科学的前沿领域。

　　（3）理解生命科学和其他学科的关系。

第1章专题视频

1.1 生命科学地位

　　在科学发展史上，常常有一门学科在理论观念、思维方式或研究方法上对其他学科发挥重要影响，被誉为"带头学科"。苏联哲学家鲍·米·凯德洛夫（B. M. Kedlov）提出，带头学科具有更替性和加速性的特点。自17世纪以来，科学开始系列革命性飞跃。以蒸汽机为标志的第一次工业革命开启"机器时代"，以电力为标志的第二次工业革命开启"电气时代"，以信息技术为标志的第三次工业革命则开启了"信息时代"，而即将到来的第四次工业革命则是以人工智能、量子信息技术及生物技术等为核心。此过程与经典力学、量子力学、相对论及核物理的理论发展息息相关。因此，物理学是当之无愧的带头学科。

　　到了21世纪，创新成为核心词汇。我国十九大报告中"创新"是高频词汇之一。

　　那么创新的疆域在哪里？世界上最复杂、最为扩展人类认知边界的有两种现象，其一是宇宙的深邃，其二是生命系统的奥秘。借助各种宇宙探测机器人，人类逐渐拓展了对宇宙的认知。而地球上生命现象无处不在，形形色色，持续吸引着人类去探索生命的本质。牛顿用数学公式建筑经典物理的大厦，爱因斯坦（Einstein）创立的相对论和普朗克（Plank）创立的量子力学构筑了现代物理学的基础。这些都可以用数学公式去表达和推导。但就我们目前理解的生命现象，却无法用数学公式来表达。因此，生命系统是地球上最复杂的。非生命系统中的规则和原理包含在生命系统之中，而生命系统还有其特有的规则和原理。在对非生命物质的物理研究取得丰硕成果的基础上，人类研究生命活动已是科学发展之必然。与其他自然科学相比，生命科学目前还处在前牛顿时代，试错和经验仍是研究生命科学的主要途径。21世纪，生命科学的蓝海正在向我们敞开，我们的职责就是要跟大自然学习，跟每个生命现象学习，深入挖掘其工作机理，启迪我们的智慧，并在其他自然科学领域开花结果，使生命的神奇力量能够为我们所用。我们为什么要在基础构架上研究生命呢？因为最终所有的努力就在于我们在何种程度上能够重演生命的构建。例如，研发脑机接口，如果我们没有真正理解脑细胞如何工作，又怎么能跟细胞进行通信呢？设计DNA机器人，如何能够利用DNA材料来构建记忆存储体呢？制作忆阻器，如何通过硬件实现神经网络呢？如果我们对生命科学没有一定的认知，对生命活动没有清晰的理解，这些创新工作就无从谈起。

　　20世纪50年代以后，生命科学文献所占的比例、从事生命科学研究的科学家比例都在迅速增长。生命科学研究领域的 *Cell* 成为世界顶尖三大期刊之一，也是评选诺贝尔奖、竞选院士、展示大学和科研机构研究实力的重要依据。生命科学与传统工科相结合形成的新工科也展示出新的魅力。宇宙学、分子生物学、仿生学、机器人、人工智能等当代新兴科学技术，也无一不与生命科学相关。同时，生命科学研究正在进入精神世界，在严格科学实验基础上研究人脑的思维、情感和意识等活动。21 世纪的带头学科是什么？毫无疑问就是生命科学。

一、生命科学与其他学科的交叉创新

生命科学需要理解生命与非生命之间的关系问题。这个问题的解释与物理、化学、地质、考古、生物、机器人、人工生命和人工智能等各个学科相关，学科之间的相互交叉也产生了更多引人入胜的探索领域。

二、生命科学与宇宙学

生命科学首先要回答生命从哪里来的问题，而要回答这个问题就必须回答宇宙从哪里来。科学家认为，宇宙现在井然有序的结构是百亿年前的一个奇点不断膨胀的结果。但奇点之前呢？宇宙的未来呢？ 2018 年，人类已经能利用哈勃太空望远镜观测到距离地球大约 1.16 亿光年的 NGC 4696 星系，最广可观测到 15 000 个星系，为研究宇宙提供丰富的资源。

三、生命科学与仿生学

生命形态的多样性和生命本质的一致性，两者的辩证统一是生物进化的结果。地球生命圈中包含了各种各样的生命形态，甚至每一种生命也能呈现出多样的形态。这些现象对人类而言到底有什么意义呢？如何向生命学习呢？如何更好地仿生？

四、生命科学与学习创新

人类经过长期进化，历经自然竞争和自然选择的道道门槛，最终以学习和创新能力在地球上独领风骚。人类的大脑如何实现学习与创新活动？如何才能更好地学习与创新？生命科学将逐渐解密大脑的神奇。

五、生命科学与人工智能

人的大脑具有记忆、推理、判断、规划、意识和情绪等各种功能，"道法自然"的最高境界是模拟人的大脑。人工智能目前在很多领域取得进展，未来的人工智能会超越人类吗？人工智能的未来在哪里？

六、生命科学与可持续发展

地球上的生物及其生存环境构成了一个巨大的生态系统，被称为生物圈一号。也有人将地球看作生命，提出"盖娅假说"。正是生命长期进化、适应及与环境相互作用，才形成了地球上现有的生态系统。人类也是从这样一个生态系统中进化而来的。人类在创造现代物质文明过程中，对自然进行了掠夺式的开发，同时也严重破坏了地球环境，也为我们的生存发展埋下隐患。因此，"可持续发展理念"引发国际共识并逐渐深入人心。习近平总书记在中国共产党第十九次全国代表大会上的报告中指出"人与自然是生命共同体"，提出要"坚持

人与自然和谐共生"。

当然，生命科学也如硬币的两面。克隆技术、基因筛选和人工生命的出现向我们展示了生命科学巨大的应用前景，但同时也带来了伦理道德争议问题。生命科学的真谛在于对生命认知的真理性追求，同时要与时俱进地针对新事物开展广泛的讨论，建立合理的生命科学伦理规范。

1.2 生命科学前沿

生命科学与我们的认知和生活息息相关。不仅我们的生活环境充满了生命，而且我们人类本身也是一本活生生的生命科学教科书。如今，生命科学的发展速度已经越过一个创新爆发的临界点，其研究领域涌现出越来越多的革命性技术突破。人类的生存方式、发展方式和未来方式都在生命科学的推动下进行着变革。

一、人类生存变革

俗话说"民以食为天"，食物是关系国计民生的首要问题。而自然转基因和人工转基因等技术研究的出发点就是为了解决粮食不足的问题。我国"杂交水稻之父"袁隆平培育的杂交水稻为解决世界粮食短缺问题作出了贡献，被誉为"第二次绿色革命"，给整个人类带来了福音。小麦是我国北方重要的农作物，中国科学院遗传与发育生物学研究所研究员高彩霞通过将 CRISPR/Cas9 蛋白和 gRNA 在体外组装成核糖核蛋白复合体（RNP），再利用基因枪法将 CRISPR/Cas9 RNP 转入小麦细胞中，在两个六倍体小麦品种中分别对两个不同基因 *tagw2* 和 *tagasr7* 进行了定点编辑，在小麦中建立了全程无外源 DNA 的基因组编辑体系，最终成功解决了小麦基因编辑的难题。纪实片《超凡未来：你不了解的中国科学故事》中就介绍了高彩霞的故事。

人类发展史也是与疾病的抗争史，人类要战胜疾病才能生存。癌症的根源是体细胞中控制细胞生长与分裂的基因异常表达。控制细胞生长与分裂的基因发生突变可能是随机自发的，更多则是外部环境因子作用的结果。香港科技大学生命科学部梁子宇教授通过对老鼠胚胎干细胞和基因的研究，首次发现将癌症连根拔起的曙光。他也因此荣获裘槎基金会颁发的2017 年度"裘槎前瞻科研大奖"。

14 世纪，"黑死病"夺走了 2500 万欧洲人的性命，占当时欧洲总人口的三分之一。随着科技水平的不断发展，人类开始渐渐明白所谓的疾病大多是由病菌或病毒进入人体引起的。因此，研发有效的病毒疫苗是生命科学领域重要研究课题。SARS-CoV-2 蛋白相互作用的研究、SARS-CoV-2 气溶胶动力学分析、人口流动驱动的 COVID-19 分布、SARS-CoV-2 结合 ACE2 受体的晶体结构等研究成果纷纷出现在 *Nature* 等杂志上。钟南山和李兰娟院士也成为这次世界疫情中的"逆行者"，为人类的生存而奋战。习近平总书记在第七十六届联合国大会上提出"我们要坚持人民至上、生命至上"，代表中国交出一份时代答卷。

二、人类发展变革

人类在发展中对环境的探测能力、对生命的理解能力、自我认知能力和从环境中学习的能力都在持续提升。正是对外星生命的好奇，人类登上月球，探测器登陆火星，哈勃望远镜在宇宙中穿行，各种探测机器人在太阳系探测，这些探测活动为我们更好地理解生命提供了条件。

　　与此同时，人类也加强了对生命现象的研究与探索。我们不仅对微生物好奇，对丰富多彩的生态系统好奇，也对我们人类本身如何思考创新好奇。人类基于生命特征研究人工生命，基于生物多样性研究仿生机器人，基于人类智能研究人工智能机器人。这些探索活动不断打破人类认知边界，让我们逐渐把握生命的奥秘。

　　分子生物学是生物学向微观方向的发展，生态学则是生物学向宏观方向的发展。在新的科学技术条件下，其他传统的生物学各分支学科，也逐渐改变了面貌。无论是在理论上还是在应用上，生命科学都在迅猛发展。我国也在积极推进生命科学相关领域的研究。2016年，在北京举办的世界生命科学大会上，13位诺贝尔奖得主、3位世界粮食奖得主、美国科学院院长、英国皇家科学院院长等众多享有国际声誉的顶级科学家参会，共同对生命科学发展中出现的基因编辑、微生物等多项颠覆性新技术进行深入探讨。BioArt编辑部汇集多位国内外专家同行的意见组织评选出了"2016中国生命科学十大进展"，涵盖结构生物学、植物学、免疫学、表观遗传学、干细胞和临床医学等学科。与此同时，新技术与生命科学领域相结合也产生了新的变革。

　　1. 3D打印技术

　　3D打印为个性化治疗提供了可能。在生物制剂方面，科学家正在探索利用3D打印生产细胞和组织，进而能够使药品和疾病模型在3D打印的组织上进行测试。过去10年中，约有200种为患者患病部位量身打造的3D打印医疗器械获得审批通过。心脏作为"发动机"，是人体最重要的器官之一。它的任何一个部分出现问题，都可能导致生命危险。但心脏移植需要配型成功，并且手术费用高昂。2019年，以色列特拉维夫大学研究人员以病人自身的组织为原材料，通过3D打印方式成功打印出了全球首颗拥有细胞、血管、心室和心房的"完整"心脏，如图1-1所示。它还具备收缩功能，为未来打印可用于移植的心脏提供了可能。

图1-1　3D打印出全球首颗"完整"心脏（引自央视网新闻，2019. 全球首颗3D打印"完整心脏"问世，3个半小时即可完成. https://baijiahao.baidu.com/s?id=1632573169530094339&wfr=spider&for=pc）

　　2. 基因疗法

　　基因是生命蓝图，它决定了我们生命健康的内在因素，支持着生命的基本构造和性能。基因测序技术已在医学和商业领域成熟应用，被广泛应用于个性化医疗、肿瘤和遗传病治疗、微生物治疗、器官移植等方面。基因疗法通过为患者提供定制和有针对性的治疗，或将在生命科学领域掀起颠覆性革命。基因疗法和精准医疗已经改变了卫生保健领域，并将继续在罕见疾病领域发挥重要作用。

　　3. 人工智能应用于药物研发

　　越来越多的生物制药企业正在利用人工智能技术简化新药研发的过程。人工智能算法可以分析来自临床试验、健康记录、遗传图谱和临床前期研究的大量数据。

　　4. 认知计算用于提高护理技术

　　认知计算被运用于改善患者恢复情况。利用运动心率、临床试验及其他来源的大量数据获得新的认知，临床作用得到优化，临床护理人员能够利用认知技术围绕患者需求实现更为完备的护理。

三、人类的未来变革

为了应对人类未来的变革，世界各国纷纷行动起来。2018 年，以"科学促进美好生活"为主题的世界生命科学大会在北京召开。400 余位国内外生命科学领域顶尖科学家围绕医学与健康、农业与食品安全、环境科学、生物技术与经济、卫生政策等领域，开展高水平学术交流和最新成果展示。会上提出，生命科学是人类的共同事业，各国科学家应增强命运共同体意识，加强国际合作交流，不断提高生命科学研究整体发展水平。生命科学已成为许多国家科技创新的关键领域，为人类文明的拓展带来前所未有的发展机遇。

更多的生命科学研究关注未来，并持续开展生命科学领域的研讨。2019 年，DeepTech 生命科学论坛在上海举行，来自生物医药领域的科学家、投资人和创业者共聚一堂，深度探讨生命科学领域的科研创新、技术革命和未来趋势。这个趋势不仅包括分子生物学的微观发展，更注重人工生命、人工智能的未来，以及人类的未来。各届中国精准医学大会和中国生命科学大会聚焦生命科学领域前沿进展、生物技术领域风向标及健康领域民众普遍关注的热点，持续推动生命科学研究和技术创新取得更多突破。

1.3 生命科学与人工智能

进入基因时代的生命科学各研究领域已在分子和细胞水平出现了相互交叉，而生命科学与其他自然科学及人文社会科学之间也出现了活跃的交叉。这些交叉都将有力地推动对生命科学难题的探索。

生命科学研究的对象是整个生物界及其与环境的相互作用，揭示新的原理和探索新的技术。科学家们也通过多学科交叉去解决当今人类面临的生存和发展问题。生命科学的发展，将导致自然科学进入复杂性研究的新领域；生命科学的进步，也向数学、物理学、化学及技术科学提出了许多新问题、新概念和新的研究领域。这些新现象将会导致未来社会对人才类型的需求更加广泛，更加强调不同领域、不同层次、不同能力的人才培养。为促进我国从工程教育大国走向工程教育强国，"新工科"概念也应运而生。"新工科"不仅关注新技术下的新产业和新专业建设问题，更关注传统产业和老专业的升级转型问题。教育部积极推进新工科建设，先后形成了"复旦共识""天大行动"和"北京指南"，并发布了《教育部高等教育司关于开展新工科研究与实践的通知》和《教育部办公厅关于推荐新工科研究与实践项目的通知》，全力探索形成领跑全球工程教育的中国模式、中国经验，助力高等教育强国建设。

"人工智能"可以追溯到 20 世纪 50 年代。经过多年的发展，人工智能的含义不断深化。在"AlphaGo"打败李世石和柯洁之前，多数公众对人工智能这件事的印象可能还只停留在电影中。2017 年，腾讯问卷平台针对人工智能的认知进行调研。98.5% 的人认可人工智能在图像处理和语音识别方面的能力。人工智能是人类对智能的仿生，随着生命科学的进展，人工智能也越来越多地体现出生命特征。正如 Wired 杂志创始主编凯文·凯利（Kevin Kelly）在《失控》中提到的，"机器，正在生物化"。

生命科学与人工智能及机器人有着密不可分的联系。从宇宙的探究、外星生命的探寻到生命的模仿和医疗，都有人工智能和机器人的参与。2021 年 8 月，深圳市科学技术协会和深圳市机器人协会联合承办了"深圳湾实验室专场"，深入探讨人工智能与生命科学融合创新，面向国际科技前沿和国家重大需求，凝练重大科学问题和关键技术问题，促进多学科多课题交叉融合，培育重大科技成果产出。

　　当然，事物都有两面性。生命科学的利剑披荆斩棘，为我们展示了一个光辉灿烂的未来，同时其尖锐的锋芒也可能为我们带来伤害。让我们共同设想，不加限制地发展通用人工智能可能会给人类带来系列问题。人类需要达成共识，寻求如何通过技术保证我们在未来有更好的生活。2017 年 1 月 18 日，国家主席习近平在瑞士日内瓦万国宫出席"共商共筑人类命运共同体"高级别会议，并发表题为《共同构建人类命运共同体》的主旨演讲，主张共同推进构建人类命运共同体伟大进程，坚持对话协商、共建共享、合作共赢、交流互鉴、绿色低碳，建设一个持久和平、普遍安全、共同繁荣、开放包容、清洁美丽的世界。

第 2 章　生命和非生命——生命是什么？

　　既然生命科学对我们如此重要，那么生命究竟是什么？生命和非生命的区别是什么？人类如何看待和认识生命现象？人类如何探索生命的起源？人类如何理解生命和死亡的意义？

　　本章学习要求：

　　（1）了解生命的定义。
　　（2）理解生命的本质特征。
　　（3）理解人类对生命的追寻。
　　（4）理解生命科学与机器人、人工智能等方面的学科交叉创新。

第 2 章专题视频

2.1　生命与非生命

　　生命是什么？虽然不能给出精确定义，但即使普通人也能立即判断出海滩上的贝壳和石头哪个是生命哪个不是生命。那么，我们的判断标准是什么？

　　或许，我们会说生命可以从周围的环境中吸收有用的物质然后复制。诚然，细菌可以在有营养的环境中一分为二地复制，植物从土壤、空气和阳光中吸收营养并通过种子复制多个自己，动物可以从植物或其他生物中吸收营养通过孕育胚胎复制。但复制是生命独有的吗？我们知道矿物是典型的非生命，但它也可以从周围的环境中吸收相同成分结晶，并且越长越大。方解石是碳酸钙的一种晶体，在矿脉中，它能形成清澈透明的结构，外形是略微倾斜的方块，成为"冰洲石"。有的生命甚至直接利用矿物结晶，使其成为自己的一部分。例如，科学家发现有些三叶虫利用单晶、透明的方解石作为自己的晶状体。

　　或许，我们会说生命是自组织的。诚然，生命通过自组织将化学分子组织起来形成有序结构，从而实现生命的功能。但自组织是生命独有的吗？虽然传统的物理教科书中重力作用下的自由落体、单摆运动、往复运动甚至星球之间的引力运动都可以用公式计算出来，没有任何自组织的迹象。但贝纳尔对流就是非生命具有一定组织性的显著例子。实验中，可以观察到水有组织性的宏观整体运动。这种运动从侧面看，则如同"蛋卷"，且两相邻水花的旋转方向相反。后来，贝纳尔对流又被拓展出更多的方式，如"电蜂巢"实验。

　　或许，我们会说生命是有序的。生物都要经历出生、成长、成熟、死亡的发展顺序。但有序性是生命独有的吗？1876年，德国化学家 G. 李伯曼（G. Lippmann）偶然发现了汞的神奇特性。汞被重铬酸钾氧化生成一层氧化膜，汞珠因表面张力改变而变扁。接触到铁钉后，氧化膜被迅速还原，汞珠表面张力恢复而回复原状。撤去铁钉后，汞珠重新变扁。整个过程反复进行，汞珠就如心脏跳动一般变扁复原，被称为"汞心脏"。苏联科学家别洛索夫（Belousov）和扎鲍廷斯基（Zhabotinsky）在实验中发现，当柠檬酸与硫酸溶液加入到溴酸钾及铈盐的水溶液中，溶液在无色和淡黄色两种状态间进行着规则的周期振荡，称为 BZ 振荡反应。这种有序性可以作为度量时间的化学钟，与生命的生物钟遥相呼应。

那么，生命与非生命之间的桥梁是什么呢？到底什么才是生命的本质呢？

2.2　生命定义和特征

什么是生命？生命体与非生命体的本质区别是什么？这些生命科学中最基本的问题，至今尚未有一个普遍接受的定义。虽然我们不假思索就能判断出哪些属于生命，但是真要概括出"生命"与"非生命"的本质区别或是生命都具备哪些特征，却并非易事。

虽然给生命下定义比较困难，但是人类持续进行着对生命与非生命之间的界线和关系的思考。

17 世纪的法国哲学家勒内·笛卡儿（René Descartes）认为生命现象只需要用人类已知的简单机械原理就足够了。法国发明家雅克·德·沃康松（Jacques de Vaucanson）将这种生命机械思想呈现出来。他制作了一只机械鸭子。它能在发条的驱动下扇翅膀、吃东西，甚至还能消化食物和排泄。当然，这里的排泄只是把肚子里预先存好的排泄物从屁股那里"排"出来而已。即便如此，这只鸭子还是引起了"生命机械论"的浪潮。人们相信，假以时日，总有能工巧匠可以仿制出生命的机能。

19 世纪，瑞典化学大师永斯·雅各布·贝采利乌斯（Jöns Jakob Berzelius）提出"活力论"。所谓活力就是指生物体内某些特殊的化学物质和化学反应，是生命现象的物质基础。活力论相信，如果科学家确实在生命体内部找到了某种绝不可能在非生物环境中出现的特殊化学物质或者化学反应，我们就能够理解生命的本质。对"活力论"而言，尿素是不折不扣的活力物质。但是 1824 年，德国化学家弗里德里希·维勒（Friedrich Wöhler）采用人工合成的方法从无机物中制得了尿素。难道生命现象本质和自然界的物理、化学反应并没有什么不同？ 1944 年，薛定谔认为，尽管在高度复杂的生命体中很可能会涌现出全新的定律，但这些新定律决不会违背物理学规律。生命活动确实需要"精确的物理学定律"。他设想生命的遗传物质是一种"非周期性晶体"，而遗传变异则可能是"基因分子的量子跃迁"。他敏锐地提出，生物体需要不停地从环境中攫取"负熵"，才能避免死亡和衰退。同年，美国洛克菲勒医学研究所的奥斯瓦德·西奥多·艾弗里（Oswald Theodore Avery）发表"脱氧核糖核酸（DNA）就是遗传物质"的研究成果。

目前，科学家们分别从生物学角度、物理学角度和生物物理学角度给出了生命定义。

但这些生命定义可能也不够充分。英国生物学家尼古拉斯·H. 巴顿（Nicholas H. Barton）等认为"生命是由有组织的物质构成的，它能够繁衍并被自然选择"。为了繁衍，生命系统必须能够积累生物物质并使其结构化为一体的、可遗传的生物结构。随着计算机技术的发展，1987 年关于生命系统合成与模拟的国际学术会议上，生物学家克里斯托弗·朗顿（Christopher Langton）正式提出"人工生命"的概念。当时的化学家、生物学家、计算机科学家、数学家、材料科学家、哲学家、机器人专家甚至电脑动画师都参加了专题研讨。物理学家多恩·法默（Doyne Farmer）提出了界定生命的特征列表。他认为生命具有时间和空间上的模式、自我复制的能力、自我表征的信息库、新陈代谢功能、功能交互、个体间相互依赖并能够死亡、在扰动中能保持稳定和可以进化等特征。未来学家们则认为，生命的定义应该更为广泛，要为未来的人工智能机器和外星文明留下一席之地。他们赞成"生命是一个能保持自身复杂性并能进行复制的过程"。

无论定义如何，仅地球生命种类之多、数量之大就让我们眼花缭乱了。总之，人类在持续探索生命与非生命物质的根本区别中，大多数生物学家在以下七个方面取得共识。

一、共同的生命元素

生命共同拥有不可缺少的多种生命元素，包括 C、H、O、N、P、S、Ca 等元素。其中 11 种元素在生命体中含量比较多，称为常量元素；余下 14 种元素在生物体中含量很少，称为微量元素。从分子成分来看，生命体中有蛋白质、核酸、脂质、糖类、维生素等多种有机分子。

二、细胞是生命的基本单位

生命的基本单位是细胞，细胞内的各结构单元都有特定的结构和功能。生物界是一个多层次的有序结构，在细胞层次之上还有组织、器官、系统、个体、种群、群落、生态系统等层次。每一个层次中的各个结构单元都有各自特定的功能和结构，它们的协调活动构成了复杂的生命系统。各种生物编制基因程序的遗传密码是统一的，都遵循中心法则。

三、新陈代谢

生命体需要不断地获取外界的物质转化为生命需要的物质和能量，并把最终产物排出体外。因此，新陈代谢包括组成作用和分解作用。

四、生长特性

生物体能通过新陈代谢的作用而不断地生长、发育。其中，遗传因素起决定性作用，外界环境因素也有很大影响。

五、遗传和繁殖能力

生物体通过繁殖使生命得以延续。生物的遗传是由基因决定的，生物的某些性状会发生变异；没有可遗传的变异，生物就不可能进化。

六、应激能力

生物受到外界刺激后会发生反应，是生物适应性表现形式之一。

七、进化

生物表现出明确的不断演变和进化的趋势，地球上的生命从原始的单细胞生物开始，经历了多细胞生物、各生物物种辐射、高等智慧生物等重要的发展阶段，形成了今天庞大的生物体系。

但病毒又给生命共识提出疑问。病毒有的是正二十面体，有的呈螺旋状，有的甚至像外星探测器。如果把病毒提纯浓缩，就能使它结晶化，仿佛无限接近物质。但是，它的构成中却有蛋白质和核酸两种有机分子。它侵入宿主细胞以后就能借助宿主细胞的生命系统大量繁衍，而且还能进行进化。例如，2020 年被命名为 SARS-CoV-2 的新型冠状病毒具有强大的复制能力，感染性强。2020 年 3 月，北京大学生命科学学院生物信息中心研究员陆剑、中国科学院上海巴斯德研究所研究员崔杰通过对当时最大规模的 103 个新冠病毒全基因组分子进化分析，发现新冠病毒已经产生了 149 个突变点，并进化出了 2 个亚型。到 2021 年，新冠病毒又进化出更多毒株，例如，英国发现了传染性强的阿尔法毒株；南非发现了能规避疫苗的贝塔毒株；巴西发现了毒性强但流行力弱的伽马变异株；印度发现了看似温和但传染性强的德尔塔毒株；哥伦比亚发现了会削弱抗体效力的缪毒株；荷兰和南非发现了奥密克戎毒株等。可见，无限接近物质的病毒表现出了生命能进化的特点。那么，病毒是生命吗？目前我们将病毒归入生命世界的一个特殊类群。病毒的存在似乎是在提醒我们，生命与非生命之间确实存在桥梁。

2.3 生命研究历程

生命科学的首要问题就是生命起源，从科学启蒙阶段的生命起源猜想到实证研究，人类不断更新对生命的认知和理解。

2.3.1 生命起源假说

一、生命"自生说"

我国自古有"腐草化萤""腐肉生蛆"的说法，认为生命可以由非生命物质自然产生。真是这样的吗？1668年，意大利医生弗朗切斯科·雷迪（Francesco Redi）决定用实验来验证。他将若干肉块一一对应放在若干容器里，一半容器盖上细布，苍蝇不能飞入。一半容器敞口，苍蝇可自由飞入。结果发现，不盖细布的容器里的肉更容易生蛆。据此，雷迪相信，蛆是由苍蝇产在肉上细小的卵长成的。这也证明，"腐肉生蛆"这一说法无法立足。这个结论也得到其他科学家的反复验证，实验结果一度动摇了人们对"自生说"的信念。但是，这个实验还是无法解决人类对生命的困惑："生命究竟是从哪里来的？"

19世纪60年代，生物学领域开展了一场激烈的辩论。辩论主题是：生命到底能否从无生命物质中自然发生。以法国生物学家 F. A. 普谢（F. A. Pouchet）为代表的一方认同生命是从无生命物质中自然发生这一观点。他们通过显微镜观察肉汤，发现大量的微生物可以不需要胚胎就从腐败的肉汤中产生出来。

肉汤中真的可以生出微生物吗？1864年，法国微生物学家路易·巴斯德（Louis Pasteur）精心准备了一个实验。他把煮沸的肉汤装进60个封口瓶，在阿尔卑斯山脚下开启20个瓶口，让空气进入瓶子后再封上。在半山腰同法操作20个瓶子，在山顶操作剩余的20个瓶子。实验结果是：山脚下开启的20个瓶子中，肉汤全部腐败了；半山腰开启的20个瓶子中，只有5瓶发生了腐败；山顶开启的20个瓶子中，只有1瓶发生了轻微的腐败。巴斯德认为，空气中的微生物浓度与环境状况、气流运动和海拔高度有关。海拔越高则微生物越少，从而导致山顶肉汤不容易腐败。这个实验结果表明，普谢等人的实验没有考虑空气中微生物的存在。但这个实验依然不能回答生命从何起源的问题。

二、化学起源说

既然生命不能自然发生，那么可否通过化学反应产生？苏联生物化学家亚历山大·伊万诺维奇·奥巴林（Alexander Ivanovich Oparin）和英国生物化学家 J. B. S. 霍尔丹（John Burdon Sanderson Haldane）提出"生命化学起源"。他们认为地球上的生命是由非生命物质经过长期进化而来的。在原始地球的条件下，无机物可以转变为有机物，有机物可以发展为生物大分子和多分子体系，直到出现最原始生命体。该学说将生命的起源分为3个阶段。

首先，从无机小分子生成有机小分子的阶段。美国芝加哥大学研究生斯坦利·劳埃德·米勒（Stanley Lloyd Miller）在其导师哈罗德·克莱顿·尤里（Harold Clayton Urey）指导下完成了著名的米勒模拟实验。他先在烧瓶中添加水和包括甲烷、氨、氢气与一氧化碳的"还原性大气"，然后给烧瓶加热和通电，模拟电闪雷鸣的原始大气条件。结果不负众望，他得到了 20 种有机化合物，其中 11 种氨基酸中有 4 种是生物的蛋白质所含有的，而当时人们认为蛋白质是生命的本质。《时代》周刊封面刊登了这个著名的实验，人们也以为生命起源问题解决了。但随着时间的推移，人们发现脱氧核糖核酸（DNA）才是生命的遗传物质。

其次，从有机小分子物质生成高分子聚合物阶段。奥巴林提出了团聚体假说来解释这一过程。他将磷酸化酶添加到由组蛋白和阿拉伯树胶构成的团聚体时，发现磷酸化酶几乎完全被吸收到团聚体内。他将蛋白质、多肽、核酸和多糖等放在适当的溶液中，发现它们能自动地浓缩聚集为分散的球状小滴。奥巴林认为，团聚体可以表现出合成、分解、生长和繁殖等生命现象。

最后，有机高分子物质演变为原始生命。美国化学家西德尼·W. 福克斯（Sidney W. Fox）模拟原始地球的火山环境，合成了一种类似蛋白质的物质，把这种物质溶解在沸腾的盐水或水中，冷却后溶液中形成了大量小球。福克斯称之为微球体，并用它来解释有机高分子物质形成多分子体系的过程。微球体具有界膜和一定的内部结构，并能通过分裂的方式增殖，曾被认作是原始生命的雏形。学者们普遍认为这一阶段是在原始的海洋中形成的，是生命起源过程中最复杂和最有决定意义的阶段。目前，人们还不能在实验室里充分验证这一过程。

该理论也并非被所有人所接受。如果能够证明蛋白质大分子可以自然形成便宣称生命可以自发产生，就好比有一堆砖头我们就认为拥有了大厦。产生一个生物大分子相对简单，但是要将生物大分子组合成含有生命信息的 DNA 却绝非易事。生命信息究竟是怎样创造的？至今尚未有清晰的答案。

三、宇宙生命论

既然化学起源无法验证，生命是否起源于地球之外？1821 年，法国 E. 莫尼瓦（E. Moutlivault）提出生命外来说。他认为，宇宙中含有生命胚种的恒星碎片与地球相遇传播了生命。1907 年，瑞典化学家、诺贝尔化学奖获得者斯凡特·奥古斯特·阿伦尼乌斯（Svante August Arrhenius）认为，微生物可以在阳光作用下在宇宙中撒播生命的种子。随后，太空探索过程中，科学家们确实在太空中发现了有机分子。1968 年，美国天文学家利用射电望远镜在人马座 B2 星云中发现了氨分子和水分子。1969 年，美国采用 43 米射电望远镜在人马座 A 和人马座 B2 星云中发现了由 3 种元素、4 个原子组成的有机分子甲醛。这些发现激发更多天文学家对星际分子探索的积极性和探索外星生命的热情。2010 年，法国和美国的天文学家在银河系星际气体中发现了一种新的有机分子蒽（分子式 $C_{14}H_{10}$）。2018 年，美国国家航空航天局（NASA）宣布好奇号在火星上发现了 3 种有机分子。这些线索都表明，宇宙中并不缺少生命组件。对这一理论的主要质疑点在于，如果生命胚种在宇宙中存在，它能在哪里？生命胚种如何达到地球？人类目前已经能探索 110 亿光年外的星星，没有发现生命的迹象。已发现的类地行星中，也不具备保存生命的条件。生命胚体要通过没有氧气、温度接近绝对零度，又充满具有强大杀伤力的紫外线、X 射线和宇宙射线的太空到达地球是个难以完成的挑战。即使能够到达地球，也会在与地球的撞击中灰飞烟灭。这个假说实际上把生命起源的问题推到了无边无际的宇宙中去了，同时这个假说对于"宇宙生命起源"问题，仍是无法解释的。

四、深海热泉说

1977 年，俄勒冈州立大学的杰克·科里斯（Jack Corliss）团队在东太平洋的加拉帕戈斯群岛附近发现了几处深海热泉。深海没有阳光，热泉口高压喷射出 300℃以上的硫化物导致周围环境呈酸性，热泉口和海水之间产生极强的不平衡。但令人震惊的是，这样的环境中生活着众多的生物，包括管栖蠕虫、蛤类和细菌等兴旺发达的生物群落。德国化学家甘特·瓦西特肖瑟（Günter Wächtershäuser）相信生命起源于热泉，并且是热泉口附近的硫化氢和铁的化学反应开启了生命的引擎。这一观点的致命缺陷是"浓度问题"，即溶解在水中的有机分子是怎么聚合在一起的？ 1988 年，美国麦克·罗素（Mike Russell）试图通过碱性热泉口方案解决上述问题。他认为，化能自养型细菌利用热泉喷出的硫化物得到能量。细菌把这些能量用于还原二氧化碳，从而制造出有机物。然后，其他动物以这些细菌为食来维持生命。迄今科学家已发现数十个这样的深海热泉生态系统，它们一般位于地球两个板块结合处形成的水下洋脊附近。无论是酸性还是碱性环境，热泉生态系统与生命起源联系在一起。这种联系还基于以下的事实。首先，迄今为止所发现的古菌，大多都生活在高温、缺氧、含硫和偏酸的环境中，这种环境与热泉喷口附近的环境极其相似；其次，热泉喷口附近不仅温度非常高，而且又有大量的硫化物、甲烷、氢气和二氧化碳等，与地球形成时的早期环境相似。研究者们相信，热泉喷口附近的环境不仅可以为生命的出现提供所需的能量和物质，还可以避免小行星撞地球时所造成的有害影响。因此，热泉生态系统应该是地球孕育生命的摇篮。也有学者认为，生命可能是从地球表面产生，之后蔓延到深海热泉喷口周围。行星撞地球事件毁灭了地表所有的生命，只有隐藏在深海喷口附近的生物幸免于难并生生不息。因此，热泉口附近的生物即使不是地球上最早出现的，也是现存所有生物的共同祖先。

五、淡水池塘说

尽管热泉说获得相当部分的支持，科学家阿尔缅·穆尔基贾尼安（Armen Mulkidjanian）研究小组认为物种的起源可能存在多种可能性。生活在深海热泉喷口的生命可能与热蒸汽在内陆淡水池形成的环境类似，因此原始生命也可能从一个富含营养成分的淡水池塘中诞生。据《新科学家》杂志报道，加州大学圣克鲁兹分校的研究人员认为，地球生命可能起源于淡水池塘。他们认为，淡水比咸水更有可能孕育生命。他们在淡水的条件下利用早期地球物质成分制造出了一种能自我复制的蛋白质，而在咸水环境下却不能得到相同的结果。这个研究结果对海洋起源学说提出了质疑，但却与达尔文（Darwin）生命起源于"富含氨和磷的有机盐、光、热、电等相关物质的小池塘中"的猜想一致。

2.3.2 生命起源实证

随着科技手段的发展，人类对生命的认识从猜想阶段逐步进入到实证阶段。17 世纪，细胞水平的显微镜为实验研究提供工具，进化论为生命研究提供理论依据。到了 21 世纪，电子显微镜的分辨率达到 0.2nm 的分子水平，分子生物学的研究则综合物理、化学、生物学等学科将生命研究推向新的高度。

一、细胞学说

17 世纪显微镜的发明使生命研究进入细胞水平。1665 年，罗伯特·胡克（Robert Hooke）在《显微图谱》中首先使用"细胞"这一概念，他指的是用显微镜在软木片中观察到的由细胞壁围起来已经失去生命的空腔。后来才知道，细胞壁内的小泡囊才是动植物细胞的重要部分。

18 世纪后，欧洲掀起工业革命的浪潮，人们的思想空前解放。面向现实世界、重视实践、主动探索和理性追求成为当时的主流理念。德国博物学家恩斯特·海因里希·菲利普·奥古斯特·海克尔（Ernst Heinrich Philipp August Haeckel）提出"复杂的有机体都是一种球状小泡似的纤毛虫的聚合体"。这一缺乏实验依据的理论唤起了实验科学家的注意。注重实验的德国植物学家马蒂亚斯·雅各布·施莱登（Matthias Jakob Schleiden）和生理学家西奥多·施旺（Theodor Schwann）由此获得灵感。通过研究植物的生长发育过程，施莱登首先提出细胞是构成植物体的基本单位，并把研究情况告诉了施旺。正在研究脊椎动物脊索和软骨结构的施旺深受启发，立志要证明两大有机界最本质的联系。之后，他发表了研究报告《关于动植物的结构和一致性的显微研究》。施旺和施莱登分别提出细胞是生物体的基本结构单位，由此逐渐形成细胞学说。

细胞学说将植物学和动物学联系在一起，不仅论证了整个生物界在结构上的统一性，更是追溯了整个生物界在进化上的共同起源，有力地推动了生物学向微观领域的发展。

二、进化论

法国博物学家乔治-路易·勒克莱尔·德布丰（Georges-Louis Leclerc de Buffon）首次科学系统地研究生命起源问题。他以很多事实说明了自地球历史开始以来物种曾经发生变化，然而并没有明确提出进化论。第一个系统提出进化论思想的是法国博物学家让-巴蒂斯特·拉马克（Jean-Baptiste Lamarck）。他用"用进废退"和"获得性遗传"原则解释动物如何从原始形态进化到现在的形态。英国生物学家查尔斯·罗伯特·达尔文（Charles Robert Darwin）与阿尔弗雷德·拉塞尔·华莱士（Alfred Russel Wallace）则主要在对现有生物和化石资料的考察中产生进化论思想，他们用"生存斗争"和"自然选择"两条原则解释物种起源问题。奥地利帝国生物学家格雷戈尔·孟德尔（Gregor Mendel）的豌豆杂交实验为遗传学的发展奠定了科学基础。虽然在孟德尔之前也曾有很多人进行植物杂交实验，但孟德尔的实验与众不同。首先，他把许多遗传性状分别开来独立研究；其次，他进行了连续多代的定量统计分析；最后，他应用了假设-推理-验证的科学研究方法。1865 年，孟德尔提出遗传因子、显性和隐性等概念，提出分离定律、自由组合定律等。但当时整个科学界并没有认识到孟德尔的研究价值。

1900 年，荷兰的雨果·德弗里斯（Hugo de Vries）、德国的 C. E. 科伦斯（Carl Erich Correns）和奥地利的 E. 冯·切尔马克（Erich von Tschermak）才重新发现了孟德尔的遗传规律，并将其被埋没的《植物杂交的实验》原文公之于众。该年成为遗传学史乃至生物学史上划时代的一年，孟德尔的研究成果也成为经典遗传学的基本概念和基本定律。1908 年，美国生物学家与遗传学家托马斯·亨特·摩尔根（Thomas Hunt Morgan）以果蝇为研究材料，发现了伴性遗传规律、连锁与交换定律，确认基因存在于染色体上，提出了系统的染色体遗传学说。

经典遗传学起初主要是研究人为的动植物杂交，后来对自然交配群体的遗传问题也给以关注，发展出群体遗传学，并协调了进化论与遗传学的关系，使两者由对立走向统一。

三、分子生物学

生物学从研究个体到器官与组织，再到细胞，再到生物大分子，这是从宏观向微观方向的逐步深入。20 世纪下半叶,生物学进入分子生物学时代。它主要研究生物大分子物质的结构、性质与功能,从分子水平阐述生命现象。

分子生物学的诞生被称为生物学革命。它不但将研究对象微观化,而且把物理学和化学的最新概念、定律及仪器运用于生命问题研究,这一切都不同于传统的生物学。正因为如此,最早的分子生物学家大都具有物理或化学的学术背景。

分子生物学的诞生是生物化学、遗传学、细胞学和微生物学等学科发展的汇合结果。按研究路线的不同,三个学派对分子生物学诞生有重要贡献。它们分别是结构学派、生化学派和信息学派。结构学派的代表威廉·亨利·布拉格(William Henry Bragg)和威廉·劳伦斯·布拉格(William Lawrence Bragg)父子采用 X 射线研究生命大分子的三维结构,最终获得诺贝尔物理学奖。1938 年,威廉·托马斯·阿斯特伯里(William Thomas Astbury)开始将其应用于分析纤维状 DNA 的结构,成为分子生物学的开端。生化学派着重从化学角度研究生命,包括生命物质的分子结构和相互作用、生命物质的代谢过程等。信息学派则主要研究遗传信息如何携带与传递。该学派的重要贡献之一是证明 DNA 是遗传信息携带者。1953 年,詹姆斯·杜威·沃森(James Dewey Watson)和弗朗西斯·哈里·康普顿·克里克(Francis Harry Compton Crick)提出 DNA 分子的双螺旋结构模型,则是三大学派研究成果的综合,成为分子生物学诞生的标志。此后,分子生物学发展速度惊人。20 世纪 60 年代提出了遗传信息传递的"中心法则",发现了起调控作用的操纵基因,到 70 年代初已经破译了所有的遗传密码。核酸的一级结构被测定,基因工程成为继信息技术之后又一影响深远的新技术。

目前为止,不仅完成了人类 30 亿对核苷酸的基因组测序,而且完成了大猩猩、小鼠等两千多种真核生物的基因组测序,奠定了系统比较不同生物遗传物质的基础。此外,科学家还能够采用限制性内切核酸酶作为"分子手术刀",DNA 连接酶作为"分子缝合针",载体作为"分子运输车",通过 DNA 分子的提取和分割实现基因重组。

2.4 生命科学与机器人

伴随着人工智能的发展,各种各样的机器人也越来越智能化。智能机器人技术的发展需要人工智能技术的支撑,智能机器人技术的发展又为人工智能的发展带来了新的推动力。二者互相推动,螺旋上升。人们不仅希望机器人成为生活环境的好帮手,更希望机器人能够在未知的探索环境中发挥重要作用。例如,搜索救援、月球探索、爆炸物探测和军事战斗等,都需要机器人具备极高的智能。

2.4.1 机器人的发展历程

广义上来说,机器人应该是包括一切模拟生物思想和行为的机械。实际上,目前对机器人的定义还有很多分类法及争议,比如电脑程序是否应该被称为机器人。随着人工智能概念的提出,机器人和电脑程序又被归入人工智能领域。联合国标准化组织采纳了美国机器人协会给机器人下的定义:"一种可编程和多功能的操作机;或是为了执行不同的任务而具有可用电脑改变和可编程动作的专门系统。一般由执行机构、驱动装置、检测装置和控制系统,以及复杂机械等组成。"因此,机器人是综合了机械、电子、计算机、传感器、控制技术、人工智能、仿生学、生命科学等多种学科的复杂智能机械。

1920 年,捷克斯洛伐克剧作家卡雷尔·恰佩克(Karel Capek)在科幻情节剧《罗萨姆的万能机器人》（*Rossumg Universal Robots*）中最早创造了"机器人"一词。之后，自动化技术的发展使机器人逐步从幻想走向现实。1939 年，纽约世博会上首次展出了由西屋电气公司制造的家用机器人 Elektro，它不仅能完成行走、抽烟等简单动作，还能说简单的语言。1942 年，美国科幻巨匠艾萨克·阿西莫夫（Issac Asimov）提出"机器人三定律"，成为机器人领域默认的研发原则。1954 年，美国工业机器人先驱乔治·德沃尔（George Devol）完成了世界上第一台机器人实验装置"尤尼梅特"（Unimate）。它可以通过编程完成传送、焊接、喷漆等部分汽车装配功能。之后各国纷纷效仿，我们进入了工业机器人时代。1970 年，第一次国际工业机器人会议标志着机器人技术已成为专门的学科。微型计算机的普遍应用持续提升机器人的控制性能并不断降低研发成本。80 年代后，各种不同结构和功能的机器人真正进入了实用化阶段。图像处理、物体辨识等方面取得的成果使机器人朝智能化方向发展。多传感器及信息融合技术有效地提升了机器人的环境适应能力，机器人逐步具有自适应能力和学习能力。21 世纪以来，机器人应用在各种各样的领域，不仅能够胜任探索太空等高科技任务，而且在人们的日常生活中发挥重要作用，像打扫卫生、陪伴孩子和家人、送餐、迎宾、护理等工作，都能由机器人完成。不仅如此，仿生机器人和仿人机器人逐步接近生命特征。机器人学（robotics）应运而生。

目前，美国的三个著名机器人产业集群分布在波士顿、匹兹堡和硅谷，日本有筑波国际战略综合特区机器人项目，法国有巴黎大区机器人产业集群，韩国有仁川机器人主题公园。全球机器人产业各有专长。例如，瑞士的 ABB（Asea Brown Boveri）、德国的库卡（Keller Und Knappich Augsburg）和日本的发那科（FANUC）、日本安川电机（Yaskawa Electric）等在工业机器人领域领先，美国的直觉外科公司（Intuitive Surgical）和 iRobot 等是服务机器人领域中的佼佼者，德国的徕斯（REIS）和杜尔（Dürr）、意大利的柯马（COMAU）等在系统集成领域占据优先地位，日本的纳博特斯克（Nabtesco）和哈默纳科（Harmonic）等在关键零部件领域优势明显。各国小型创新企业也凭借一技之长获得局部技术的颠覆性创新或应用模式创新，为机器人产业发展提供了源源不断的创新动力。

世界主要发达国家纷纷制定相关的机器人国家计划。我国是世界制造业大国，也是机器人使用量最多的国家。我国也正在研判智能机器人产业发展的规律和世界产业发展竞争格局，形成智能机器人技术创新和产业发展路线图，提出智能机器人产业的振兴路径，把发展机器人作为国家计划，从而主导未来智能机器人发展的行业标准制定。我国智能机器人的发展以 BAT（百度、阿里巴巴、腾讯）等互联网企业的自主创新为主。腾讯发布了智能球形机器人，可实现人机交互功能。阿里巴巴着力于智能仓储领域，开发出智能仓储机器人、末端配送机器人和高精度数据中心智能机器人。百度也在机器人领域早早布局，发布了情感机器人及智能家居机器人。腾讯联合华硕发布了一款智能家庭机器人，将智能语音服务系统融入了机器人产品。

2.4.2　生命科学与机器人交叉融合

生命科学融入机器人前沿技术中，远不止于对机器人"脑"的研发，连"身体"都开始接管。越来越多科学家开始探寻生物、机、电"三位一体"的技术发展道路，仿生器官等技术应用已逐渐成真。这些实践和探索都将反过来促进人类对生命体控制技术的研究。

机器人虽然名称是"机器人"，但形态各式各样。各种轮式外星探测器可称为"探测机器人"，与生命体结合实现一定功能的称为"细胞机器人"，各种模仿生物外形和功能的称为"仿生机器人"，模仿人类形态和功能的称为"仿人机器人"，模拟人类大脑功能的称为"人工智能机器人"。本教材将在与生命科学相关的章节分别介绍这些机器人。

2.5 延 伸 阅 读

2.5.1 薛定谔《生命是什么》

作为"波动力学之父"、量子力学集大成者之一的薛定谔无疑是时代的骄子。而他撰写的《生命是什么——活细胞的物理学观》更是石破天惊，在非生命和生命之间不可逾越的鸿沟上架起一座桥梁。

20世纪30年代，包括相对论和量子力学的现代物理学基础已经牢固地确立，物理学研究的范式也已成型。与此同时，生物学却面临着理论和方法的重大突破，具有无限广阔的发展前景。为了弥合知识的分裂，追求科学的统一，薛定谔携带着现代化的物理学思维方式和实验手段，到生物学和遗传学的处女地开垦耕耘。

薛定谔在书中提出了一系列天才的思想和大胆的猜想：物理学和化学原则上可以诠释生命现象；基因是一种非周期性的晶体或固体；突变是基因分子中的量子跃迁引起的，突变论是物理学中的量子论，基因的持久性和遗传模式长期稳定的可能性能用量子论加以说明；染色体是遗传的密码本；生命以负熵为生，是从环境抽取"序"维持系统的组织并且进化的，等等。这些观念在当时的确是十分新奇的，也特别引人入胜。

在薛定谔的感召下，一批物理学家投身到计算分子进化和遗传学的研究洪流中，包括新西兰物理学家莫里斯·威尔金斯（Maurice Wilkins）和英国物理学家弗朗西斯·哈利·康普顿·克里克。正是《生命是什么》，使克里克放弃了粒子物理的研究计划，钟情于从未打算涉猎的生物学；正是《生命是什么》，使威尔金斯告别了物理学，热衷探究生命大分子复杂结构的奥妙。美国生物学家沃森也被薛定谔的书牢牢地吸引住了，并立志献身于揭开生命遗传的奥秘。1951年，年轻的沃森来到克里克所在的卡文迪什实验室，二人在威尔金斯等的X射线衍射分析资料的基础上潜心求索，终于在1953年提出了DNA双螺旋分子结构模型。这个模型成功地说明了DNA通过双螺旋的解旋，以每条单链为模板合成互补链而复制，以及遗传信息怎样以长链上的碱基序列的方式来编码。1962年，他们三人因对核酸分子结构和生物中信息传递的意义的发现，荣膺诺贝尔生理学或医学奖。

2.5.2 科学无国界，科学家是有祖国的

科学家对科学的执着、探究、热爱可以不受国境的限制，最终科技成果属于全人类和全世界，成为人类进步的阶梯。但是科学家在获得成就后，不能够忘记自己的祖国，应当尽力为祖国的发展作出贡献。

中国"两弹一星"元勋钱学森毕生践行了"科学无国界，科学家是有祖国的"。钱学森在美国从事空气动力学、固体力学和火箭、导弹等领域研究，并与导师共同完成高速空气动力学问题研究课题和建立卡门 - 钱公式，在28岁时就成为世界知名的空气动力学家。功成名就的钱学森却始终关心着祖国的发展。1955年10月，钱学森终于冲破种种阻力回到祖国。回国后，他和钱伟长合作筹建中国科学院力学研究所，并出任该所首任所长。不久后，他就全面投入到中国的火箭和导弹研制工作。在毕生实践着科学报国信念的奋斗历程中，钱学森淡泊名利，人品高洁，充分展现出一位科学大师的高尚风范。

第 3 章 宇宙和地球——生命如何起源？

本章主要介绍生命起源。对这个问题的解释将拓展到宇宙的起源、太阳系的起源，以及地球生命的起源。

本章学习要求：

（1）通过宇宙起源、地球发展史了解生命起源。

（2）通过宇宙的尺度感受宏观和微观。

（3）通过生命来之不易体会敬畏生命，尊重生命，尊重他人。

（4）了解元素的生成，理解生命同源和生命平等。

本章彩图

第 3 章专题视频

3.1 宇宙的起源

打开生命科学迷宫的钥匙是"？"。"我们从哪里来？"不仅是哲学之问，更是生命之问。宇宙从何而来？地球上的生命如何产生？生命产生后如何演变？为何人类能够探索宇宙和自己？我们在宇宙中是孤独的吗？人类、地球和宇宙的未来会是什么样？在人类漫长的历史进程中，在所有的"？"中，"天地之初"是永恒的主题。屈原就在《天问》中振聋发聩地问出人类的心声"遂古之初，谁传道之？上下未形，何由考之？冥昭瞢暗，谁能极之？"

从宇宙的视角看，人类在生命进化史中出现得最晚。我们未能观察到宇宙的形成，地球的开端，生命的诞生以及生命的进化。人类不是生命进化的起点，可能也不是生命进化的终点。但我们成为改变地球生物圈的主导力量，并粗略地勾勒出宇宙图景，将地球生命进化史推向更高的层次。

3.1.1 宇宙初窥

夜晚浩瀚的星空总是点燃人类的好奇心和探索欲。俗话说"天外有天"，我们的这块"天"之外究竟有什么？星星究竟是什么？我们的家园地球又处于什么样的位置？地球是唯一有生命的星球吗？无论我们有没有足够的天文知识，无论我们是精英阶层还是凡夫俗子，面对浩瀚的星空都不会无动于衷。宇宙如此壮美，到底是如何形成的呢？

人类为宇宙命名，为星空命名，为自然命名，为生物命名，也为自己命名。为了识别，人类进行了一系列的工作。通过辨别星空、划分星等、为星系命名、探索脉冲星和中子星、定义黑洞和搜寻暗物质等活动，人类逐渐建立日渐清晰的宇宙概念，我们也逐渐理解世界的根本秩序。

一、星空的辨别

我国古代把星空划分为若干区域，称为星官或星宿。西汉时期，星空被分为中官、东官、西官、南官和北官五个天区。三国时期，星空被分为包含三垣、二十八宿及其他星官的283 官。到了隋代，星空的划分基本定型为"三垣四象二十八宿"。而西方则使用星座来命名星空，美索不达米亚时期就出现了第一份星座表。公元 2 世纪，形成了希腊神话中的 48 星座。1928 年，为了共享研究成果，国际天文学联合会将星空统一划分成 3 个天区 88 个星座。只有在地球赤道上，我们才能看到全部星座。其中，黄道天区包括 12 个星座，北半天球包括 29 个星座，南半天球包括 47 个星座。各个星座的大小形状互不相同，但它们都可由其中亮星的特殊分布辨认出来。当然，这些星座是按照投在天球内壁上的视觉位置来划分的，实际上同一个星座中的星距可能比不同星座还远。无论如何，我们为星星们建立了档案，不仅更容易识别，还能为航天器提供导航。

二、星等的划分

"星汉灿烂，若出其里"，满天星斗有的光华璀璨，有的昏暗难辨。如何区别呢？

古希腊天文学家喜帕恰斯（Hipparchus）把他编制的星表中 1022 颗恒星按亮度划分为 6 个等级，全天最亮的若干颗星定位 1 等，肉眼勉强可见的星定位 6 等。1850 年，英国天文学家诺曼·罗伯特·普森（Norman Robert Pogson）发现星等之间的亮度差为 100 倍，于是将星等概念定量化，每差一级亮度降低 1/2.512。由于 6 级星等覆盖范围太小，又引出了负星等的概念。按照标准，织女星为 0 等；天狼星为 −1.5 等；满月为 −12.8 等；太阳为 −26.7 等。目前，地上最大的望远镜能看到 24 等星，哈勃望远镜则能看到 28 等星。我们位于地球，这种星等划分当然只反映在地球上的视觉感受，称之为"视星等"。要想知道恒星真正的亮度，则必须考虑它和地球之间的距离。

勘测队员用"三角视差法"来量度距离，这是一种利用不同视点对同一物体的视差来测定距离的方法。对同一个物体，分别在两个点上进行观测，两条视线与两个点之间的连线可以形成一个等腰三角形，根据这个三角形顶角的大小，就可以知道这个三角形的高，也就是物体距观察者的距离。如果把两个不同视点之间的基线扩大到地球绕日轨道的两端来观察天体，也会发现微小的视差，从而计算出天体的对地距离。我们把视差为 1 角秒处的距离定义为 1 个秒差距，它等于 3.26 光年。现在，我们把恒星都公平地放在 10 个秒差距的地方看它们的目视亮度，称之为"绝对星等"。

除亮度外，研究者们还发现星星的光芒有红、黄、蓝、白之分。这些不同的颜色同样表征极为重要的消息。英国著名的物理学家牛顿通过三棱镜将日光解析出七色光谱，德国科学家约瑟夫·冯·夫琅禾费（Joseph von Fraunhofer）让日光通过一条狭缝，发现在太阳光谱中有许多暗线。夫琅禾费又兴致勃勃地观察了行星的光谱，发现其中也有一些暗线，并和太阳光谱中的暗线位置相同。而电弧火焰的光谱是由一系列明亮的谱线组成，没有暗线。德国物理学家古斯塔夫·罗伯特·基尔霍夫（Gustav Robert Kirchhoff）发现太阳光谱中的暗线位置只与元素有关。经过光谱分析，证明太阳上有氢、钠、铁、钙、镍等元素。实际上，太阳光谱的暗线是太阳中的元素吸收导致的；每个恒星上的元素不一样，所以光谱暗线位置不一样。用此方法可以从地球获知遥远的恒星上存在哪些基本元素。20 世纪初，美国哈佛大学天文台已经为 50 万颗恒星建立了光谱档案。按温度递减，人们把恒星光谱分为 O、B、A、F、G、K、M 等 7 个主要类型和 R、N、S 等 3 个副类。每类又细分为 10 个次型，其中太阳属于 G-0 型。丹麦天文学家埃希纳·赫茨普龙（Ejnar Hertzsprung）和美国天文学家亨利·诺里斯·罗素（Henry Norris Russell）以恒星的光谱类型为横坐标，以绝对星等为纵坐标，制成了著名的赫罗图。人们发现 90% 以上的恒星集中在从左上角到右下角的对角线上。赫罗图不仅揭示了恒星之间的状态关系，也描述了它们演化的趋势和方向。

三、星系的命名

星系是宇宙中的"星星岛"，人类已在宇宙观测到了约一千亿个星系。例如，银河系，它是一个包含恒星、气体、宇宙尘和暗物质，并且受到重力束缚的大星系。

典型的星系，从只有数千万颗恒星的矮星系到上兆颗恒星的椭圆星系，全都环绕着质量中心运转。除了单独的恒星和稀薄的星际物质之外，大部分的星系都有数量庞大的多星系统、星团及各种不同的星云。星系是依据我们看到的形状分类的，包括椭圆星系、旋涡星系和不规则星系。

1．椭圆星系

椭圆星系形成于宇宙早期，大多数恒星已由盛年转向衰老，新诞生恒星较少。它的形状为正圆形或椭圆形，中心亮而边缘渐暗，颜色为黄色或红色。其核心恒星密集，外围由许多球状星团组成。武仙座 A（Hercules A）是一座相对较大的椭圆星系，宽度达 150 万光年。其中的许多星系像是正在互撞或合并，显示出扭曲的形状。这和宇宙初期的年轻星系团很相似。研究人员认为，可以通过研究武仙座星系探索星系和星系团演化的过程。武仙座 A 的质量约为银河系的 1000 倍，中央黑洞是银河系中央黑洞的 600 倍。2012 年，哈勃太空望远镜的第三代相机和阵列射电望远镜的合作图像中，武仙座 A 中央超级黑洞的引力势能驱动壮观的喷流，如图 3-1 所示。两个喷流的远端呈环状结构，可能是多次喷射的痕迹。

图 3-1　武仙座 A 中央超级黑洞的引力势能驱动壮观的喷流（引自 https://www.nasa.gov/image-feature/almost-every-galaxy-has-one-a-black-hole-that-is）

2．旋涡星系

旋涡星系大约占星系总数的 30%，它们有一个较圆的核心，从核心处延伸出两条或多条旋臂。每个旋涡星系的旋臂缠得松紧程度略有差异。

旋涡星系仙女座星云中有十亿颗恒星，是银河系的 2 倍。但由于银河系中有非常多的暗物质，因此星系的质量要比仙女座星系大得多。科学家认为，在几十亿年内，银河系和仙女座星系会发生一次星系碰撞，然后合并成一个更大的星系。

棒旋星系是特殊的旋涡星系，它们的旋臂像是从通过核球中心的一根棒状结构的两端延伸出来的。NGC1566 是一个中间的旋涡星系，距离我们大约有 4000 万光年。梅西耶 101（M101）是一个巨大而美丽的旋涡星系，它是最后一个进入查尔斯·梅西耶（Charles Messier）星云星团表的星系。它横跨大约 17 万光年，几乎是我们银河系大小的两倍。图 3-2 是由哈勃望远镜拍摄到的 51 张曝光图像合成的 M101。M101 也被称为风车星系，位于大熊星座北部边界内，大约距离地球 2500 万光年。

图 3-2　梅西耶 101（引自 https://www.nasa.gov/sites/default/files/m101.jpg）

3．不规则星系

外形不规则的小星系则会被称为不规则星系。有些星系的形状不规则或异常，通常都是受到其他星系影响的结果。邻近星系间的交互作用，也许会导致星系的合并，也许会造成恒星大量产生，称为"星爆星系"。

4．星系群体

若干相互关联的星系组成星系群体，50 个左右的星系组成星系群，数百至数千个星系组成星系团。例如，银河系、仙女座星系、三角座星系、大小麦哲伦星云，以及周围几十个更小的星系一起构成了本星系群。本星系群内部成员彼此间由于引力作用会发生撕扯或碰撞，银河系就曾撕裂很多矮星系，留下的残余分布在银河系的外围。

我们的本星系群和附近的星系群都围绕着位于室女座的引力中心运动，组成室女座超星系团。本星系群只是室女座超星系团的外围成员。在星系团尺度，星系会排列成薄片状和细丝，环绕着巨大的空洞。2013 年使用雨燕卫星和费米伽马射线空间望远镜观测到的武仙 - 北冕座长城是宇宙中一个由星系组成的巨大超结构，延伸超过 100 亿光年，是可观测宇宙中已知最巨大的结构。科学家发现，宇宙在星系团尺度中呈现出各向同性和均质。

从宇宙大尺度看，星系包围着气泡一样的空白区域，整体上形成类似蜘蛛网或神经网络的结构。

四、中子星和脉冲星

星系中的恒星在核心核聚变反应中耗尽后，便无法获得能量。失去热辐射压力支撑的外围物质受重力牵引会急速向核心坠落，导致外壳的动能转化为热能向外爆发产生超新星爆炸。根据恒星质量的不同，恒星的内部区域被压缩成白矮星、中子星以至黑洞。按照钱德拉塞卡极限，白矮星的质量不能超过太阳 1.5 倍。否则，更大的引力将使简并态电子也无法抗衡，于是全部被压进质子而形成简并态中子。于是，整个星体成了一个由无数中子组成的超大原子核。每立方厘米就有 1 亿吨，相当于全人类的重量总和。一个太阳质量的中子星，直径只有 14km。70kg 的人在这颗中子星上的体重将达到 200 亿吨，并会因头脚之间 1800 万吨引力差产生的潮汐作用而被撕得粉碎。

1932 年，苏联著名物理学家列夫·达维多维奇·朗道（Lev Davidovich Landau）从理论上预言了中子星的存在。1934 年，威廉·海因里希·沃尔特·巴德（Wilhelm Heinrich Walter Baade）和弗里茨·兹威基（Fritz Zwicky）认为超新星爆发可以将一个普通的恒星转变为中子星。那么中子星在哪里呢？

1967 年 11 月，英国剑桥大学研究生约瑟琳·贝尔·伯奈尔（Jocelyn Bell Burnell）用射电望远镜观测天空，发现了来自狐狸座方向以 1.337s 为周期的脉冲无线电波，引起世界极大的轰动。经过射电望远镜的色散测量，贝尔和她的导师安东尼·休伊什（Antony Hewish）认为这颗脉冲星就是物理学家预言、探讨和寻觅的中子星，而且是快速旋转的中子星。绝大多数的脉冲星都是中子星，但中子星不一定是脉冲星，有脉冲才算是脉冲星。

脉冲星诞生于超新星爆发，蟹状星云就是其中之一。1758 年，法国天文学家查尔斯·梅西耶（Charles Messier）观察它 27 年之久，并在梅西耶星团星云表中将其命名为 M1。1844 年，英国天文学家威廉·帕森斯（William Parsons）手绘了该星云，并将其命名为蟹状星云。1892 年，美国天文学家拍下了蟹状星云的第一张照片。天文学家对比 30 年前的照片时，发现它正在以 1100km/s 的速度扩张。以这一速度往回推算，蟹状星云应该是在约 900 年前的一次超新星爆发中产生的。1942 年，美国天文学家尼古拉斯·梅耶尔（Nicholas Mayall）、荷兰天文学家简·亨德里克·奥尔特（Jan Hendrik Oort）及荷兰汉学家简·尤利乌斯·洛德威克·戴文达（Jan Julius Lodedwik Duyvendak）合作研究，成功地在《宋会要》一书中找到了重要线索："嘉祐元年三月，司天监言：'客星没，客去之兆也。'初，至和元年五月，晨出东方，守天关，昼见如太白，芒角四出，色赤白，凡见二十三日。"从而确认蟹状星云是

1054 年超新星爆发事件的产物。

蟹状星云的脉冲星位于北天区，是蟹状星云中一颗明亮的点。1969 年在射电波段被发现后，在光学、X 射线、γ 射线和红外波段也能检测到。这种几乎在所有电磁波段都能被检测到的特性使得天文学家将其作为宇宙中最具参考性的标准源，用于测量宇宙中其他辐射源。蟹状星云脉冲星有着长期的记录史，在研究脉冲星自旋周期演化特性中有重要作用。

2016 年，我国发射首颗脉冲星导航试验卫星（XPNAV-1），该星属太阳同步轨道卫星。卫星入轨并完成在轨测试后，将开展在轨技术实验，验证星载脉冲星探测器性能指标和空间环境适应性，积累在轨实测脉冲星数据，为脉冲星探测及技术体制验证奠定技术基础。

五、黑洞

自从美国科学家约翰·阿奇博尔德·惠勒（John Archibald Wheeler）提出"黑洞"这个概念后，黑洞便成为天文学和科幻小说的宠儿。黑洞如何形成的？我们知道星系中的恒星在能量耗尽后受重力牵引会向核心坠落塌缩。如果一颗恒星的质量大于太阳几十倍，塌缩后如果大于太阳质量的 3.2 倍，巨大的引力会继续压碎中子。这颗恒星会永久跌落，持续收缩。最终，它被压缩至无穷小的奇点，成为黑洞。在星体表面趋近于要形成的黑洞视界尺度时，恒星发出的光谱极端红化，星体变得极度黯淡，直至光线完全消失。当光无法逃逸，这颗恒星就从时空中消失了，我们无法洞悉黑洞"视界"内的一切。

连光也逃不出来的黑洞，我们又如何发现它呢？在宇宙大舞台上，穿黑色礼服的"黑洞"和穿白色礼服的"恒星"携手共舞。当灯光变暗，"黑洞"已不可见，但通过"恒星"的位置轨迹就能追踪到"黑洞"的存在。如果一颗恒星质量比太阳大 10 倍，当它塌缩成比小行星还小的不可见天体，那只能是黑洞。黑洞无穷的引力使它像中国神话传说中的饕餮巨兽，把周边的物质统统吞掉。物质高速跌落黑洞的过程中，原子碰撞间速度越来越快，原子摩擦产生的热量会将物质加热到难以想象的高温。越靠近黑洞，越多的引力能被转换成动能与热能，最后呈 X 射线喷射，就像被吞噬前绝望的呐喊。1971 年，基于 X 射线探测卫星乌呼鲁获取的数据，天鹅座 X-1 被暂定为黑洞，这是宇宙中发现的第一个黑洞。

2019 年，全球数百名科研人员参与合作的"事件视界望远镜"（EHT）项目发布首张黑洞照片。该黑洞位于室女座一个巨椭圆星系 M87 的中心，距离地球 5500 万光年，质量约为太阳的 65 亿倍。它的核心区域存在一个阴影，周围环绕一个新月状光环，如图 3-3 所示。

图 3-3　人类首张黑洞照片（引自 https://www.nasa.gov/mission_pages/chandra/news/black-hole-image-makes-history）

六、暗物质

1933 年，瑞士天文学家弗里茨·兹威基观测旋涡星系旋转速度时，发现星系外侧的旋转速度比牛顿重力预期的快。是否有数量庞大的质量拉住星系外侧使其不因过大的离心力而脱离星系呢？兹威基研究发现，要束缚住这些具有极高运动速度的星系，外在质量必须是星系质量的 100 倍以上。这些物质是什么呢？人们把这种"看不见"但具有引力作用的物质称为"暗物质"。1970 年，美国天文学家薇拉·鲁宾（Vera Rubin）发现，不管恒星距离星系中心有多远，它围绕星系中心公转的速度都是一样的。普通物质只能产生引力的六分之一，其余的六分之五由谁产生？这一发现成为暗物质存在的又一力证。暗物质既不发出任何波段电磁波，也不和任何波段的光发生作用，因此无法被探测器或望远镜观测发现。天文学家们只能依据球状星系旋转速度的测量、引力透镜的观测、大尺度宇宙结构形状及微波背景辐射等研究中的"异常"现象猜测宇宙中存在大量暗物质。80 年代后，人们逐渐接受了暗物质概念。

虽然可以猜测，但要找到暗物质存在的直接证据确实困难。2006 年，美国天文学家利用钱德拉 X 射线望远镜观测 1E 0657-56 星系团，竟然出乎意料地观测到星系碰撞的过程。猛烈的星系团碰撞将暗物质与正常物质分开，成为暗物质存在的直接证据。2009 年，普朗克科学探测卫星被用于对宇宙背景辐射进行观测，其观测结果表明暗物质所占比例竟然达到85%。2010 年，借助哈勃空间望远镜和宇宙引力透镜效应，科学家们成功地获取了一个巨型星系团中迄今最精确的暗物质分布图。

暗物质占宇宙几乎四分之一，要想了解宇宙，就需要了解宇宙极早期暗物质的分布或涨落和宇宙的演化。暗物质的寻找和研究也被称为 21 世纪"建立夸克和宇宙的联系"的重大课题。那么暗物质究竟是什么呢？科学家们筛选了一些候选暗物质。我们知道恒星演化到末期会被压缩为白矮星、中子星以至黑洞。由于光线都无法从中逃离，所以这类天体是暗的。它们会是暗物质吗？但目前观察到的这些星体的数目和质量都不足以解释宇宙中暗物质占比。暗物质由什么构成呢？科学家们猜想构成暗物质的基础粒子应该是暗物质粒子，如中微子、轴子、弱相互作用大质量粒子（WIMP）。其中 WIMP 不仅质量大，而且与普通物质粒子不发生相互作用或者发生弱作用，被认为是暗物质候选。

由于无处不在的宇宙射线会严重影响实验效果，要想探测暗物质就必须将宇宙射线阻挡在外。岩石土层能够阻挡宇宙射线而不会阻挡穿透能力更强的 WIMP，因此各国纷纷建设地下实验室研究暗物质。国际上有名的地下实验室有意大利的格兰萨索（Gran Sasso）、英国的伯比（Boulby）、法国的摩丹（Modane）、美国的杜塞尔（Dusel）和苏丹（Soudan）、西班牙的坎夫兰克（Canfranc）、加拿大的斯诺（SNO）、日本的神风（Kamioka）和韩国的襄阳（Yangyang）等。2010 年，我国的锦屏地下实验室（CJPL）正式投入使用，标志着我国能够自主开展像暗物质探测这样的国际最前沿的基础研究课题。清华大学的暗物质探测器已经率先进入实验室启动探测工作，上海交通大学等研究团队也在这里开展暗物质的探测研究。

总之，暗物质从每个星系一直延伸到宇宙空间，与邻近星系的暗物质重叠后形成一个巨大的网络。它影响着宇宙的过去，现在，甚至遥远的未来。

3.1.2　宇宙的起点

古希腊亚里士多德和托勒密（Ptolemy）提出地球位于宇宙中心的想法，后被波兰的尼古拉·哥白尼（Nikolaj Kopernik）推翻，确立了太阳的中心地位。美国哈洛·沙普利（Harlow Shapley）否定了太阳的神圣，指出它不过是银河边上的普通一星。美国天文学家埃德温·鲍威尔·哈勃（Edwin Powell Hubble）让我们认识到银河系也不是宇宙的中心，而只是室女座超星系团的一隅。爱因斯坦广义相对论的提出使我们认识到宇宙根本没有中心。现在我们知道，室女座超星系团也只是可观测宇宙中的一小部分。泰格马克甚至在《穿越平行宇宙》中提出，我们这个宇宙也只是无数平行宇宙的一个。暂且不去管平行宇宙而把目光汇聚到我们的已知宇宙，那么我们这个宇宙是怎么产生的？

一、红移的发现

1929 年，哈勃在威尔逊山天文台观察了 18 个星系的光谱，发现星系的光谱存在红移现象。这表明星系都在快速离我们远去，并且离我们的距离和远去速度之间有着确定的线性关系。这就是著名的哈勃定律。

根据哈勃定律我们能够推论出所有的河外星系都在离我们而去，而且离我们越远离开得越快。那么为什么远处所有的星系都要逃离呢？

二、宇宙在膨胀

既然河外星系都在离我们而去，那么宇宙就是在膨胀。需要强调的是，宇宙膨胀的运动只发生在彼此独立、几乎不受互相引力影响的大尺度星系团之间。太阳系不会膨胀，银河系不会膨胀，处于同一个本星系团的仙女座星系还在向我们靠近。哈勃常数和宇宙膨胀速度相关，该常数越大表明宇宙膨胀得越快。2013 年，欧洲航天局（ESA）根据普朗克卫星的测量对宇宙微波背景辐射进行研究，得出哈勃常数值为 67.80 ± 0.77 km/（s·Mpc），即每增加 300 万光年的距离或每过 300 万年，星系远离地球的速度增大 67.80 ± 0.77 km/s。

宇宙既然膨胀，合理推论当然是它过去要致密和紧凑得多。那么最初的宇宙到底是什么样呢？

三、宇宙的起点——大爆炸

爱因斯坦主张通过对宇宙学常数的微调来使宇宙达到微妙的平衡，而苏联数学家亚历山大·弗里德曼（Alexander Friedmann）则从不含宇宙学常数的广义相对论公式出发，想知道理论上宇宙的逻辑演化结果。1922 年，弗里德曼提出了一种将宇宙学常数设置为零的宇宙模型。由于没有宇宙学常数来抵消引力，该宇宙模型描绘了宇宙初始时的膨胀。1927 年，比利时天文学家和宇宙学家乔治·勒梅特（Georges Lemaître）提出宇宙是从最初一个小点"原始原子"膨胀而来的理论。这一理论因被提出"稳恒态"宇宙模型的英国天文学家弗雷德·霍伊尔（Fred Hoyle）轻蔑地称为"大爆炸"（big bang）而广为流传。弗里德曼的学生乔治·伽莫夫（George Gamow）到美国学习，后来成为美国著名的物理学家、天文学家和生物学家。伽莫夫和他的学生拉尔夫·阿尔弗（Ralph Alpher）通过推测大爆炸的核物理机制发展了大爆炸理论。这一理论也获得哈勃实测数据的支持。之后阿尔弗和同事罗伯特·赫尔曼（Robert Herman）预测宇宙微波背景辐射可以证明宇宙大爆炸真的发生过。30 多年后，美国科学家阿尔诺·艾伦·彭齐亚斯（Arno Allan Penzias）和罗伯特·威尔逊（Robert Wilson）发现宇宙微波背景辐射。这一发现不仅使他们获得 1978 年诺贝尔物理学奖，而且为大爆炸宇宙模型提供有力支持。因此，尽管大爆炸理论还有不少缺陷，但天文学界一致认同其地位。当然，未来的观测也将继续挑战、检验并发展大爆炸模型。

1979 年诺贝尔奖获得者史蒂文·温伯格（Steven Weinberg）在《最初三分钟》中进行过详细的描述。大约 138 亿年前，宇宙在无中生有的一个"奇点"起爆，形成了时间和空间，产生了物质和能量，演化出了此后的万事万物。爆炸后的 0.01s 时，温度为 1000 亿℃，宇宙处于最简单的热平衡状态。从纯能量中产生出来的光子和正负电子搅和在一起，也出现了中微子。其中，光子和质子的比例为 10 亿比 1。爆炸 1s 后，温度降到 100 亿℃，中微子开始抽身逃离热平衡。3min 是个划时代的时间，温度降到 10 亿℃，正负电子的湮灭完成，宇宙主要由光、正反中微子组成，核粒子只占很小份额，其中氢和氦核的比例为 73 比 27。另外就是湮灭中多出来的与核粒子同样稀少的电子。暴胀理论先驱阿兰·固斯（Alan Guth）认为，宇宙大爆炸之后的 $10^{-36} \sim 10^{-32}$ s，宇宙空间以指数倍的形式"暴胀"。之后虽然宇宙继续膨胀，但是膨胀速度则小得多。物质之间 4 种作用力开始起作用。这 4 种力分别为强作用力、弱作用力、电磁力和万有引力。强作用力是把基本粒子（如质子和中子）结合在一起的力，其作用距离比氢原子的尺寸还小 100 万倍。弱作用力和中子衰变为质子、电子和中微子有关。强作用力和弱作用力只在原子核内起作用，当被作用的物体距离越远，这两种力就越强。万有引力和电磁力则作用于整个宇宙，但是其强度随着距离的平方而逐渐减弱。电磁力将原子核中的质子和周围的电子吸引在一起，令原子维持稳定。如果没有电磁力，就不会有原子，也不会有物质。与此同时，引力维持了行星、恒星和整个宇宙中星系的运转。爱因斯坦致力于建立统一场论，但没有成功。物理学家后来发现量子场论不仅可用于电磁力，在强相互作用和弱相互作用中也很成功。但量子场论不适用于万有引力，因此，也不能成为 4 种作用力的终极统一理论。超弦理论的提出缓和了万有引力和量子力学之间的冲突，成为解决该问题的种子选手。

2009 年，为了远离地球的干扰去探索宇宙的诞生，欧洲航天局发射了普朗克卫星。经过数年的努力，普朗克卫星收集了宇宙的信息并形成了宇宙的"婴儿照"。照片说明，宇宙在 40 万年时是由炙热的等离子体组成的，其温度和太阳表面一样高。在这区域之外，可能还有更广袤的空间。随着这个区域的扩大，我们每年都会看到新的物质。同时普朗克卫星还获得了宇宙成分及其所占比例，其中普通物质占 4.9%，暗物质占 26.8%，暗能量占 68.3%。

四、元素的产生

目前，宇宙发现了 118 种元素，其中的 98 种在地球上。氧、硅、铝和铁是地球上含量最丰富的元素，其中氧约占空气总体积的 20.99% 并且占地壳总质量的 49.13%。

在大爆炸的最初阶段，宇宙中充满了夸克、电子、中微子、光子、胶子、X 粒子等各种

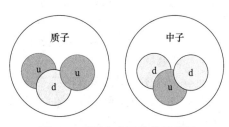

图 3-4　质子和中子结构示意图

粒子，夸克是由 X 粒子衰变产生的。夸克是一类没有内部结构的"点状"粒子，它们共有六种，分别是上夸克（u）、下夸克（d）、奇异夸克（s）、粲夸克（c）、底夸克（b）和顶夸克（t）。如果要描述组成物质的最基本的微粒如质子和中子，需要上夸克和下夸克两种。上夸克带有 +2/3 个电荷，下夸克带有 −1/3 个电荷。因此，质子带 1 个正电荷，中子不带电荷，如图 3-4 所示。

夸克在生成质子和中子之后，少数幸运的质子抢先与中子结合在一起，结合成氦核（^{4}He），大多数质子没能与中子结合，只能生成氢核。氢核与氦核的比例为 73∶27。数十万年后，电子开始围绕着由质子和中子组成的原子核运转形成原子；原子带电的特质使得它们可以聚合在一起，经过演变原子逐渐聚合成了分子，构成化学元素。在所有的化学元素中，碳元素最为活泼，因为它可以在其分子的四个方向都形成碳链，从而形成复杂的、可以大量存储信息的三维结构。100 万年后，宇宙进一步演化。宇宙中密度较大的地方开始聚集形成原始星云，形成了星系、恒星和行星。第一代恒星中，氢聚变成氦的核聚变过程就是能量来源。随着氦在内核处的积累逐渐增多，内核处会发生剧烈的氦闪。直到氦含量下降，生成比氦更重的碳、氧等元素。这些元素会在恒星死亡的过程中散播到宇宙中。由于不同质量和成分的恒星形成并死亡，它们以不断变化着的大量元素丰富了银河系的气体。百亿年后，由碳元素形成的化合物趋于复杂化，形成了能够进行自我复制的分子聚合物，生命随之诞生。最终，生物系统进化出了 DNA 存储更高层次的分子信息。DNA 分子和它的附加机制使得生物

信息得以保存和演化。目前，研究者仍在孜孜不倦地推究大爆炸前后所有的细节，试图逼近宇宙演化和生命演化的"终极真理"。

元素周期表上不同颜色的标记表示元素在宇宙中的不同起源（图 3-5）：其中蓝色代表元素产生于大爆炸核聚变；红色和黄色分别代表元素产生于宇宙射线裂变、爆炸的大质量恒星；绿色代表元素产生于濒死的低质量恒星；紫色代表元素产生于双中子星合并；灰色代表元素产生于爆炸的白矮星。随着研究的进展，这张元素起源周期表也在持续地更新。

图 3-5 元素在宇宙中的起源（引自 https://apod.nasa.gov/apod/ap171024.html）

2017 年，NASA 发布了中子星碰撞时产生的粉色云团照片，并且发现云团中包含黄金和铂金。对于引力波和电磁波的后续研究证实，天体爆炸会喷射出大量的金（Au）元素及快中子捕获过程（R 过程）中创造出的元素。

超新星是宇宙中比氮更重的元素的主要来源。硫（^{34}S）之前的元素是通过核聚变产生的，氩（^{36}Ar）到镍（^{56}Ni）之间的元素是在硅（Si）燃烧过程中产生的，比铁（Fe）重的元素是通过 R 过程产生的。虽然仍有争议，但超新星最有可能是 R 过程的候选地点。

目前，我们尚未揭晓元素周期表中间元素的来源，如锡（Sn）、钼（Mo）和砷（As）。它们既不是为恒星提供能量来源的关键元素，也不是在极端的爆炸中产生的元素，可能是在许多不同地方少量产生的。

因此，美国天文学家卡尔·爱德华·萨根（Carl Edward Sagan）说："我们 DNA 里的氮元素，我们牙齿里的钙元素，我们血液里的铁元素，还有我们食物中的碳元素，都是大爆炸时的万千星辰散落后组成的，所以我们每一个人都是星尘。"

3.1.3 宇宙的终点

既然"大爆炸"是宇宙的起点，那么我们不禁想知道宇宙的终点在哪里。研究表明，宇宙的演化和临界质量与暗物质相关。

一、临界质量

我们知道宇宙膨胀速度和宇宙总质量在进行较量。如果宇宙总质量小于一个临界值，大爆炸时的起跑速度大于宇宙的逃逸速度，总引力将会刹不住膨胀而任其无休止进行下去。反过来，如果总质量大于临界质量，膨胀将在某一时刻达到最大值，然后转为收缩。既不再胀又不回缩的状态是不可能的。目前研究人员计算，决定宇宙胀缩的临界质量为每1000L 3个氢原子。

那么，我们宇宙的全部物质能不能达到这个命运攸关的标准呢？研究者计算了所有恒星、黑洞、宇宙尘埃的质量，认为这个质量达不到临界质量的1%。

二、暗物质

在3.1.1节介绍了暗物质，在这里它将发挥作用。目前天文学家普遍认为，暗物质不但对星系的形成立下汗马功劳，而且对星系团的泡沫状分布起决定性作用。虽然我们无法直接观测暗物质，但可以观察暗物质和普通物质发生引力相互作用的踪迹。各国科学家们争先恐后地追踪暗物质，希望能先睹为快。观测背景星系团时的引力透镜效应、星系和星团中炽热气体的温度分布及宇宙微波背景辐射的各向异性等观测数据都支持暗物质的存在。"组成暗物质的是弱相互作用大质量粒子"的理论也被广泛接受。意大利和中国科学家还在阿尔卑斯山1km厚的岩洞里摆下碘化钠晶体阵列，希望捕捉到一种弱相互作用大质量粒子。

暗物质的发现让科学家注意到一个显著的事实。在临界质量的计算过程中并没有包括宇宙物质世界中的暗物质。我们知道普朗克卫星获得的宇宙成分及其所占比例中，暗物质占26.8%。如果计算结果中包含暗物质，结果会如何呢？让我们拭目以待。

三、大终结

如果我们宇宙的质量小于临界值10%呢？物理学家弗里曼·戴森（Freeman Dyson）认为，如果没有智能的干预，暗能量会将大部分星系带到遥不可及的地方，当最后一颗恒星燃尽，行星脱离恒星，恒星脱离星系，恒星和星系都会逐渐毁灭。引力辐射造成轨道衰变之后，先是导致质子衰变，恒星质量的黑洞蒸发，超大质量的黑洞蒸发，所有物质衰变成铁，所有物质形成黑洞并蒸发，最后只剩下冰冷、死寂、空旷的空间，充满了永远衰减的辐射。这就是"大冷寂"。

物理学家罗伯特·卡德威尔（Robert Caldwell）认为在大冷寂过程中，我们的星系、行星甚至原子都将在有限时间后被撕裂。这就是"大撕裂"。

如果我们宇宙的质量大于临界值10%呢？预计膨胀将在1000亿年后止住，温度将降到1K，然后收缩开始。这个过程正好是膨胀的逆过程，一段时间里我们将同时看到星系的红移和蓝移。之后宇宙将再次收缩到今天的大小并达到3K的温度，但已经到处都是黑洞，恒星也变得稀疏不堪了。再过140亿年，宇宙将比今天缩小百倍，天空的背景辐射达到300K，使地球无法散热，所有星系也将不可辨认。此后收缩的步伐越来越快，天空越来越亮，温度越来越高，恒星和行星在1000万℃时全部解体。直到最后三分钟，宇宙又回到零体积、无限大密度和高温的奇点。那时宇宙的全部历史将彻底了结，包括我们的天文学知识，都不会再留下任何痕迹。这种大爆炸的倒播过程被称为"大挤压"。

这三个结局哪一个可能性更大呢？这将取决于占宇宙质量约70%的暗能量随空间膨胀后将会发生什么变化。如果暗能量保持不变，那将发生大冷寂；如果暗能量稀释为负密度，将发生大挤压；如果暗能量"反"稀释为更高的密度，将发生大撕裂。

量子引力学研究认为，如果空间不能被无限拉伸，当拉到一定程度时就会发生灾变式的"大断裂"。

泰格马克提出，大冷寂、大挤压和大撕裂的结局，都假定了空间本身是稳定的，并且能够被无限拉伸。但是爱因斯坦告诉我们,空间也能弯曲成黑洞,还能荡漾出引力波,甚至能拉伸为一个膨胀的宇宙。那么也许空间还能像水和冰一样有不同的相,会产生出高速膨胀的致命泡泡。这些泡泡可能会以光速传播,形成一个不断扩张的球形区域。这就是"死亡泡泡"。泰格马克还绘制了 5 种主要猜测的示意图,如图 3-6 所示。

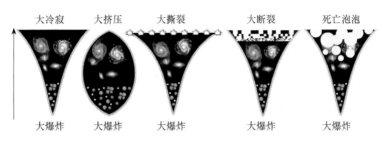

图 3-6　宇宙的五种结局(泰格马克,2017)

泰格马克相信未来的生命和智能体能够成功地按照他们的目标来塑造宇宙,从而改变宇宙的终极命运。也许会通过虫洞迁往其他宇宙,也许会启动一个如斯蒂芬·威廉·霍金(Stephen Willian Hawking)所说的"婴儿宇宙"作为人类的"诺亚方舟"。

3.1.4　宇宙大爆炸之前?

拥有意识的人类领略了宇宙之美,也以 4 万代人不衰的好奇和激情进行着探索与追寻。无论对宇宙和自我的认识多么幼稚和肤浅,我们都深信人类可以依靠文明的传承展望和迎接新的未来。托马斯·亨利·赫胥黎(Thomas Henry Huxley)睿智的教导仍在回响:"已知事物是有限的,未知事物是无穷的。我们站在茫茫无边、神秘莫测的汪洋中的一个小岛上,继续开拓是每一代人的责任。"

目前"大爆炸理论"被普遍接受。那么宇宙大爆炸之前是什么样?逆着时间回溯,宇宙应该是越来越小,直到所有一切都在最初时刻被挤压在一起。这个状态被称为"原始超原子""宇宙蛋"或者"奇点"。

设想所有东西都来源于"奇点"会产生两个问题。首先,既然宇宙中的所有物质都通过引力相互吸引,最初那个超级致密的宇宙又为什么会开始膨胀呢?其次,如何能把宇宙中的所有一切,也就是数量如此庞大的物质,全都压缩到这么小的一点里去?目前对这些问题的探索形成了很多种理论,每一种理论都有坚决的支持者和积极的批判者。这里摘取宇宙循环理论和多重宇宙理论两种。

一、宇宙循环理论

美国普林斯顿大学的天文学教授保罗·斯坦哈特(Paul Steinhardt)与英国剑桥大学教授尼尔·图罗克(Neil Turok)共同提出了宇宙循环理论。这一模型提出了一个以循环形式演化的宇宙,这一过程永恒周期性地重复。宇宙循环理论根本就不关心那些复杂的争论,因为坍缩和爆炸之后诞生的新宇宙将作为基础,所有旧宇宙的物质结构都会在新生的后代宇宙中播下种子,新宇宙不需要重新创造这些属性。英国物理学家罗格·彭罗斯(Roger Penrose)认为,大爆炸也许只是从一个更早坍塌的宇宙转化成为我们如今所在的仍在继续膨胀的宇宙。彭罗斯和两位同事报告称他们发现在可观测宇宙的边缘发现了奇异的能量点,这是标准宇宙学无法解释而宇宙循环理论可以解释的特征。

二、多重宇宙理论

在我们最大胆的想象中，能看到的宇宙也是有限的。美国物理学家布莱恩·格林（Brain Greene）基于弦理论描述了多重宇宙，泰格马克也认为宇宙存在着众多的多重宇宙。其中，第一层平行宇宙在三维空间上距我们很远，与我们的宇宙大体相似。但初始状态稍有不同，导致绝大多数细节与我们迥异。第二层平行宇宙的物理定律大致和我们的宇宙相同，但是基本物理常数不同。第三层平行宇宙的理论基础是量子理论，它就在此处，只不过一件事件发生之后可以产生不同的后果，而所有可能的后果都会形成一个宇宙。第四层平行宇宙基于数学宇宙假说，它的物理定律不同于我们的宇宙。所有存在于数学中的结构，也都存在于物理中，构成了第四层平行宇宙。格林认为，我们的可观测宇宙也只是其他宇宙中的沧海一粟，宇宙之上的宇宙没有尽头。这些平行宇宙的图景更是匪夷所思：百衲被多重宇宙、暴胀多重宇宙、膜多重宇宙、循环多重宇宙、景观多重宇宙、量子多重宇宙、全息多重宇宙、虚拟多重宇宙和终极多重宇宙等多达 9 种多重宇宙模型。

其中，百衲被多重宇宙是在相对论、量子理论和现在宇宙学观测结果上演绎出来的，其计算过程涉及全息原理，并且与全息多重宇宙有一定的联系。暴胀是宇宙大爆炸之前的状态，是一场剧烈的加速膨胀。多个泡泡子宇宙产生并不断加速远离，加速膨胀。根据弦理论，粒子包含的弦都一样，只不过震动模式不同而已。弦理论要求 11 维的时空维度，其中的多维物体，被称为膜。高维空间中布满不同维度的膜，就成为膜多重宇宙。不同膜宇宙之间的距离会增大，缩小，再增大。膜宇宙本身也在膨胀。熵的总量在增加，密度在减小。当熵密度接近于零，一切重新开始，于是就有了循环多重宇宙。宇宙暴胀过程中，产生了很多泡泡宇宙。其中的一些包含在膨胀更快的泡泡宇宙里，甚至多重嵌套。弦景观中发生的一系列量子隧穿使每种可能的额外维度都在每个泡泡宇宙中形成，最终构成景观多重宇宙。这几种宇宙模型基于科学进展，但都是假设性的。以量子理论为基础，我们可以推演出与泰格马克第三层平行宇宙类似的量子多重宇宙。美国物理学家约翰·阿奇博尔德·惠勒（John Archibald Wheeler）认为，所有的物体都可以抽象为信息的载体，也包括弦。全息原理认为，我们在这个世界中经历的一切都可以等价为远处曲面发生的运动，宇宙亦然。这样建立的多重宇宙称为全息多重宇宙。虚拟多重宇宙是基于人工智能的发展而引发的猜想，是否我们就生活在无数种虚拟程序中的一个计算机程序中？人类如何识别自己是在虚拟世界还是现实呢？在终极多重宇宙中，所有可能的宇宙都存在，甚至包括一无所有的宇宙。美国哲学家罗伯特·诺齐克（Robert Nozick）认为，应该把某些东西当成必须接受的假设。为什么我们的宇宙会依附于某一套特定的数学法则，而不是别的数学法则？为什么我们的宇宙有生命？答案很简单，所有可能的数学法则都存在，有无数个宇宙存在无数种数学法则，我们恰好生活在一个允许出现人类的数学法则控制之下的宇宙，即宇宙人择原理。

3.2　宇宙的尺度

即使探索浩瀚宇宙，人类也倾向于以熟知的尺度为基础建立对现实的感知。正如英国生物学家理查德·道金斯（Richard Dawkins）所说："我们的身体只能驾驭某个有限范围的尺寸和速度，因此，大脑也进化出了对该范围的规则认知。"道金斯将适于人类感知的尺度范围命名为"中间世界"（middle world）。它其实只是真实世界中被视为正常的一小段，包括能够轻松步行到达的距离、不超过人类平均寿命的时间,以及在地球上可以感受到的温度范围,大致从冰的寒冷到火的灼热。但是人类也逐渐清晰地认识到,宇宙中存在某些超越感知的东西,存在某些更深远的尺度。

3.2.1　宇宙的宏观现象

想要让飞船和探测器飞出银河系并不容易,但是这并不能阻止人类对宇宙的好奇和研究。科学家们由己及人,通过地球来研究周边的小星球,通过研究太阳寻找其他恒星系统。

我们知道,本星系群包括大小麦哲伦星系、仙女星系(M31)及银河系等 100 余个星系和 1000 多个矮星系,它只是室女座超星系团的一小部分。室女座超星系团由数百甚至数千个星系组成,大约是银河系的 1000 亿倍。2016 年,科学家推测,可观测宇宙中可能存在着 2 万亿个星系,很可能 90% 的星系无法观测到。

当前已经在大麦哲伦星系内发现了 60 个球状星团、400 个行星状星云和 700 个疏散星团,以及数十万计的巨星和超巨星。近代最明亮的超新星 SN1987A,就是发生在大麦哲伦星系里。而在大麦哲伦星系中的狼蛛星云中孕育着成千上万的恒星。科学家最近在对它的近 1000 颗大质量恒星进行观测,发现有 247 颗恒星的质量在太阳的 15～300 倍,甚至还有 300 倍以上的超级恒星。

大质量恒星比例的提高,意味着宇宙中的超新星也远比现在认为的要多。按照狼蛛星云这样的比例,那么超新星数量至少要比现在多 70%。而且,大质量恒星数量的增加,更直接意味着中子星、黑洞的数量都要远远超过现在估算的数字。而黑洞数量的增加,意味着双黑洞系统也会更多。在合并之后,超级黑洞也将远远超出预期。

另外,大质量恒星如果比想象中多,那么宇宙中暗物质的质量就要比想象中低一些。我们对于宇宙的很多认知,都会相应发生变化。科学家将要继续探索其他的星云,可能会得到更令人震撼的成果。

3.2.2　宇宙的宏观尺度

那么宇宙到底有多大?如何衡量宇宙的尺度?首先我们回溯人类的尺度。我国古人常以身体长度为度量根据,如"布指知寸,布手知尺,舒肘知寻",还有一人高为"一丈",这也是"丈夫"这个词的来历。中国古代常见的长度单位还有:"仞、扶、咫、尺、跬、步、常、几、轨、里、毫、厘"等。而埃及人用质地坚硬的花岗岩制作了一根长度标准物,这个长度标准是法老的小臂拐肘到中指间的距离,因此又叫腕尺。英格兰国王亨利一世组织大臣们讨论"一码"究竟应该为多长。大臣们争论不休,亨利一世一锤定音:"一码就是我鼻尖到食指尖的距离。"于是,"码"的标准便明确了。罗马人对大尺寸感兴趣,他们定义了"千步",大约是 1500m。我国秦朝时,秦始皇统一度量衡。1889 年,第一届国际计量大会确定"米原器"为国际长度基准,"1m"就是米原器在 0℃时两端的两条刻线间的距离。1960 年,国际计量大会决定以氪 -86 原子辐射发出的橙红色光波长定义米。1983 年,人们发现光的传播速度是恒定不变的,光速准确值是 299 792 458m/s。于是米的长度被重新定义为"光在真空中于 1/299 792 458 秒内行进的距离"。

爱因斯坦的相对论为我们认识宏观宇宙提供了理论框架。宇宙尺度中,距离以光年为单位。怎么才能对光年这个单位有感性的理解呢?我们假设一束光在 1 月 1 日 0 点离开太阳表面,那么在 0:08 出头一点点,它将到达地球;到 1 点,它将越过木星轨道;到 1 月 2 日 0 点,它已经远远地把柯伊伯带甩到了后面。1 月 29 日,它将抵达奥尔特云的内边缘。12 月

31 日 0 点，它还在冰冷的太空碎片中穿梭。直到第二年 8 月，这束光才能抵达太阳系边缘。看起来，1 光年的距离真的是太远了。但在宇宙的宏观尺度，这个单位其实小得可怜。仅仅在银河系，也需要用到"千光年"来计算距离；而跨越星系的距离将达到百万光年，宇宙中的超星系结构更是绵延数十亿光年。

离我们最近的恒星是南方深空中的半人马座阿尔法 A、半人马座阿尔法 B 和比邻星组成的半人马座阿尔法三合星，距离地球仅 4.2 光年。如果我们能向这颗星星发射一枚时速 80 000km 的火箭，那它要过 57 000 年才能到达目的地。猎户座的红超巨星参宿四离我们大约 640 光年，是夜空中最明亮的星星之一，它的半径几乎是太阳的 1200 倍。如果把参宿四放在太阳系中央，那么地球、火星乃至木星都会被淹没在它内部。曾被认为是最大恒星的大犬座 VY，距离我们 5000 光年。新记录是距离 9500 光年盾牌座 UY 红巨星，它的体积大约是太阳的 45 亿倍！科学家们的发现也在不断更新我们的认知。在距离我们 27 000 光年的人马座里，有一个巨大的黑洞人马座 A。它的引力如此巨大，使它成了整个银河系旋转的中心。大小麦哲伦星云是我们唯一能用裸眼看到的银河外的天体，距我们的距离都超过 160 000 光年。按照天文学家的认知，我们的宇宙直径大约是 930 亿光年，也就是 8.8×10^{26}m！

这些天体的大小更是让我们吃惊，其直径尺寸如图 3-7 所示。为直观，这里将光年转化为米，并且图中刻度并非按照实际比例绘制。

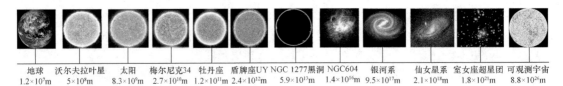

地球	沃尔夫拉叶星	太阳	梅尔尼克34	牡丹座	盾牌座 UY	NGC 1277黑洞	NGC604	银河系	仙女星系	室女座超星团	可观测宇宙
1.2×10^7m	5×10^8m	8.3×10^9m	2.7×10^{10}m	1.2×10^{11}m	2.4×10^{12}m	5.9×10^{13}m	1.4×10^{16}m	9.5×10^{17}m	2.1×10^{18}m	1.8×10^{21}m	8.8×10^{26}m

图 3-7　宏观天体直径图

3.2.3　宇宙的微观现象

宏观宇宙的庞大让我们叹为观止，而微观世界的渺小同样蔚为大观。放大 1000 倍以上的光学显微镜让我们能够看到小于 100μm 的动物和植物细胞。血液中红细胞是大约宽 7μm、厚 3μm 的圆盘，湖水中的草履虫只有 180～280μm。在微观世界里，即使纯净的水也像蜂蜜般黏稠。

一种球形分子被称为"巴克明斯特富勒烯"，简称"巴克球"。它少量存在于普通的煤灰之中，由 60 个碳原子构成，受压硬度是钻石的两倍。外形类似奥运五环的"奥林匹克烯"（$C_{19}H_{12}$）则是一个由五个苯环融合组成的多环芳烃。其结构十分微小，宽度只有约 1.2nm，相当于人类头发直径的十万分之一。这些微生物、细胞、分子已经够小了，还能有更小的吗？

3.2.4　宇宙的微观尺度

量子力学为微观尺度提供理论框架。宇宙中所有物质由原子组成，原子的中心是原子核，电子绕核运动。原子核尺寸很小，质量却很大。例如，氢原子的原子核约是原子尺寸的五万分之一，质量却是原子质量的 99%。除了由一个质子构成的氢原子核以外，原子核由一个或多个质子与中子构成，而质子和中子又由更小的夸克组成。虽然原子没有清晰的界限，无法精确定义其尺寸，但原子直径的量级为 1 埃米（10^{-10}m）。围绕原子核转动的电子没有明确的尺寸和质量，也不是示意图中经常出现的小点。确切地说，单个电子存在于一团连续的概率云中。目前最强大的显微镜也无法拍到电子的清晰照片，它更像一团模糊的阴影，是在确定与不确定的阈值间持续来回穿梭的概率。量子力学认为，所有粒子都具备"不确定性"，"不确定性"就是宇宙的本质。这就好像在掷骰子时我们无法判断投出来几点，只有当骰子落地后，才能知道确切的答案。爱因斯坦驳斥道：上帝不会掷骰子！尼尔斯·亨利克·戴维·玻尔（Niels Henrik David Bohr）反驳说：你别指挥上帝该怎么做！

电子和光子属于基本粒子，尺寸最多不超过 1 阿米（10^{-18}m）。它们会影响空间，但却不一定会占据空间。基本粒子还包括夸克、μ 子和轻子，它们靠胶子和玻色子之类的"力载子"结合在一起。其中，希格斯玻色子又被称为"上帝粒子"，因为科学家认为它将质量赋予其他粒子。从本质上说，这无异于将光化为物质。欧洲核子研究组织在瑞士建成了全世界最先进的大型强子对撞机（LHC），它的主要研究目标之一就是证实希格斯玻色子是否存在。2013 年，物理学者已确定发现希格斯玻色子，其质量约为 126GeV，也相当于 126 个光子质量总和。这一发现强烈支持某种希格斯场弥漫于空间，而希格斯场的性质仍需进一步的研究与探索。

一种经过严肃思考的超弦理论认为，物质都是由 11 维宇宙中"振动的弦"构成的。这些弦长约 1.6×10^{-35}m，即 1 个普朗克长度。这意味着如果把单个原子放大到整个太阳系的尺寸，那么 1 个普朗克长度相当于单个 DNA 串的宽度。弦、普朗克粒子、中微子等典型微观粒子直径尺寸比较如图 3-8 所示。为直观比较，这里采用米做单位，并且图中刻度并非按照实际比例绘制。

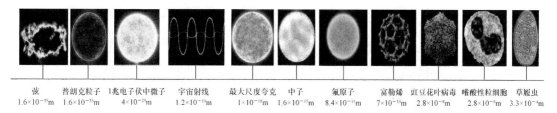

弦	普朗克粒子	1兆电子伏中微子	宇宙射线	最大尺度夸克	中子	氟原子	富勒烯	豇豆花叶病毒	嗜酸性粒细胞	草履虫
1.6×10^{-35}m	1.6×10^{-35}m	4×10^{-23}m	1.2×10^{-19}m	1×10^{-18}m	1.6×10^{-15}m	8.4×10^{-11}m	7×10^{-10}m	2.8×10^{-8}m	2.8×10^{-5}m	3.3×10^{-4}m

图 3-8　微观尺度尺寸对比

3.2.5　宇宙的极端情况

除了宏观尺度和微观尺度，宇宙中还存在极端情况。如何界定黑洞？在黑洞的中央，大量物质被挤压在极小的空间里，体积很小质量很大。如何界定大爆炸之初的奇点？所有一切都在最初时刻被挤压在一起。相对论用于研究恒星、星系、星系团等大而重的宏观现象，量子力学用于研究分子、原子、电子、夸克等小而轻的微观现象，对于黑洞、奇点这类小而重的极端现象如何研究呢？能将相对论和量子力学统一起来建立一个大统一理论吗？

尽管理论上不完善且没有严格的实验验证，弦理论的部分研究成果提供了关于空间、时间和物质的新视角。

3.3　地球成长史

让我们将目光从宇宙的深广和粒子的微小收回到中间世界，来探索一下这个目前所知唯一有生命的星球。为什么地球上有生命？让我们共同回溯地球的成长与生命的进化。

3.3.1　地球在宇宙中的位置

抬头仰望夏夜的晴空，会看到由点点星光组成的亮带，这就是银河。

一、银河系的结构

英国天文学家托马斯·赖特（Thomas Wright）在《宇宙的新理论》中最早提出银河是在长轴方向上看到的扁平恒星体系，弗里德里希·威廉·赫歇尔（Friedrich Wilhelm Herschel）则通过观测统计绘出了以太阳系为中心的银河系图景。1918 年，美国天文学家哈洛·沙普利（Harlow Shapley）通过 4 年的观测研究发现银河系中心在人马座方向，而太阳系位于银河系的边缘。对于观测者来说，分布在银河系中的各个氢云具有不同的视向速度。如果对银河系某一方向上进行以 21cm 为中心的频谱观测，就可获得该方向上的 21cm 谱线轮廓。现代天文学用氢的 21cm 谱线勾勒出了银河系的宏大结构。这个螺旋状恒星系拥有 2000 多亿星体，直径约 10 万光年，质量大约是太阳的一万亿倍。其结构包括银盘、银心和银晕，其中作为主体的银盘主要由人马座旋臂、猎户座旋臂、英仙座旋臂和三千秒差距臂互相环绕而成。明亮的银心覆盖银河系中心位置 2 万光年的范围，其中的大部分红色恒星已 100 亿年以上。

2018 年，位于南非的射电望远镜 MeerKAT 拍摄了一幅银河系中心最详细的无线电图像，如图 3-9 所示。图像中的颜色与无线电波的亮度相对应，红色是最弱的辐射，白色是最强的辐射，橙色和黄色介于二者之间。

图 3-9　银河系中心区域（引自凤凰网科技，2018. MeerKAT 射电望远镜拍摄到银河系中心最清晰的图像. https://tech.ifeng.com/a/20180715/45063911_0.shtml）

二、太阳系的诞生

太阳系位于猎户座旋臂，距银心约 3.2 万光年。太阳系除自身的运动之外，还要绕银心以椭圆形轨迹旋转。太阳系绕银心公转一周所用的时间称为"银河年"，约为 2.25 亿至 2.5 亿"地球年"。太阳表面温度约为 6000℃，它能量的 22 亿分之一以辐射形式来到地球，成为地球上光和热的主要来源。

通过研究猎户座"恒星工厂"、鹰状星云的"创生之柱"等恒星发源地，人类从侧面勾勒出太阳的诞生和演化过程。约 50 亿年前，太阳还是一个由气体尘埃组成的分子云。在气体快速运动的过程中，由于湍流运动，物质会凝结成块状或纤维状。成块的物质产生引力并开始收缩，形成密度越来越大的"分子核"，恒星的雏形也就形成了。起初，分子核的旋转速度很慢。随着引力的作用，物质逐渐向中间坍缩，气体受到挤压而生热，大多数热量都以红外线辐射的形式逃逸到太空。一方面，随着分子核中心密度的增大，部分辐射被困其中，导致温度持续升高；另一方面，随着分子核的收缩，旋转速度越来越快。许多进入核心的物质与离开的物质相撞，在核心周围形成了一个扁平的气体尘埃盘。当核中心的气体温度达到约 100 万℃，触发了分子云中的氘燃烧核聚变反应，也就是氘原子核和质子相结合形成一个氦 -3 的过程。氘燃烧释放出的能量阻止了核中心的收缩过程。大概一万年以后，分子核变成了一颗原恒星。但由于每 10 万个原子中才有 1 个氘原子，所以氘原子逐渐耗尽。缺乏热量支撑，太阳的内核再一次收缩。大约 10 万年之后，原恒星吸积了周围的许多物质，成为年轻的恒星。它的周围都环绕着黯淡的原行星盘。随着太阳的逐渐收缩，密度越来越大。原行星盘中的物质向内流到恒星表面上，形成了行星，或者被电磁辐射电离蒸发，消散在太空中。当太阳内核的温度达到 600 万℃，开启氢融合生成氦的核聚变反应。它标志着太阳开始进入漫长的成年期。当太阳进入成熟阶段时，就会经历爆炸，将比氢和氦重的元素喷射到星际介质中，这些元素是行星系统的关键组成元素。例如，地球这样的岩质行星主要组成元素大多是氧、硅、铁和镁，而木星这样的气态行星极有可能是在一个固态岩质或冰质内核上积累而成的。最终太阳系终于变成了现在的样子，其中的绝大多数天体都分布在一个明显的二维平面上。八大行星的轨道也几乎位于同一平面上，倾斜角度不超过 7°。小行星带和柯伊伯带里的天体分布范围更大一些，和行星处于同一平面上。木星族彗星的分布情况也大同小异。太阳系中只有奥尔特云和长周期彗星呈真正的球状分布。太阳系家族如图 3-10 所示。从更大的尺度上观看，太阳系以 19.6km/s 的速度，向武仙座方向运动，同时和亿万恒星一道绕银河系中心旋转。

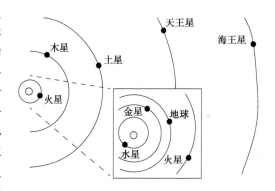

图 3-10　太阳系家族（钱伯斯等，2018）

三、人类对太阳系的探索

波兰哥白尼的日心体系中，所有行星都是匀速的。作为哥白尼的忠实信徒，德国天文学家约翰尼斯·开普勒（Johannes Kepler）却敏锐发现了哥白尼太阳模型的局限和失误。他继承和研究了丹麦天文学家第谷·布拉赫（Tycho Brahe）多年观察的珍贵资料，发现太阳系行星绕日运动的轨道原来是椭圆形的。他将太阳系整合成了统一的物理体系，被誉为"天上的立法者"。但是为什么行星绕太阳公转的轨道是椭圆形？当英国天文学家埃德蒙·哈雷（Edmond Halley）将这个难题抛给牛顿时，牛顿不假思索地回答，是因为重力所产生的吸引力与距离的平方成反比导致行星按照椭圆轨道运行。在随后出版的《自然哲学之数学原理》中，牛顿提出的万有引力不单适用于地球，也适用于整个宇宙。物理学为整个宇宙建立了标准模型。

20 世纪 60 年代以来，人类发射了许多太阳探测器，如质子号、宇宙号、太阳神号、先驱者号、旅行者号。1990 年，NASA 发射尤利西斯号太阳探测器。1994 年，它飞抵太阳南极区域并绕太阳运转，横跨太阳赤道后到达太阳北极。它发现，南极的太阳风比赤道地区的太阳风吹得更快。2006 年，NASA 发射了两颗太阳探测器 Stereo。历经 4 年多的空间旅行，分别运行到太阳两侧。2011 年，探测器首次拍摄了太阳立体照片。2018 年，太阳探测器帕克发射成功，近距离上对太阳进行观测，并将完成穿越日冕的太阳观测任务。目前帕克太阳探测器仍然在不断接近太阳，预计到 2024 年，它与太阳的最近距离仅为 383 万英里（1 英里＝1.609344km）。

1. 水星

尽管水星是距地球第 3 近的行星，但我们却对这颗荒凉的天体知之甚少。迄今为止，人类向水星发射了两个探测器。1973 年，美国发射水手 10 号探测器，共 3 次飞临水星，提供了水星的详细数据并绘制了 40%～45% 的表面。2004 年，美国发射信使号水星探测器。其目标是研究水星表面的化学成分、地理环境、磁场、地质年代、核心的状态及大小、自转轴的运动情况、散逸层及磁场的分布等。2012 年，信使号证实水星北极地区贮存着数十亿吨水冰。2015 年，信使号完成全部任务，最终撞击水星表面，成为水星的一部分。2016 年，NASA 在官网公布信使号采用光电位置探测器技术绘制的首个完整的水星地形图像。

2. 金星

除太阳和月亮外，金星是天空中最明亮的星体了。当它运行到地球和太阳之间的直线上时，便出现了百年难遇的"金星凌日"现象。天文学家把两次金星凌日现象分为一组，它的出现规律通常是 8 年、121.5 年、8 年、105.5 年，循环往复。近期已经出现的一组金星凌日时间为 2004 年 6 月 8 日和 2012 年 6 月 6 日。这是因为金星围绕太阳转 13 圈后正好与转 8 圈的地球再次互相靠近，这段时间相当于地球上的 8 年。

3. 火星

火星上有几千条干枯的河床，显示当初曾经有过的波涛。现在剩下的水则冻结成两极冰盖的冰。火星是除了地球以外人类了解最多的行星，超过 30 枚探测器到达过火星并进行了详细的考察。20 世纪初期，人们曾认为火星上可能存在生命，甚至火星人。1962 年至 1973 年，苏联相继发射了火星 1 号至火星 4 号火星探测器，但都没能成功完成探测任务。1976 年，NASA 发射的海盗 1 号和海盗 2 号着陆探测器触及火星表面，此次探测发现火星与人类的想象大相径庭。美国发射的水手 4 号探测器，成功飞到距离火星 1 万 km 处拍摄了 21 幅照片。2004 年登陆火星的勇气号和机遇号火星车发现过去的火星曾经温暖湿润，甚至可能存在海洋。2011 年，美国好奇号火星探测器发射成功，并于 2012 年成功降落在火星表面（图 3-11），展开为期两年的火星探测任务。2018 年的火星任务是寻找火星上可能存在生命的证据。我国在 2020 年发射天问一号首次进行火星探测任务，后续还将实施 3 次深空探测任务。2021 年 5 月祝融号火星车驶离着陆平台，开展巡视探测等工作，"着巡合影"如图 3-12 所示。具体技术细节会在 3.5.1 节进行介绍。

4. 地球

地球是太阳系中直径、质量和密度最大的类地行星，距离太阳 1.5 亿 km。它内部有核、幔、壳结构，外部有水圈、大气圈及磁场。它是目前宇宙中已知存在生命的唯一的天体，是包括人类在内上百万种生物的家园。有关地球将会在 3.3.2 地球诞生与成长中详细介绍。

5. 木星

在夜空中，光芒仅次于金星的第 2 亮星便是木星了。由于远离太阳，木星表面温度约－140℃。顶端云层在高速旋转中被拉得丝丝缕缕，形成许多和赤道平行的气体环流，这便是我们看到的带状彩色条纹。木星的大红斑在赤道南 22° 的地方，这个卵形区域能容下 3 个

图 3-11　好奇号在火星自拍（引自 https://www.
nasa.gov/jpl/msl/pia19808/looking-up-at-mars-
rover-curiosity-in-buckskin-selfie）

图 3-12　"着巡合影"在火星自拍（引自国家
航天局，2021．天问一号探测器着陆火星首
批科学影像图揭幕．http://www.cnsa.gov.cn/
n6758823/n6758838/c6812123/content.html）

地球。

1989 年，NASA 发射首个专用探测木星的航天器伽利略号。1995 年 12 月进入环木星轨
道并释放一枚木星大气探测器获得了有关木星大气层的第一手探测资料。之后，伽利略号绕
木星飞行了 34 圈，观测结果推进了人们对木星的了解。NASA 原打算让它在环木星轨道上
运行下去，但木卫二上可能存在海洋的发现使专家们改变了想法。我们知道生命源于水，海
洋可能孕育生命。鉴于伽利略号的使命是探测木星，没有经过消毒处理。如果它燃料用尽并
在木星引力的作用下与木卫二相撞，可能导致地球微生物侵入，影响未来寻找本土生命的工
作。2003 年，伽利略号完成了 8 年的木星探测使命后撞向木星。2011 年，NASA 发射朱诺
号木星探测器，历时 4 年 11 个月后进入木星轨道工作。

6．土星

土星大小仅次于木星，绕日一周要 29 年半。土星的表面温度大约−170℃，赤道上的强
风达 500m/s，有时便形成大白斑。它有 62 颗卫星，大部分都接近圆轨道，在赤道上以固定
一面朝着土星运转。1655 年，荷兰天文学家克里斯蒂安·惠更斯（Christiaan Huygens）发现
土卫六，土卫六后来被命名为泰坦。

1973 年，先驱者 11 号探测器发射并于 1979 年 9 月接近土星。它首次拍摄到了土星的
照片，确定了土星的轨道和总质量，测量了土星大气成分、温度、磁场，还发现了两个新光
环。1977 年，美国发射了旅行者 1 号和旅行者 2 号探测器，获得探测土星的新成果。它们
发现土星的光环是由无数大小不一的砾石微粒组成的。旅行者 1 号确认土卫六的直径只有
4828km，判定它为太阳系的第二大卫星。旅行者 2 号则对新发现的土星环和几个卫星做了近
距离探测，向地球发送回 1 万多张照片。目前，二者都已飞出太阳系，飞向茫茫宇宙深处。
同年发射的卡西尼号土星探测器携带了 27 种最先进的科学仪器设备，还携带了探测泰坦的
"惠更斯号"探测器。2004 年，卡西尼号抵达土星轨道，完成了它释放惠更斯号的关键任务。
2005 年，惠更斯号进入泰坦的大气层，成为第一艘在太阳系较外侧天体上着陆的飞船。它发
现了泰坦表面存在成分为液态烷烃的液体物质，模样与地球早期类似。科学家认为泰坦是一
个时光机，记录了地球早期的状态，从中我们甚至可以找到生命起源的线索。2017 年，卡西
尼号燃料耗尽，坠入土星大气层中烧毁。

7．天王星

天王星大气中主要是氢和氦，还有能吸收红光的甲烷。因此，天王星呈蓝绿色。有趣的

是，它自转轴的倾斜角竟达到 98°，仿佛是躺着转。

根据旅行者 2 号的探测结果，科学家推测天王星上可能有一个深度达 1 万 km、温度高达 6650℃的液态海洋。其成分主要是水、硅、镁、含氮分子、碳氢化合物及离子化物质。

8．海王星

海王星正中央就是著名的"大黑斑"，这个巨型风暴内部几乎是无云的。海卫一（特里同）是太阳系中除了地球和泰坦以外唯一拥有含氮大气的星球。这里还能看到冰火山猛烈喷射出比喜马拉雅山高出 4 倍的液态氮。这里无疑是个古怪的世界，充满着神奇的诱惑和陌生的美丽。2019 年，NASA 宣布计划向特里同发射一枚尖端探测器三叉戟号以探测地下海洋存在的证据。如果水被发现，它将立即成为未来外星生命搜寻任务的头号目标。

9．矮行星

体积介于行星和小行星之间的天体被称为"矮行星"。目前，太阳系内的 5 颗矮行星由近至远分别是小行星带中的谷神星，柯伊伯带中的冥王星、鸟神星和妊神星，黄道离散盘面中的阋神星。

本来被视为太阳系行星的冥王星，在 2005 年被重新划定为矮行星。但冥王星即便被降级，人类依然对它充满热情。为了看到冥王星的真面目，2006 年，美国发射新地平线 1 号探测器。它搭载了一套名为拉尔夫的勘测设备，可以实现远程勘测成像和可见光图红外光成像。2016 年，新视野号探测器发现冥王星的顶部覆盖着皑皑"白雪"。

10．小行星

1951 年，美国天文学家杰拉德·彼得·柯伊伯（Gerard Peter Kuiper）提出，有一大群遥远的小天体在绕着太阳系外围运动，被称为"柯伊伯带"。1928 年，我国第一个发现小行星的中国人张钰哲将小行星 1125 号命名为"中华"。1992 年，美国科学家首先在柯伊伯带内找到了一颗直径 200km 的天体 QBI。2000 年，发现直径为冥王星 1/4 的 EB173、直径 910km 的伐楼拿。2001 年又发现了直径达 1240km 的 KX76，超过了冥王星的卫星卡戎。关于它究竟能不能算第十大行星的争论一度成为天文界的热点。目前，柯伊伯带被认为是来自环绕着太阳的原行星盘碎片，它们因为未能成功地结合成行星，因而形成较小的天体。

黎明号小行星探测器是由美国研制的第一个小行星带探测器，也是第一个先后环绕矮行星谷神星与小行星灶神星的人类探测器。2007 年发射升空后，历经 8 年的太空遨游，于 2015 年 3 月进入谷神星轨道。位于矮行星中心的耀眼光斑就是奥卡托环形山。环形山的坑底中心有发光的隆起部分，它上面的裂缝表明地底活动非常活跃。黎明号探测器观测到灶神星的表面撞击坑。此外，灶神星上还有大峡谷、丘陵、山脉等地貌。

预计火星和木星之间的小行星总数在 2 万以上，至今已经编号的有 5000 多个。这些小行星有碳质的 C 类，金属质的 M 类和反光强的 S 类等。其中 243 Ida 和 45 Eugenia 等小行星还有自己的卫星。对小行星形成的原因科学家曾经做过各种猜度。有人说是一颗行星爆炸后的碎片，有人说是两个天体相撞后的残骸。观察研究更支持的结论则认为，由于木星的引力使 2.8 天文单位轨道上的行星没有长成。2016 年，NASA 向小行星 1999 RQ36 发射 OSRIS-REx 宇宙飞船并从其地表取样本，将于 2023 年带回地球。相信这将会提供关于早期太阳系的一些可能的线索。

11．彗星

主要由冰物质构成的彗星接近太阳时，在太阳辐射作用下分解成状如扫帚的彗头和彗尾，俗称"扫帚星"。东西方文化都不约而同地认为，彗星是灾难降临的征兆。科学家认为，长周期彗星来自距我们 5 万到 10 万天文单位的奥尔特云，而短周期彗星则来自太阳系边缘的柯伊伯带。彗星的轨道会受到大行星影响。1994 年，休梅克 - 列维 9 号彗星解体后的 21 个碎片递次撞上木星；2001 年，一小群彗星撞向太阳。

星尘号探测器的主要任务是对彗星成分进行分析。2004 年，它飞越维尔特 2 号彗星，拍摄了冰质彗星图片并收集了彗星尘埃样品。2006 年，它成功返回地球，成为历史上第一个收集到彗星成分的探测器。

12．流星

当流星的行进路线和地球邂逅时，便可能跌进大气中。摩擦产生的高温使它们气化和燃烧，在空中形成明亮的流星。有些来不及烧尽而坠到地面的便成为陨星，南非发现的最大铁质陨星达 54t，美国堪萨斯州落下的石质陨星重 1t。累计 46 亿年间，地球增加了大约 1×10^{16}t 的物质。但对于 6×10^{21}t 的地球来说，也不过是一粒尘埃。

2013 年，美国发射月球大气和粉尘环境探测器，其 2014 年记录了数次流星撞击月球的情景。

3.3.2　地球诞生与成长

约 50 亿年前，年轻的太阳周围弥漫着行星盘，此中孕育着我们的家园。随着碰撞结合的岩石质量增长，其引力逐渐增强，吸附附近所有的物质形成地球的雏形。约 45.4 亿年前，地球温度高达 1200℃。忒伊亚星球与地球相撞，使地球自转极快，同时也将部分地球物质抛向空中。千年之后，这些物质形成最初的月球，与地球相距 2.2 万 km。约 39 亿年前，太阳形成时产生的碎片对地球进行猛烈的攻击。这些流星中夹裹着冰晶，在地球上形成聚集在坚硬地表的水。之后，地球的自转逐渐慢了下来。地球表面被水覆盖，熔岩在压力下喷出地壳，形成火山岛。火山岛逐渐结合，形成大陆。此时的地球大气有毒，温度很高，无法孕育生命。

3.3.3　地球生命起源与进化

陨石仍频频降落地球，落入海水中溶解并释放出各种矿物质、碳和氨基酸。矿物质和冷却的岩浆形成一根根海底烟囱，实时冒出某种高温液体。海水从地壳缝隙渗入地下，沿途吸收矿物质，升温后又被重新喷回海洋，形成新的烟囱。海水中的矿物质与化学物质越来越丰富，成为生命产生的原始汤。原始大气中含有大量的氢，太阳紫外线直射地表，为无机物质向有机物质的转化提供了充分的能源。综合各种条件，许多最初的有机物有充分的时间变化和发展，为后来生命机体的产生提供了物质基础。

一、地球生命诞生

地球表面温度下降为生命物质的合成和存在提供了合适的温度，彗星、陨石和火山爆发不断提供合成生命物质所必需的碳化物。这样，大气中和地球表面的二氧化碳，由于太阳紫外线、电离辐射、雷击、闪电等作用，在局部高温、高压下分解，有的与水化合成甲醛而放出初生态的氧，有的与水化合成碳酸。碳酸在局部高温、高压下分解并与氨化合成甲醛氨，甲醛和甲醛氨又合成甘氨酸。金属和非金属碳化物相互作用，并吸收一部分硫、磷等，便可能产生多种有机化合物。这就为更复杂的氨基酸直至蛋白质和核酸大分子的聚成奠定了基础。蛋白质和核酸长期的化学进化，形成了最初的具有复制功能的复制子。它们完全裸露在极度恶劣的环境之中，饱受太阳紫外线的照射、极端酸碱度的侵蚀及各种化学物质的轰炸。其中有一些复制子偶然间获得了脂质双分子层，从而获得了巨大的生存优势。从此之后，复制子便踏上了生命进化之路。这是地球成长史上决定性的一刻，地球上诞生了原始生命。

所有的生命都需要靠能量来生存，而地球最大的能量来源就是太阳。一些原始生命开始利用阳光、二氧化碳和水产生糖，并把氧气作为废物排出，从而创造了我们今天所拥有的富氧空气。

海底的菌落逐渐形成叠层石菌落，但如何证明这些化石确实是生命的痕迹呢？美国科学家诺拉·诺夫克（Nora Noffke）在澳大利亚西部的皮尔巴拉沉积岩中发现了叠层石，并且在这些结构中发现了可能是由蓝藻菌膜卷曲而形成的筒形结构。由于最初的生命需要进行光合作用，从空气中获取二氧化碳，再利用二氧化碳中的碳元素来合成自身的有机物。地球上的碳元素有三种同位素，分别是碳-12、碳-13、碳-14。生物体内的有机物中，碳-13与碳-12的比例会低于自然环境。诺夫克测定了菌膜遗迹处的碳同位素比例，发现碳-13与碳-12确实明显比周围环境低。证据表明，叠层石菌落确实是早期生命的痕迹，而且当时已经存在复杂的生态系统，各种微生物一起生存、相互作用。蓝藻已经是可进行光合作用的生物，那之前更原始的生物可能只以低密度的单细胞存在。皮尔巴拉沉积岩形成于36亿年前的太古代，由此可见早期生命应该比36亿年早很多。

二、生命 1.0

富氧的海水把铁元素变成铁锈，在海床上形成了富含铁的岩石。海面上的氧气也持续改造着大气。依靠分裂繁殖的生命进化过程非常缓慢，但在这些单细胞生命之间很早就展开了信息战。快速有效地取得并传递信息，是单细胞成功生存繁衍的秘诀。例如，具有感光功能的单细胞能够避免紫外线的伤害，从而获得更多的生存机会。当时细胞传递信息的方式主要是物理接触和扩散，低浓度的氧气分子要花上大约27d才能通过扩散作用移动10cm。显然，这种反应方式难以快速有效地实现信息传递。有些细胞准确地利用离子通道特性，创造出可以积蓄能量和快速释放能量的机制，用于调整细胞内外的离子浓度。细胞也可以通过消耗能量把带电离子主动运送到离子通道的另一端，然后让细胞膜内外的带电离子浓度出现差异以形成电位差，该过程被称为"极化"。电位差就是积蓄能量，只要时机一到，就可以通过"去极化"来瞬间释放能量以做出快速反应。例如，单细胞草履虫就是通过电位差在细胞内快速传递信息。当草履虫的细胞体前端撞到东西时，电位差就会迅速从细胞前端传向后端。尾部的鞭毛改变运动方向，就可以让草履虫转身躲避。

这些细菌的DNA不仅规定了硬件设计，如糖感应器和鞭毛；还规定了软件设计，如趋利避害。泰格马克认为，细菌生命的硬件和软件都是靠进化得来的，虽然细菌存在某种学习过程，但这并不发生在单个细菌的一生中，而发生在细菌这个物种的进化过程中。这类物种个体最终能达到的智能程度局限于DNA所传递的信息量，泰格马克将其命名为"生命1.0"。

三、生命进化

随着地球岛屿的重新排列，海底的地壳裂成巨大的板块。地壳下的岩石因为高温而移动，推拉了地球各处的板块，形成罗迪尼亚大陆。生物的内部也逐渐变复杂了，通过吞食线粒体细菌，真核生物在其细胞内发展了许多功能。一些生物体形成了专门的性细胞，如孢子；一些可以使用电位差来进行各种活动并逐渐进化成神经细胞。真核细胞的集群、共生或合胞导致多细胞生物的产生，细胞分工越来越复杂，体积也越来越大。此时，生命逐渐进化出嘴、四肢和感觉器官。细胞分工不仅让细胞们各司其职以提升生存效率，也让神经细胞获得了首领地位。

不同的生物群体可能独立地进化到多细胞体，其中植物先于动物。8.50 亿～6.35 亿年前，出现了第一次复杂动物的进化。海洋里出现各种由管和叶子构成的复杂生命，被命名为埃迪卡拉动物群。寒武纪大爆发可能部分归功于动物有了坚硬的外壳，可以留下丰富的化石。有孔虫是有壳的海洋单细胞动物，平均约 1mm 大小，却充分展示了自然界的艺术之美。德国著名生物学家海克尔手绘了栩栩如生的有孔虫，如图 3-13 所示。

提起海克尔，就不能不提他的著作《自然界的艺术形态》。作为博物学家，海克尔在这套著作中收录了 100 幅绘制的自然科学插画图版，既有对原始微生物的刻画，也有对高等动植物的描绘。他手绘的图画兼具生物形态美和几何构图美，更令人惊叹的是图画异常精准，其准确性已借由现代的高倍显微镜得到了证实。

图 3-13 手绘有孔虫（海克尔，2016）

第一批陆生植物是绿藻的近亲，它们在登陆后迅速多样化演变。海洋中曾有一些动物冒险走上陆地，但只停留了短暂的时间。第一次物种大灭绝后，奥陶纪成为生命蓬勃发展时期。随后的安第斯 - 撒哈拉冰河时代导致第二大规模灭绝，85% 的海洋物种被消灭了，但鱼却越来越普遍。随着植物在陆地上的成熟与繁茂，昆虫首次进入陆地，动物也逐渐离开海洋。提塔利克鱼最早进化出四肢，逐渐走上陆地。正是这次登陆，使它们能在晚泥盆世灭绝中幸存下来。

约 3.2 亿年前，爬行动物出现。它们有坚硬的带鳞片的皮肤，产的硬壳卵可以适应陆地。由于这些优势，它们很快成为占主导地位的陆地动物。随后，地球所有的大洲共同组成了盘古大陆，被跨越世界的盘古大洋包围。直到约 1.75 亿年前，才分裂成现代大陆。

约 2.52 亿年前，二叠纪大灭绝消灭了 96% 海洋物种和类似数量的陆地动物种类，也进化出第一只恐龙。约 2.2 亿年前，犬齿龙类的爬行动物进化出哺乳动物。早期的哺乳动物可能只在夜间活动，逐渐促使它们进化为能够保持体温恒定的温血动物。约 2 亿年前，恐龙在陆地欣欣向荣，鱼龙成为海洋霸主。接着，三叠纪物种灭绝消灭了约 80% 的物种，海洋生物占多数。此后，恐龙成为陆地霸主。约 1.6 亿年前，一些食肉恐龙开始进化出类似鸟类的骨骼和羽毛，并逐渐进化出现代鸟。德国在大约 1.5 亿年前的地层中发现始祖鸟的化石，一度被认为是最早的鸟类。但在 2013 年，比利时古生物学家帕斯卡·戈德弗里特（Pascal Godefroit）团队和中国沈阳师范大学的胡东宇等人共同报道了徐氏曙光鸟化石，有可能取代始祖鸟的地位成为最早的鸟类。徐氏曙光鸟化石是在辽宁省髫髻山大约 1.6 亿年前的沉积物中发现的。当然，未来的新发现也可能持续刷新现有记录。

约 1.3 亿年前，植物在出现 4.65 亿年后开出了第一朵花。白垩纪 - 第三纪大灭绝导致恐龙灭绝，同时翼龙和巨大的海洋爬行动物也被消灭了。之后，哺乳动物进化出了用胎盘在子宫内养育下一代的能力，并逐渐进化出灵长类动物。中国科学院倪喜军博士研究了湖北省荆州地区发现的一块老鼠大小的化石，发现它是已知最古老的灵长类动物，命名为阿喀琉斯基猴。约 6500 万年前，出现利用 C4 进行光合作用的植物，包括玉米、谷子、甘蔗等。今天的科学家们正试图用 C4 光合作用来改良水稻，用以喂养不断增长的人口。

四、人类的黎明

1300 万～700 万年前，古人类出现了。约 2500 万年前，猿出现在非洲，并逐渐形成现代人类的祖先和现代猿的祖先。东非大裂谷是人类的摇篮，世界最早的现代人类化石全部出土于埃塞俄比亚，320 万年前的南方古猿露西（Lucy）还被列入世界文化遗产。

五、生命 2.0

20 万年前，人类出现。之后，人类的活动从非洲的出生地扩展到每一个大陆，甚至外太空。DNA 创造了人类的生命硬件，但我们能够重新设计自身软件的一大部分。人类从基因所设定的桎梏中解放出来之后，个体最终能达到的智能程度不局限于受精时 DNA 所传递的信息量。成人大脑中连接神经元的突触存储的信息比 DNA 存储的信息多了大约 10 万倍。学习能力使人类总体的知识量以越来越快的速度增长，持续在语言、写作、印刷、现代科学、计算机及互联网等各个领域取得突破。人类共同的"软件"正在发生着空前快速的文化演化，并逐步成为塑造未来的主要力量。因此，泰格马克把人类命名为生命 2.0。

3.4　外星生命在哪儿？

如前所述，宇宙中普遍存在地球生命的介质水，各种有机物包括组成蛋白质的氨基酸也在陨石和星际尘埃中被发现。这些现象表明，宇宙中并不缺乏生命的原料。从整个宇宙空间尺度分析，地球相对银河系都是沧海一粟，更不必说与整个宇宙相比了。从整个宇宙时间尺度分析，我们身处的宇宙从大爆炸至今已经走过了 138 亿年的漫长岁月。地球人类从诞生至今不过二三十万年，宇宙的寿命里足够兴起又湮灭数不清的生命奇迹。在这样一个年过百亿年、恒星如恒河沙数的宇宙，生命产生的概率哪怕只有亿万分之一，生命之花也应该早已盛开在天涯海角了。因此，很多人相信外星智慧生物的存在。

1950 年，著名的物理学家恩利克·费米（Enrico Fermi）在一次闲聊中，提出了一个直白简单的问题："如果确实存在外星人的话，他们在哪儿？"人类从走出非洲，到制造出能飞出太阳系的飞行器，用了五六万年。在宇宙 138 亿年的历史长河中，足以允许外星生命演化出智慧，因此我们地球人类应该也能看到外星人的航天器往来穿梭表达善意或战争呀？当然，费米的提问也可以反过来理解：既然我们不能每天都看到外星人的来访，那么是不是能够反推出其实外星生命并不存在，地球人实实在在就是浩瀚宇宙里的生命奇迹呢？

人类对外星生命的探索不只是思考，而且有切实的行动。1959 年，美国康奈尔大学的天文学家提出，可以在 1420MHz 频率附近搜寻地外文明。这一建议得到了强烈的反响。从此，全球无数名科学家参与搜寻外地文明计划（SETI）。1960 年，天文学家法兰克·D. 德雷克（Frank Donald Drake）开启奥兹玛计划（Project Ozma），首次有计划地搜寻地外文明。该计划利用射电望远镜的 21cm 波段，监测了 662 颗类太阳恒星，但没有接收到地外文明发来的无线电波信号。1963 年，阿雷西博射电望远镜建成，并开始用于搜索外星文明。1974 年，阿雷西博望远镜向球状星团 M13 发送了"阿雷西博信息"。1992 年，美国开启搜索外星智慧生物的凤凰计划。2005 年，美国"智力彗星"公司计划利用全球联网的计算机，共同搜寻地外文明。每个人都可以通过一个免费程序分析从射电望远镜传来的数据，判断是否是外星人发射的信息。2009 年，开普勒空间望远镜开始寻找太阳系外的类地行星。2015 年发现的塔比星（KIC 8462852）是外星文明"戴森球"建筑的热门候选者之一。自从被哈勃太空望远镜发现以来，它就以一种违背常理的方式闪烁着。与最亮时相比，最暗时亮度能下降 22%。这似乎表明，其周围存在某种巨大物体挡住了恒星的光辉。2016 年，在俄罗斯尤里·米尔纳（Yuri Milner）全额资助下，霍金启动大规模外星智慧生命的突破聆听计划（Breakthrough Listen）。该计划将历时 10 年，对整个银河系及其附近一百个星系进行搜索。之后，突破聆听计划通过联合世界各地的研究机构共同进行探索工作。我国 500 米口径球面射电望远镜（FAST）也加入计划，与美国的绿岸望远镜及澳大利亚的 Parkes 天文台共同合作，寻找外星智慧生命。2021 年，科学家通过分析"超新星自动化巡天调查"（ASAS-SN）的数据，一共发现 21 颗诡异变暗的恒星。这些发现表明，我们寻找外星生命的方法和手段都已得到极大的拓展。

据研究，椭圆星系最可能是生命的摇篮，矮星系反之，银河系处于二者之间。科学家已经逐渐缩小了生命勘测的范围。英国帕拉蒂卡·达亚尔（Pratika Dayal）将不同星系与银河系做对比，得出宜居星系的条件首先是拥有大量行星环绕的恒星，其次是恒星的数量不能太多。拥有大量恒星的星系会由于超新星爆炸而毁灭可能的生命。

3.5 宇宙探测机器人

正如太空教师王亚平在"天宫课堂"上所言，"地球是人类在宇宙中的摇篮，但人类不可能永远生活在摇篮里。如今我们有了自己的空间站，将来中国人的脚步会踏入月球、火星和更远的深空。"如果说人类是梦想家，那么机器人就是实现人类梦想的先驱者。宇宙的神秘面纱正被越来越先进的机器人的持续探索揭开。如前所述，人类利用宇宙探测机器人对太阳系进行了深入的探索，获得了大量的资料，有助于我们更好地理解宇宙。这里以火星和月球探测为例介绍宇宙探测机器人的结构和功能。

3.5.1 火星探测机器人——好奇号和祝融号

21 世纪早期最激动人心的太空探索都是由探测机器人完成的。好奇号和祝融号火星探测目标直击人心：确定火星是否存在或曾经存在微生物，确定火星未来能否适合人类居住。我们幻想火星上存在生命是因为火星是唯一一个和地球十分相似的星球。火星的自转周期是 24h 40min；火星上的重力约为地球上的一半；和其他星球相比，火星的温度和地球最接近；火星上存在大量的水和薄薄的大气层。因此，无怪乎科幻小说和现实的科学中频繁出现使火星地球化或在火星创造富含氧的大气层的构想。倘若哪天人类真能移居其他星球，那首选必定是火星。

一、好奇号

现今在火星上执行任务的好奇号是人类送往火星最庞大、最复杂的火星探测机器人之一。好奇号重达 1t，是一辆小型运动型多用途汽车。它的机械臂伸展长达 2.13m，整台火星车延展长达 5.18m。作为一台移动的先进实验室，它装载了 72kg 多的科学仪器。为了给好奇号提供源源不断的动力，美国国家航空航天局用 24h 提供动力的核电池取代太阳能电池。好奇号有 6 个铝钛合金制成的金属车轮，摇臂转向式悬挂系统能使车身离地近 0.6m，可以进行全地形探测。

好奇号上的摄影器材需要辨识出颜色特殊的岩石，才可能找到意想不到的地质成分。这些摄影器材能把所有地形景观呈现得栩栩如生，为地质学家指出奇特的岩层所在、不同岩石单元的交会之处及岩床出现裂痕或受水侵蚀的地方。因此，好奇号装载了 17 台摄影器材，包括 4 台导航相机、左右 2 台桅杆相机、8 台避障相机、1 台化学相机、1 台火星机械臂透镜成像仪和 1 台火星降落成像仪（图 3-14）。其中导航相机负责寻找最合适的前进路线，影像以黑白呈现。配有滤镜转盘的桅杆相机位于桅杆顶端，能分辨近红外光。拍摄岩石时接收到的亮度比例，让好奇号可以找到水中形成的矿物。避障相机能协助驾驶，避开危险，提供的同样是黑白影像，具体包括巨石、斜坡、露头和已被填满的幽灵撞击坑。化学相机使用激光束把岩石气化，留下一个针头大小的孔，再通过分析矿石气化产生的等离子来判断其化学成分。化学相机的照片可套用桅杆相机或火星机械臂透镜成像仪的影像色彩。火星机械臂透镜成像仪的设计重点是取代地质学家的野外放大镜，对焦距离最近可到 2cm。它传回来的岩石和沙砾细部影像，让地质学家得以一窥附近发生过的古代地质事件。火星机械臂透镜成像仪架设于火星车的移动式机械臂上，所以也能用来拍摄车体本身。好奇号经典的"自拍照"看似由其他人或车外的仪器拍摄，其实就是出自火星机械臂透镜成像仪的镜头。它可提供极高分辨率的彩色影像，近距离或远距离拍摄皆可。火星降落成像仪在隔热罩脱落后，从好奇号底部拍摄登陆影像。

图 3-14　好奇号外形及摄像机分布（考夫曼，2017）

　　其他的科学仪器包括数件天气传感器设备、1 台用于检测氧气的中子吸收仪、1 台火星手持透镜成像仪及阿尔法粒子 X 射线分光计。好奇号机械臂上装有研磨钻和样本处理系统，可以为车上各种仪器采集并提供样本，还可用 X 射线分析确定样本的晶体结构。好奇号还有一个有机实验室可以检测样品是否有碳基分子。

　　2012 年 8 月 6 日，好奇号在火星的盖尔撞击坑内着陆。此次登陆所达到的精准度以及所使用的着陆系统均有革命性突破，着陆的最后阶段使用了精密的"空中起重机"，帮助好奇号穿过火星稀薄的大气层后急剧减速，平稳着陆。目前，好奇号正持续为我们提供火星的详细信息。

二、祝融号

　　我国古代将火星称为"荧惑"，表明我们很早就对火星充满好奇。伟大诗人屈原也在楚辞《天问》表现出大胆怀疑、追求真理的探索精神。2016 年，我国正式批复成立火星探测任务。2020 年 7 月，天问一号探测器携带首辆火星车在中国文昌航天发射场点火升空。2021年 5 月 22 日，祝融号火星车安全驶离着陆平台，到达火星表面，开始巡视探测。多国祝贺天问一号成功着陆火星，我国外交部发言人赵立坚解释："祝融是我国上古神话里的火神，火的应用促进了人类文明的发展。祝融号寓意点燃中国星际探测的火种，指引航天人不断超越自我，逐梦星辰。"

祝融号火星车高 1.85m，重达 240kg 左右。它上面搭载了火星表面成分探测仪、多光谱相机、导航地形相机、火星车次表层探测雷达、火星表面磁场探测仪、火星气象测量仪等 6 台科学载荷。这些设备可用于分析元素组成，分析和识别矿物和岩石，获得探测目标的高空间分辨率图像，获得岩石、土壤等可见近红外光谱数据，采集各种白天和黑夜的天空图像，校准火星表面的真实情况等多种功能。

祝融号火星车移动能力强大，设计也更复杂。它采用主动悬架，6 个车轮均可独立驱动，独立转向。除前进、后退、四轮转向行驶等功能外，还具备灵活避障及大角度爬坡蟹行运动能力。更强大的功能还包括在火星极端环境表面可以利用车体升降摆脱沉陷的车体升降功能，能配合车体升降从而在松软地形上前进或后退的尺蠖运动功能，以及当遇到车轮故障时可通过质心位置调整及夹角与离合的配合抬离地面继续行驶的抬轮排故功能。

3.5.2　月球探测机器人——玉兔二号

虽然对月球的探索很早，但人类和探测器都未达到过月球的背面。其实月球背面比正面更为古老，冯·卡门撞击坑的物质成分和地质年代具有代表性，对研究月球和太阳系的早期历史具有重要价值。同时月球背面也是一片难得的宇静之地，屏蔽了来自地球的无线电信号干扰，在此开展低频射电天文观测可以填补射电天文领域在低频观测段的空白，为研究太阳、行星及太阳系外天体提供可能，也将为研究恒星起源和星云演化提供重要资料。

玉兔二号作为嫦娥四号任务月球探测机器人，于 2019 年 1 月 3 日完成与嫦娥四号着陆器的分离，驶抵月球背面，并在月背留下第一道痕迹（图 3-15），成为中国航天事业发展的一座新的里程碑。2019 年 12 月，在完成月球的第十二月昼的工作后，玉兔二号巡视器按地面指令完成月夜设置，进入月夜"休眠"模式。其间，经过数次休眠与唤醒。

玉兔二号探测器上安装了全景相机、测月雷达、红外成像光谱仪和与瑞典合作的中性原子探测仪。这些仪器在月球背面通过就位和巡视探测，开展低频射电天文观测与研究，巡视区形貌、矿物组分及月表浅层结构研究，并试验性开展月球背面中子辐射剂量、中性原子等月球环境研究。

图 3-15　玉兔二号在月背留下第一道痕迹（引自国家航天局，2019．嫦娥四号着陆器与巡视器顺利分离　玉兔二号在月背留下人类探测器的第一道印迹．http://www.cnsa.gov.cn/n6758823/n6758838/c6805052/content.html）

3.6　延 伸 阅 读

3.6.1　《宇宙简史：起源与归宿》

霍金出生于英国牛津，自小就对世界充满了好奇。21 岁在剑桥读博士时，他患上肌萎缩侧索硬化，逐渐全身瘫痪。尽管如此，霍金依然在量子力学、宇宙学研究中取得了一系列辉煌的成就，被人们誉为世界上最杰出的天才之一。《宇宙简史：起源与归宿》是霍金在英国剑桥大学所作的七场讲学，这些内容相对独立但又互相紧密联系。他用尽可能通俗的语言，深入浅出地阐明人类迄今所探知的宇宙演化史的基本轮廓，以及相关理论的基本原理。每门学科都有研究历程，霍金也带领我们从人类认识宇宙的历史谈起。亚里士多德证明地球是一个圆球；托勒密形成了以地球为中心的一种宇宙模型；尼古拉·哥白尼提出太阳中心模型，得到开普勒的修正；牛顿引力理论表明宇宙不可能是静态的；哈勃的观测表明，宇宙正处于膨胀之中。霍金认为，黑洞并非人们所描绘的那样黑不可知，量子力学允许能量从黑洞中逸出。霍金还把量子力学的一些观念用于大爆炸和宇宙起源。最后，霍金提出了现代物理学尚未解决的若干问题，特别是如何把所有的局部性理论结合成一种"统一的万物之理"。他相信："如果我们找到了这一问题的答案，那将会是人类理性的终极胜利。"

霍金不仅是一位罕见的杰出科学家，而且是一位广受人们欢迎的科普学者。他的语言通俗易懂，描述方法深入浅出，能把自己的科学思想与各阶层进行广泛地交流。霍金谈及黑洞时，他将黑洞比喻为在煤窑里寻找一只黑猫。对于"统一的万物之理"，霍金倡议，"一旦我们确实发现了一种完美的理论，就应该及时让每个人理解其主要原理。"

3.6.2 环形山上的中国艺术家

自 1967 年以来，国际天文学联合会先后以 23 位中国人命名了 23 座环形山。他们同宇宙合一，共群星灿烂。水星环形山上以文学、诗词、音乐家这一类艺术家数量最多，包括春秋时期的音乐家俞伯牙；东汉末年诗人、音乐家蔡文姬；唐代诗人李白；唐代诗人白居易；南宋词人李清照；南宋词人、音乐家姜夔；元代戏曲家关汉卿；元代戏曲家马致远；清代小说家曹雪芹；中国现代文学家鲁迅。第二类是画家：五代南唐山水画家董源；宋代画家梁楷；宋末元初书画家赵孟頫；元代山水画家王蒙；清代画家朱耷。

在我国历史上，女词人李清照所有的文学作品，包括诗、词和文的全部作品加起来也就不过七八十篇。但就是凭着这区区的七八十篇作品，她仍然能够和作品上千上万的李白、杜甫和陆游等男性的大作家在中国的文学史上平起平坐。她以一个女性作家的独特创作成为中国古代文学史上一道亮丽的风景。以她命名环形山，甚至成为太阳系中一道亮丽而独特的风景，也体现了李清照在人们内心世界的一种价值。

3.6.3 寒武纪"化石宝库"

寒武纪大爆发是地球生命史上浓墨重彩的一笔。在此期间，地球上动植物群体发生明显变化，复杂有机体、现代多细胞生物呈爆发式增长。通过深入研究加拿大落基山脉上布尔吉斯页岩中的化石，英国剑桥大学的古生物学家西蒙·康威·莫里斯（Simon Conway Morris）认为这些壳类动物和软体动物化石是地球生命"结构、生态和神经上发生显著变化留下的有力证据"。在中国、格陵兰岛及其他地区同一年代的地层中也发现了类似的生物。2019 年，西北大学早期生命与环境创新研究团队张兴亮、傅东静等人首次在国际上公布了最新研究成果。他们在中国宜昌长阳地区清江与丹江河的交汇处，发现了距今 5.18 亿年的寒武纪特异埋藏软躯体化石库，并命名为"清江生物群"。这是进化古生物学界又一突破性发现。

此次发现的清江生物群，在 4351 件化石标本中，已分类鉴定出 109 个属，其中 53% 为此前从未有过记录的全新属种。生物统计学"稀疏度曲线"分析显示，清江生物群的物种多样性将有望超过包含布尔吉斯和澄江在内的全球已知所有寒武纪软躯体化石库。《科学》杂志同期刊发了题为"寒武纪化石宝库"的专家评论。国际著名古生物学家艾莉森·C. 戴利（Allison C. Daley）认为清江生物群化石丰富度、多样性和保真度是世界一流的，具有巨大的科学价值。

第4章　生命和细胞——生命如何构建？

　　地球上的生命经过约38亿年的演化，生命形式多种多样、各尽其妙。但生命的基本特征都在生命的基本单位——细胞中体现得淋漓尽致。细胞具有显著的基本共性，又呈现明显的多样性。它包含了全部的生命遗传信息，体现了生命的基本特点。

　　本章学习要求：

　　（1）了解细胞的结构。

　　（2）理解细胞的功能，理解生命过程如何在细胞结构体现。

　　（3）理解生命诞生过程就是不断尝试和创新的过程。

　　（4）理解人工生命的设计。

　　（5）了解生物机器人研究成果。

第4章专题视频

4.1　生命和生命系统

　　如第2章所述，宇宙产生和演化的过程中产生了生命所需要的元素，从而使生命成为必然。生命系统的结构层次为：细胞→组织→器官→系统→个体→种群→群落→生态系统→生物圈。形态相似、结构和功能相同的一群细胞和细胞间质联合在一起构成组织；不同的组织按照一定的次序结合在一起，彼此间互相作用、互相依赖的组分有规律地结合而形成器官；能够共同完成一种或几种生理功能的多个器官按照一定的次序组合在一起构成系统；由不同的器官或系统协调配合共同完成复杂的生命活动的生物为个体，如人体；在一定的自然区域内，同种生物的所有个体形成一个种群，如人类；在一定的自然区域内，所有的种群组成一个群落，如一片树林中的所有生物是一个群落，一片草地上的所有生物也是一个群落；在一定的自然区域内，生物群落与无机环境相互形成的统一整体是生态系统，如森林生态系统、草原生态系统、海洋生态系统和淡水生态系统等。我们可以将地球生态系统分为生物系统和非生物系统，生物系统包括动物、植物和微生物，非生物系统则是生物系统的物质基础。其中，阳光是绝大多数生态系统直接的能量来源，水、空气、无机盐与有机质都是生物不可或缺的物质基础。地球上所有的生物和这些生物生活的无机环境共同组成生态圈（图4-1）。

　　虽然地球上的生命形态丰富多彩，但科学家们从分子水平上揭示了地球生命的高度统一性。具体包括：所有生命的细胞膜都由磷脂构成；都用脱氧核糖核酸（DNA）作为遗传物质；都用同样的4种核苷酸组成DNA；都用同样的密码子为蛋白质中的氨基酸编码；遗传单位都是基因；使用同样的20种氨基酸组成蛋白质；都使用三磷酸腺苷（ATP）作为能量货币等。这些共同性也进一步验证了达尔文的物种起源猜想，所有生物有共同的祖先。科学家将其命名为最终共同祖先（LUCA）。2016年，科学家通过比较DNA，确定了一组355个LUCA的基因。

　　科学家们认为，当某种自我复制的结构与环境隔离的时候生命就开始了。近年来的研究表明，最初的自我复制结构可能基于核糖核酸（RNA），因此我们可以设想某种原始RNA由保护性膜包被产生了最初的生命体。

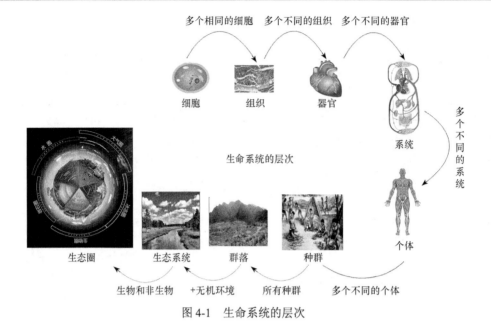

图 4-1 生命系统的层次

4.2 生命的物质基础

宇宙大爆炸之后产生了各种元素，其中的碳原子具有独特的性质，它可以形成 4 个共价键。如果碳原子与碳原子相连，第 2 个碳原子还有 3 个电子可以和其他元素形成共价键。如果与第 2 个碳原子相连的原子又是 1 个碳原子，这个碳原子还可以再连 1 个碳原子。以此类推，就可以形成以碳原子为骨架的长链。如果长链上的碳原子用其他的共价键与氢原子相连，就能形成碳氢化合物；如果长链中的碳原子除了连接氢原子，还连上由 1 个氧原子和 1 个氢原子组成的羟基（—OH），就能形成葡萄糖分子；如果长链中的 1 个碳原子连上 3 个碳原子，就能形成分支链；如果长链末端的碳原子又与首端碳原子相连，就能形成环状分子。总之，氧、氢、氮与碳链骨架的组合构成了 4 类生物大分子。因此，地球生命是碳基的。

4.2.1 生物小分子

生物细胞由各种大、小分子组成。小分子一般为简单的单体物质，不但可以构成生物大分子，而且在细胞中承担极为重要的生理功能。一般把生物小分子分为水、氨基酸、单糖、核苷酸和维生素等几个大类。

一、生命之源——水

水分子是极性分子，水分子之间和局部带电的众多分子之间容易形成氢键，溶解化合物形成各种化学反应，成为生命环境。不仅如此，水在宇宙中也很常见。月球北极 40 多个撞击坑里有 6 亿 t 的水冰，木卫二冰壳下是 100km 深的海洋，土卫六上的海洋深度达数百公里，火星的南北极都有冰盖，彗星上有水，柯伊伯带中也包含有水的彗星。2011 年，NASA 在类星体 APM 08279＋5255 上发现大量的水，总量为地球全部水量的 140 兆倍。

水作为良好的溶剂为生命存在提供了基本条件，它的物理和化学性质与水分子之间的氢键相互作用紧密相关。如何在分子水平上确定水的氢键网络构型是水科学领域的关键科学问题之一。水分子的直径只有一根头发直径的百万分之一，而且流动性非常强，需要选择合适的背景才能成像，背景得能导电才能用电子显微镜拍照。我国科学家江颖等选取氯化钠（NaCl）薄膜作为背景，将水分子吸附在盐表面进行观察，捕捉到水分子清晰的面貌。这是我们首次直接看到水合离子的原子级图像（图 4-2），就连水分子氢原子取

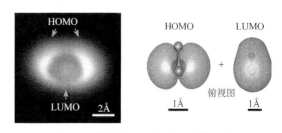

图 4-2　单个水分子的内部结构图像
（Guo et al.，2014）
LUMO：最低空置分子轨道；HOMO：最高占据分子轨道

向的微小变化都可以直接识别，几乎达到成像的极限。图中花瓣部分是水分子的电子云，中间的暗缝是水分子内部化学键。

二、蛋白质的分子组成——氨基酸

蛋白质构成了我们体重的 1/5。目前，我们已经确认了约 100 万种不同的蛋白质，可能还有很多等待发现。它们全都由 20 种氨基酸构成，而自然界中有数百种氨基酸。为什么只有少数氨基酸参与生命构建仍是生物学中的重大谜团之一。氨基酸分子结构如图 4-3 所示。按照连接氨基的碳原子相对于羧基的位置分别称为 α- 氨基酸，β- 氨基酸和 γ- 氨基酸。同时，在 α- 碳原子上还连接一个氢原子和一个可变的侧链，称为 R 基，不同的 R 基则决定了氨基酸不同的物化性质。

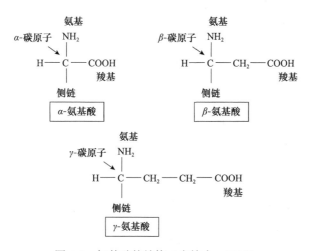

图 4-3　氨基酸的结构（朱钦士，2019）

氨基酸构型除了甘氨酸（R＝H）外，其他 α- 氨基酸的 α- 碳原子都是手性碳原子。手性即不对称性，指一个物体与其镜像不能重合。通常用相对左、右手构型 [L, D（dexter）] 来对它们进行标识。α- 氨基酸的构型是与甘油醛比较得出的，在投影式中氨基在左边者为 L 型，在右边者为 D 型。

自然界中绝大多数氨基酸都是 L 型的，构成蛋白质的氨基酸也都是 L 型。但也有部分氨基酸是 D 型，如细菌细胞壁中的谷氨酸、丙氨酸。生命起源中生物分子手性也是长期以来的

未解之谜。大家可参考 4.9.1 延伸阅读中的手性与生命起源的研究。

在人体中，一部分氨基酸在肝脏内进行分解或合成蛋白质；另一部分氨基酸继续随血液分布到各个组织器官，合成各种特异性的组织蛋白质。蛋白质和氨基酸之间不断合成与分解，所以我们需要每天从饮食中获取蛋白质营养。20 种氨基酸中，有 8 种不能在人体内合成，必须从食物中摄入。

三、能源基础——单糖

单糖是指分子结构中含有 3~9 个碳原子的糖，不能再水解。几乎所有的单糖及其衍生物都有旋光性，就是使偏振光平面发生旋转。我们可以利用糖的旋光性测定浓度，一种旋光物质的旋光度与其浓度及偏振光通过待测液路径长度的乘积成正比。因此，旋光检测仪可以根据旋光度的大小来测定某物质溶液的浓度。

四、生命密码基础——核苷酸

核苷酸是核糖核酸（RNA）及脱氧核糖核酸（DNA）的基本组成单位，分布于生物体内各器官、组织、细胞核及胞质中。作为核酸的组成成分，它参与生物的遗传、发育和生长等基本生命活动。三磷酸腺苷（ATP）是一种特殊核苷酸，它最常出现于能量暂存和供应的环节中，被称为"能量货币"。

五、维生素

维生素是一系列有机化合物的统称。生物体需要维生素才能正常运行，但又无法自行制造。维生素的发现和命名较晚，并且曲折反复。最初，维生素的命名基本是严格按照字母表顺序排列的 A、B、C、D 等。但后来人们发现，维生素 B 不是一种而是几种，于是重新将之命名为 B_1、B_2、B_3，一直到 B_{12}。后来人们认为，B 族维生素并没有这么多元化，所以淘汰掉了一些。于是，今天只剩下六种半连续的 B 族维生素：B_1、B_2、B_3、B_5、B_6 和 B_{12}。

4.2.2 生物大分子

生命最显著的特征，新陈代谢、生长繁殖及演化都需要依靠生物大分子实现。蛋白质、核酸、多糖和脂质是 4 类主要的生物大分子。

一、生命活动的主要承担者——蛋白质

蛋白质是构成细胞的基本有机物，是生命活动的主要承担者。生命机体中的每一个细胞和所有重要组成部分都有蛋白质参与。它的主要作用包括生物催化剂（酶）、代谢调节、免疫保护、运输和存储、结构支持和信息传递。

1. 蛋白质的结构

氨基酸通过肽键连接成蛋白质。要发挥生物学功能，蛋白质需要正确折叠为一个特定构象，主要是通过大量的非共价相互作用来实现。此外，在一些蛋白质折叠中，二硫键也起到关键作用。为了从分子水平上了解蛋白质的作用机制，常常采用 X 射线晶体学、核磁共振等技术来解析蛋白质结构。蛋白质的分子结构可划分为四级。

蛋白质一级结构是线性氨基酸序列。其主要的化学键是肽键，有些蛋白质还包括二硫键。胰岛素由 51 个氨基酸残基组成，分为 A、B 两条链。A 链有 21 个氨基酸残基，B 链有

30 个氨基酸残基。A、B 两条链之间通过两个二硫键连接在一起，A 链另有一个链内二硫键。胰岛素的结构是由英国剑桥大学生物化学家弗雷德里克·桑格（Frederick Sanger）破译的。桑格将胰岛素蛋白质链末端的一个氨基酸切断，并且将其溶解在溶剂中，随后通过化学手段确定它就是甲硫氨酸。他用同样的方法降解了整条胰岛素，获得其氨基酸链的组成结构。1953 年，桑格因此项成果获得诺贝尔化学奖。

　　牛胰岛素在医学上有抗炎、抗动脉硬化、抗血小板聚集、治疗骨质增生、治疗精神疾病等作用。1965 年，中国科学院上海生物化学研究所、北京大学和中国科学院上海有机化学研究所的科学家们通力合作，首次用人工方法合成出具有生物活性的蛋白质结晶牛胰岛素。我国成为第一个合成人工牛胰岛素的国家，科学家们也获得国家自然科学奖一等奖。人工牛胰岛素的合成，标志着人类在认识生命、探索生命奥秘的征途上迈出了重要的一步。

　　蛋白质二级结构包括 α- 螺旋、β- 折叠、β- 转角、无规卷曲等。其中，α- 螺旋是蛋白质中常见的一种二级结构，如图 4-4 C 所示。肽链主链绕假想的中心轴盘绕成螺旋状，一般都是右手螺旋结构，螺旋是靠链内氢键维持的，如图 4-4 A 所示。在典型的右手 α- 螺旋结构中，螺距为 0.54nm，每一圈含有 3.6 个氨基酸残基，每个残基沿着螺旋的长轴上升 0.15nm，螺旋的半径为 0.23nm，如图 4-4 B 所示。每个氨基酸残基的 N—H 与其氨基侧相间三个氨基酸残基的 C═O 形成氢键。这样构成的由一个氢键闭合的环，包含 13 个原子。因此，α- 螺旋常被准确地表示为 3.6/13 螺旋。螺旋的盘绕方式一般有右手旋转和左手旋转，在蛋白质分子中实际存在的是右手螺旋。

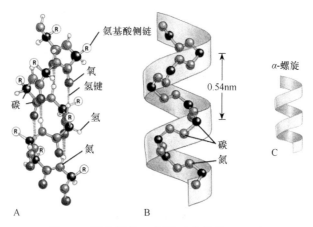

图 4-4　蛋白质的 α- 螺旋（艾伯茨，2012）

　　发现蛋白质 α- 螺旋的是美国化学家莱纳斯·卡尔·鲍林（Linus Carl Pauling）。鲍林把化学研究方法用于生物学，潜心探索蛋白质的分子结构。他发现多肽链分子内可能形成两种螺旋体，分别是 α- 螺旋体和 γ- 螺旋体。这两种螺旋都依靠氢键连接保持形状。其中，α- 螺旋体的结构已在晶体衍射图上得到证实，鲍林也因此荣获诺贝尔化学奖。

　　蛋白质三级结构是在二级结构的基础上盘绕折叠形成的，其主要的化学键是疏水键、离子键、氢键和范德瓦耳斯力等。蛋白质四级结构是由数条独立三级结构的多肽链通过非共价键相互连接而成的聚合体结构。

　　综上所述，蛋白质的一级结构是其氨基酸序列，二级结构是由氢键导致的肽链卷曲与折叠，三级结构是多肽链自然形成的三维结构，四级结构是亚基的空间排列。

2．蛋白质的变构和变性

蛋白质分子高级结构中非共价键的键强度很弱，必须要有相当多的非共价键同时起作用，才能保持蛋白质高级结构的稳定。

蛋白质分子高级结构在生理条件下的可逆变化称为变构。例如，某一个氨基酸残基的侧链结合上一个基团，就可能改变该蛋白质分子内部的非共价键布阵，从而改变高级结构，当然也改变其生理活性；去掉结合上的基团，其高级结构和生理活性又可复原。这些情况在酶活性修饰和细胞信息传递中常常可以看到。

如果在较为剧烈的物理或化学因素作用下，蛋白质高级结构会被破坏，称为变性。例如，蛋清在沸水中凝固。

3．特殊的蛋白质——酶

酶是具有催化活性和高度专一性的蛋白质、RNA 或其复合体。在酶的作用下，生物体内的化学反应在极为温和的条件下也能高效和特异地进行。绝大多数酶的化学本质是蛋白质，因此它也具有一级、二级、三级和四级结构。人和哺乳动物体内含有至少 5000 种酶。它们或是溶解于细胞质中，或是与各种膜结构结合在一起，或是位于细胞内其他结构的特定位置上，只有在需要时才被激活，这些酶统称胞内酶。另外，还有一些在细胞内合成后再分泌至细胞外起作用的酶，称为胞外酶。

二、生命过程的碳源和能源——多糖

多糖广泛存在于动物、植物和微生物体内，常见的多糖包括淀粉、糖原和纤维素。植物的骨架组织主要由纤维素组成；种子和块茎中则储存有大量的淀粉。而动物体内最重要的储藏多糖是糖原。2021 年 9 月，中国科学院天津工业生物技术研究所研究员马延和带领团队，采用一种类似"搭积木"的方式构建了 11 步反应的非自然固碳与淀粉合成途径，在实验室中首次实现从二氧化碳到淀粉分子的全合成。经核磁共振等检测发现，人工合成淀粉分子与天然淀粉分子的结构组成一致。这项重大科技突破，为从二氧化碳到淀粉生产的工业车间制造"打开了一扇窗"。

三、遗传信息的存储和传递者——核酸

核酸是由许多核苷酸聚合成的生物大分子化合物，用于存储和传递遗传信息。核酸可以分为脱氧核糖核酸（DNA）和核糖核酸（RNA）两大类，所有生物细胞中都含有这两类核酸。由于核酸中含有可解离的磷酸基与碱基，在不同 pH 条件下解离程度不同，因此核酸是两性电解质。

生命的遗传信息主要由 DNA 分子编码。在真核细胞中 DNA 绝大多数集中在核内染色体上。而 RNA 则 90% 左右存在于细胞质中，在核内仅占 10%。RNA 可分转移核糖核酸（tRNA）、信使核糖核酸（mRNA）和核糖体核糖核酸（rRNA）。不同的 RNA 有不同的功能。

四、生命体的重要构件和储能物质——脂质

脂质是一类低溶于水高溶于非极性溶剂、结构各异的疏水分子。脂质既是人体最大储能库，又是脂溶性维生素吸收和运输的载体。在大多数真核细胞中，甘油三酯和胆固醇以脂滴形式存在于胞质中。

磷脂包括甘油磷脂和鞘磷脂两类，它们主要存在于细胞的膜系统中（图 4-5）。具体磷脂如何构筑细胞膜的介绍见 4.4.3 生命组合需要包膜。甘油磷脂分子中，磷酸基和酯化醇部分

构成亲水头，两条脂肪酸链为疏水尾（图 4-6）。这样在水中就能形成头向外、尾向内的磷脂双分子层。

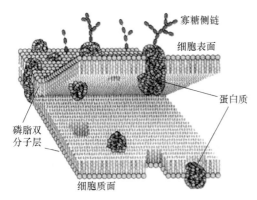

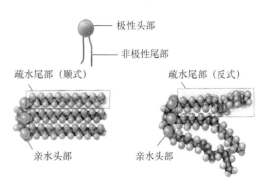

图 4-5　磷脂和细胞膜关系（员冬梅等，2020）

图 4-6　磷脂分子结构示意（朱钦士，2019）

4.3　生命的秩序

生命超越了热力学第二定律热寂平衡，形成了熵减，从而构建了生命秩序。这部分的内容包括生命的尺度、生命的动态秩序和生命的动态平衡。

4.3.1　生命的尺度

我们在宇宙的微观尺度中已经见识过原子的微小了。正如我们在 3.2.4 宇宙的微观尺度一节中提到的，原子直径量级为 1 埃米（10^{-10}m）。而生命中细胞的平均直径是 $10\sim20\mu m$（10^{-6}m）。也就是说，细胞中包含的原子数量非常可观。薛定谔在《生命是什么》的开头提出了一个问题：为什么原子那么小？既然原子作为一种独立存在，大小是既定的，那么我们真正关注的问题就是生命体为什么一定要这么大？

薛定谔认为，生命现象也可以用物理和化学的语言来描述。我们知道，被分子撞击的悬浮微粒做无规则运动的现象叫作布朗运动，而布朗运动是分子热运动的宏观体现。组成生命的原子也必然进行永不停歇的热运动，那么细胞内部就有永不停歇的原子运动。热运动是无规则、无秩序的，那么生命如何在无序中产生秩序呢？

虽然单个原子的运动是无序的，但我们知道整体物质的运动趋势是从浓度高的地方向浓度低的地方"扩散"。假设将物质移动的一个瞬间定格，我们肯定会发现有些原子在做"非常规"运动。那么"非常规"运动的原子占多大比例呢？薛定谔认为，假设一个生命体由 100 个原子构成，那么无论要进行哪种生命活动，都会有 10 个原子不听指挥，即"N 的平方根"定律。这个误差对只有 100 个原子的生命体而言绝对是致命的。为了从无序中提取出秩序，生命体就必须要远远大于原子。

那么生命的尺度范围差别有多大？据吉尼斯世界纪录，地球上体积最小的动物是被命名为 H39 的原生动物。它是一种单细胞动物，只有 0.1μm 长，1000 万亿个加起来的重量也不超过 1g。由此可见，地球上还潜藏着一个神秘的微生物世界，等待人类去探索和发现。

迄今为止所发现的化石已经证明了，蓝鲸是地球上存活过的体积最大的动物。它的长度可达 33m，重量可达 181t，仅一条舌头就有 2000kg，力量最高可以达到 1700 马力（1 马力 ＝ 745.7W），是当之无愧的海洋一霸。最大的生物和最小的生物之间的尺度比为 10^8。

4.3.2　生命的动态秩序

薛定谔认为，生命的确遵循着物理原则。但它并没有听任热运动摆布，而是从随机运动中孕育出了复杂的秩序。例如，物质的扩散尚未完成时，浓度会呈现渐变的趋势，携带一定的信息。但最终，物体浓度会达到热力学平衡状态，即"热寂"。然而，生物与物质不同，它成功摆脱了热寂状态。

尽管很多原核生物无法自主运动，但其细胞内部激烈喧嚣的热运动正在进行。细胞的液体内容物以水分子为主，水分子的运动速度可以高达 694m/s。它们以极高的频率和其他分子相互碰撞，导致分子无需能量就能移动位置。例如，氧分子通过热运动从细胞外进入细胞内再到达电子传动链的末端；转录因子通过热运动到达某个基因的启动子上；组成蛋白质的氨基酸通过热运动到达核糖体上；组成 RNA 的核苷酸通过热运动到达 DNA 转录为 RNA 的位置。我们知道，分子热运动的激烈程度与绝对温度的高低成正比。而常温下细胞中分子的扩散速度很缓慢，只能在很短的距离上生效。因此，原核生物 1μm 左右的细胞尺寸，就是要保证物质供应的速度满足生理需求。

细胞分裂前，必须要复制遗传物质。例如，大肠杆菌的 DNA 有 4 639 221 个碱基对。要在 20min 内完成复制，每秒钟需要复制大约 4000 个碱基对。即使假定 DNA 是从一点开始同时向两个方向复制，那每秒钟也需要复制大约 2000 个碱基对。我们可以用拉链来更形象地描述 DNA。拉链的每个齿相当于一个核苷酸，假设每厘米有 5 个齿，那么每秒添加 2000 个核苷酸就相当于每秒拉合 4m 长的拉链！这个合成速度真让人拍案称奇。

热运动也保证了生命活动的顺利进行。我们知道，四种不同的核苷酸线性相连组成 DNA。只有正确的核苷酸成功到达合成 DNA 的地点才能成功组装。既然有四种核苷酸，那么正确的核苷酸到达 DNA 合成地点的概率是 25%。分子每次碰撞的方向随机，方向正确的只有少数。因此，只有核苷酸以远超 8000 次 /s 的频率去碰撞，才能满足大肠杆菌繁殖的需要。既然大肠杆菌能够正常繁殖，就表明细胞中多数分子之间碰撞的频率一定比 8000 次 /s 高很多。由于蛋白质是由 20 种氨基酸按一定顺序线性相连而成的，合成结果受碰撞频率的影响更大。正确氨基酸到达合成中心的概率只有 5%，所以蛋白质的合成速度远比 DNA 的合成要慢。在大肠杆菌中，核糖体每秒钟只能添加 18 个氨基酸到新合成的肽链上。

不仅如此，分子热运动还给生物体内的许多化学反应提供能量。我们知道，化学反应常常需要破坏原有的化学键并形成新的化学键。常温下，分子热运动的能量远低于破坏这些键的能量，所以葡萄糖不会自动分解。那为什么在原核生物的细胞里面，包括葡萄糖被氧化成水和二氧化碳的所有的化学反应，都可以正常进行呢？这是因为生物体内有相应的酶，它可以把化学水解反应分成几步，同时弱化需要破坏的化学键。这样，每一步反应所需的能量就完全可以由分子的热运动来提供。

生命的神奇就在于此，虽然原核生物的细胞内一片喧嚣，但是一切生命活动却井井有条。生命将每种分子的无序运动都转化成生命的秩序。不仅如此，生命还能通过繁衍孕育出新的秩序。

4.3.3　生命的动态平衡

生命是如何实现维持现有秩序并孕育新秩序这两种能力的呢？薛定谔认为，生命用来构筑秩序的方法之一就是"负熵"。既然"熵"是衡量混乱度的尺度，那么负熵就是混乱的对立面"秩序"。

只要生命还活着，它的熵就会越来越高，也就越来越接近最大熵状态死亡。为了继续生存，唯一的方法就是从周围的环境中汲取负熵。生物依靠进食摄取负熵，产生秩序。实际上，生物会在消化食物的过程中，将有机高分子化合物中的秩序尽数分解，剔除它们携带的信息之后再进行吸收。

进食如何孕育出了抵抗熵增加的力量呢？众所周知，组成蛋白质的氨基酸都含有氮。德裔美国生物化学家鲁道夫·舍恩海默（Rudolf Schoenheimer）通过小鼠喂食实验领会了进食的奥秘。他将重氮安插到亮氨酸作为标记，并用这种特殊饲料喂养小鼠。实验中，随时收集全部排泄物。3d 后，杀死小鼠，检查所有器官与组织中是否有重氮的踪迹。小鼠吃的食物应该会转化为维持生命活动的能源被身体燃烧掉，因此，舍恩海默设想的实验结果是重氮氨基酸应该全部出现在排泄物中。实验结果一出，舍恩海默大吃一惊。通过尿液排出体外的重氮仅为总量的 27.4%，通过粪便排泄出来的也只有 2.2%。其余 56.5% 的重氮分布在肠壁、肾脏、脾脏、肝脏等脏器中。由于小鼠的体重在实验期间没有变化，表明含有重氮的氨基酸以惊人的速度合成了新的蛋白质。3d 内，小鼠体内的蛋白质被食物中的氨基酸替换了 56.5%！

那么，用重氮标记过的氨基酸替换的是否为体内的同类氨基酸呢？为得到答案，舍恩海默又做了一项实验。他回收了小鼠组织中的蛋白质，将其水解为零散的氨基酸，然后根据不同氨基酸的特性将它们区分开来。之后，他用质谱仪检测哪种氨基酸中含有重氮。结果发现不仅亮氨酸含有重氮，其他如甘氨酸、酪氨酸、谷氨酸等各种氨基酸内都有重氮。小鼠摄入的氨基酸被分解转化成了其他种类的氨基酸，并组成了新的蛋白质。也就是说，分解和替换氨基酸发生在更细的分子层面。舍恩海默恍然大悟，"要维持秩序，就需要不断破坏秩序！"

有朋自远方来，我们常用的寒暄话语是："你真是一点都没变！"事实上，我们的身体是日新月异的。而生命新陈代谢的持续性变化，就是动态平衡。古希腊著名的哲学家和辩证法大师赫拉克利特（Heraclitus）曾说："人不能两次踏入同一条河流。"我国国学经典《大学》也说："苟日新，日日新，又日新。"对人类而言，更新的不仅是我们的身体细胞，更是我们的思想和见识。

4.4 最初生命如何诞生

最初的生命是如何在非生命物质中产生的？有机分子形成生命分子后还需要哪些重要的步骤和创新才能构成生命呢？首先，生命必须实现信息编码和存储。其次，生命必须实现能量转换。最后，生命必须通过包膜与环境分开。

4.4.1 生命信息需要编码存储

要繁殖，生命体必须积累生命物质并使其结构化为一体的、可遗传的生物结构。为了使自然选择能够发生作用，这个结构还必须具备可遗传的变异。那么这个结构到底是什么？1953 年，沃森和克里克发现了 DNA 分子的双螺旋结构，似乎揭开了生命编码的谜底。但最初的生命就具备 DNA 吗？通过研究发现，DNA 必须通过 RNA 才能编码蛋白质。而有些病毒至今仍然以 RNA 作为遗传物质，如新型冠状病毒就是 RNA 病毒。科学界相信，单链RNA 才是最初生命采用的编码方式。为什么是 RNA 而不是别的分子？

一、RNA 的复制能力

首先生命要繁殖，RNA 必须具备复制能力。1967 年，美国生物学家索尔·施皮格尔曼（Sol Spiegelman）验证了 RNA 的复制能力。施皮格尔曼选择了一种病毒作为对象，它包含 4.5 万个核苷酸组成的 RNA，可以侵入活细胞进行自我复制。他向试管中的病毒添加复制酶和核苷酸后，病毒连续进行了复制和突变。最后，病毒退化成为一小块只有 220 个核苷酸的 RNA。这个"小试管怪物"只要条件允许就可以继续高速地复制，被称为"施皮格尔曼怪"。

二、RNA 的自催化能力

上文提到，在自然条件下形成的有机分子还没有组成生命。它们的合成需要多种条件的配合，而这些条件并不是始终不变的。条件合适时，这些有机分子可以不断产生；条件变化时，它们又以各种方式不断地被破坏。如果这些有机分子具有自我产生的能力，就可以减少对自然条件的依赖，不断地用环境中的物质来生产自己，从而形成一个比较稳定的系统。

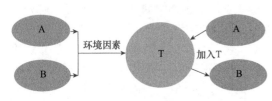

图 4-7　自催化系统示意图

假设有 A 和 B 两种分子，它们在放电、加热或矿物质催化环境等条件的帮助下结合，成为产物分子 T。如果 T 能够同时结合 A 和 B，并且能够催化 A 和 B 结合成 T，这就是一个自催化系统（图 4-7）。这时，它不再依赖环境因素来形成自己，因为它本身就能催化自己的形成。

什么分子具有这样的能力呢？可能许多人会想到蛋白质，因为细胞里面数以千计的化学反应都是由蛋白质来催化的。1978 年，美国生物化学家托马斯·罗伯特·切赫（Thomas Robert Cech）研究原生动物四膜虫的核糖体核糖核酸（rRNA）基因。四膜虫的基因是由遗传信息部分和非遗传信息部分组成的。在两者都被转录成前体 mRNA 后，除去非信息部分，成为只含有信息部分的成熟 mRNA。最后，在成熟 mRNA 基础上合成蛋白质。rRNA 亦同。切赫的目标是找出从前体去除非信息部分并且使前体成为成熟体的那个酶。切赫认为剪接酶肯定是一种蛋白质，于是先把 rRNA 提纯，然后再逐步把细胞里的成分加进去。哪种成分具有剪接酶的活力，就能成功完成剪接功能。但是，无论加什么剪接反应都能发生，进一步提纯 rRNA 也无济于事。切赫终于恍然大悟，原来这种剪接活动根本不需要蛋白质，这个 rRNA 分子本身就能自我剪接。这是一个石破天惊的重大发现，原来 RNA 具有催化能力！由于这个发现，切赫被授予 1989 年的诺贝尔化学奖。对核糖体精细结构的分析表明，在合成蛋白质的反应中心只有 RNA 分子，而没有蛋白质分子。这一现象也同样表明，蛋白质的合成是由 RNA 来催化的。

那么，RNA 能否催化自身形成呢？ 2002 年，美国斯克里普斯研究所的娜塔莎·保罗（Natasha Paul）和杰拉尔德·玖易斯（Gerald Joyce）就用实验验证了这一想法。

保罗等合成了 3 个 RNA 分子，分别是 48 个核苷酸单位长的 A、13 个核苷酸单位长的 B 以及 A 和 B 连在一起的 T。把 A 和 B 混合在一起时，它们自动相连成为 T 的速度非常缓慢。而当把产物 T 加入试管中时，T 形成的速度飞快，表明产物 T 的确能够有效催化自身的合成（图 4-8）。

RNA 分子的这种催化能力来自两个因素：碱基配对所形成的空间结构和能够起催化作

用的磷酸基团和羟基。RNA 由腺苷酸、鸟苷酸、胞苷酸和尿苷酸等 4 种核苷酸线性相连组成，如图 4-9 所示。

4 种核苷酸的核糖和磷酸部分都是一样的，但碱基各不相同，包括腺嘌呤（adenine）、鸟嘌呤（guanine）、胞嘧啶（cytosine）和尿嘧啶（uracil）等 4 种。其中嘧啶含有一个环状结构，

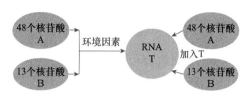

图 4-8　RNA 自催化能力实验

而嘌呤是两个环并在一起的结构。由于环内有多个双键，这些碱基分子的形状都是平面的，环上的碳原子可以形成羰基（C=O）。我们知道，氮原子和氧原子都容易吸引电子带负电，而氢原子带正电。环上的氮原子有的只和环内的碳原子相连，有的还连上一个氢原子。一个碱基羰基上面的氧原子和另一个碱基氨基上的氢原子之间，一个碱基上不带氢原子的氮原子和另一个碱基上与氮原子相连的氢原子之间，就可以通过正负电荷相互吸引，即通过氢键形成碱基配对。因此，腺嘌呤（A）只能和尿嘧啶（U）之间形成 A-U 配对，鸟嘌呤（G）只能和胞嘧啶（C）之间形成 G-C 配对。RNA 分子的长链通过分子内碱基配对，就可以形成复杂的空间结构，从而使 RNA 分子具有催化功能。

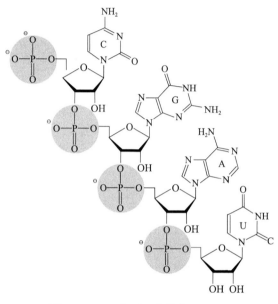

图 4-9　RNA 分子（朱钦士，2019）

有了空间结构，还需要有能够催化化学反应的基团。科学家用 X 射线衍射的方法，测定了 RNA 分子的详细结构。他们发现，磷酸基团和核糖上第 2 位的羟基与催化过程密切相关。磷酸分子中，有 3 个羟基与磷原子相连。它们可以和其他分子上的羟基反应，形成酸和醇之间的酯键。而糖分子含有多个羟基，磷酸分子可以通过与两个糖分子上的羟基形成酯键，形成糖 - 磷酸 - 糖 - 磷酸 - 糖 - 磷酸这样的长链。如果在糖分子上又连上碱基中的嘌呤和嘧啶，嘌呤和嘧啶之间就有可能形成氢键，使原来的长链形成空间结构，也使连有碱基的磷酸 - 糖长链具有更好的催化能力。生命形成初期，可能是各式各样的糖分子和碱基与磷酸相连。但是其中具有优良碱基配对和含有核糖的分子逐渐在竞争中胜出，成为 RNA 分子。

三、RNA 的储存信息能力

我们经常使用计算机，也知道它是采用二进制存储信息。而 RNA 是用 4 个碱基存储信息，并且采用 3 联密码子的方式编码蛋白质。这 4 个碱基的不同排列就可以代表不同的信息，就像英文字母的不同排列可以形成不同的词汇。在生命形成的早期，应该会有各种结构的 RNA 形成。它们在序列、复制能力、稳定性上各有千秋，但都使用同样的核苷酸来建造自己。这样，不同的 RNA 分子之间就会出现争夺建造原料的竞争。只有那些具有最佳性能的 RNA 分子能够存活下来，成为形成最初生命的核心分子。这种能够自我维持，并且能够

通过竞争来改善自己的化学系统，就是生命的雏形。

四、RNA 的演化能力

RNA 是单链，在复制过程中更容易发生碱基缺失或错配，因此突变率高，演化能力强。新冠病毒就是单链 RNA 病毒，短时间内就演化出阿尔法、贝塔、伽马、德尔塔、缪、奥密克戎等多种变异体。但正如硬币的两面，RNA 的缺点是稳定性差，容易分解。部分 RNA 可以通过碱基序列自相互补，形成局部折叠的双螺旋 RNA。4.6.2 节中详细介绍了 RNA 演化成 DNA 的过程。相比而言，DNA 双链结构稳定突变率低，而且双螺旋结构进一步增加了稳定性。于是，DNA 逐渐取代 RNA 的储存信息功能。但 RNA 作为生命最初的分子的观点已经被人们广泛接受。

取代 RNA 的 DNA 分子虽然稳定，但也失去了活跃的化学反应能力，催化能力随之而去，只能储存信息。除少数 RNA 病毒外，DNA 作为生命遗传物质为大部分生命编码，而 RNA 保留了催化和编码蛋白质的功能。随着生命的演化，RNA 的催化作用也逐渐被蛋白质取代。因为由 20 种氨基酸组成的蛋白质能够形成更为复杂的结构和更为多样的功能，包括催化化学反应的能力。

英国进化生物学家道金斯在《自私的基因》中提出，在演化过程中，参与生命角逐的似乎是一个个独立的生命体，但是真正的演化单位是基因。生命体似乎只是基因创造出的生存机器，保护和帮助基因生存繁衍，并不断增强竞争力。

4.4.2　生命组合需要能量

在生命体内，把单个氨基酸组合在一起形成蛋白质需要消耗很多能量。蛋白质的组合过程类似组装汽车的流水线。每个氨基酸单体首先要被"机械手"抓取，然后准确地安放在上一个氨基酸的旁边，最后组装好的半成品蛋白质再沿着流水线向下移动一格，腾出空间，让"机械手"装配下一个氨基酸。一个细胞中，约 95% 的能量储备都是用来支持蛋白质组装的。

无论是蛋白质还是 DNA，其组装有着严格的顺序。而从混乱中产生秩序本身就是极其困难的事情。依据热力学第二定律，任何一个孤立系统的混乱程度"熵"总是在增大的。就像无人维修整理，高楼大厦也会被风雨侵蚀慢慢颓败成砖头瓦块。但是，热力学第二定律确实给生命现象的稳定存在开了一道窗。诚如薛定谔在《生命是什么》一书中的名言"有机体以负熵为生"。如果存在外界能量的注入，一个局部系统的混乱度确实也可以不违反热力学第二定律。那么，是什么能量驱动了生命元素从无到有地修筑起生命大厦呢？

一、生命如何利用能源

太阳光当然是生命的能量来源，而在大洋底部的热泉也为生命提供了能量。但是这些环境中的能量究竟是如何被生命现象所利用的呢？

在生命现象中，肌肉强有力的伸缩最能直观反映能量来源。人们很快确认，肌肉收缩应该是某种化学反应驱动的。德国科学家奥托·弗利兹·迈尔霍夫（Otto Fritz Meyerhof）与英国科学家阿奇博德·维维安·希尔（Archibald Vivian Hill）利用化学测量方法证明，培养皿里的青蛙肌肉纤维仍然可以利用葡萄糖作为能量进行持续收缩。在此过程中，葡萄糖分子被转化成乳酸，就是在剧烈运动之后能让人感觉肌肉酸痛的物质。那么在葡萄糖转化成乳酸的化学反应中，能量是怎样释放出来的，以什么形式存在，最终又是怎样被转移到各种生物过程中去的呢？

二、能量货币 ATP

从青蛙肌肉的收缩到乳酸菌的呼吸作用，科学家发现所有生物对能量的使用方法完全一致。所有生命体内共享的代谢反应核心就是诺贝尔奖得主汉斯·克雷布斯（Hans Krebs）爵士发现的"三羧酸循环"。这个循环消耗来自食物的有机分子，释放呼吸作用中和氧结合的氢，以及二氧化碳。它不但提供了代谢通路的前体，也提供了氢用来生成能量并以三磷酸腺苷（ATP）形式存储。反之，它消耗二氧化碳和氢，形成新的有机分子生命所有的基本零件。此时不再释放能量，而是消耗 ATP。ATP 其实就是地球生命用的"能量货币"。它不会被消耗，而是只会在高能量和低能量两种状态里无休止地循环往复，为生命现象提供能量。地球上绝大多数生物都用葡萄糖作为燃料，ATP 合成的主要能源就是葡萄糖氧化所释放出来的能量。人体中，每一个 ATP 分子每天都要经过两三千次循环。当生命需要能量的时候，ATP 可以脱去一个磷酸基团变成二磷酸腺苷（ADP），同时释放化学能量。反之，如果能量过剩，ADP 也可以吸收能量重新带上一个磷酸基团变回 ATP，如图 4-10 所示。

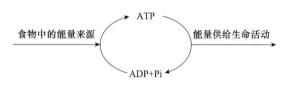

图 4-10　能量货币 ATP 循环

"能量货币"的出现是生命演化历史上的一次飞跃。有了通用的能量货币 ATP，生命就可以将环境中的各种太阳能、化学能及食物中的能量转换成 ATP 储存起来，然后供给生命活动的各个环节。既然 ATP 是地球现今所有生命的通用能量货币，那么顺理成章的推测就是，地球生命的共同远祖也一定是用 ATP 为自己提供能量的。那么接下来的追问就是，能量货币 ATP 是如何产生的？

人们又陆续发现了更多产生 ATP 的化学反应过程。例如，啤酒酿造其实就是某些微生物将 1 个葡萄糖分子转化为 2 个乙醇加 2 个二氧化碳，同时产生 2 个 ATP 分子的过程。某些微生物甚至还能够利用环境中的无机物来生产 ATP。以葡萄糖为例，在氧气充足的条件下，1 个葡萄糖分子能被彻底分解为二氧化碳和水。理论上说，该过程释放出的能量应该能生产 38 个 ATP 分子。

但令人不解的是，每个葡萄糖分子产生的 ATP 分子数量居然不是恒定的。如果每个葡萄糖分子都被彻底分解，就可以制造出理论估计的 38 个 ATP；反之，则只能制造 28~30 个 ATP。更难以置信的是，ATP 的产出效率居然是有整有零的。为什么在同样一个反应体系里，每个葡萄糖分子分解释放能量的效率不一样呢？

三、能量水电站

20 世纪 60 年代，英国生物化学家彼得·米切尔（Peter Mitchell）提出"化学渗透理论"来解释 ATP 问题。他认为，虽然葡萄糖分解是化学反应，ATP 合成也是化学反应，但生命制造 ATP 的过程不是化学反应，而是像水力发电过程这样的物理过程。白天水电站开闸放水，高水位的蓄水会带动水力发电机涡轮旋转，从而将重力势能转化为电能；晚上水电站开动水泵抽水，把低水位的水抽回坝内，将电能重新转化成重力势能。在生命体内，平时利用营养物质的分解产生能量，能量驱动带正电荷的氢离子穿过细胞膜蓄积起来，逐渐积累起电化学势能。而当生命活动需要能量的时候，高浓度的氢离子通过细胞膜上的蛋白质机器反方

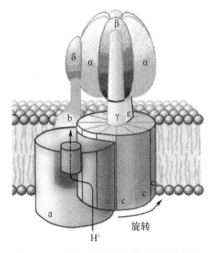

图 4-11 ATP 合酶的工作原理示意图
（赵宗江，2016）

向流出，驱动其转动产生 ATP。虽然米切尔提出理论时完全没有实验支撑，但随后得到验证。在动物细胞的线粒体内膜中，仅仅几纳米的距离跨度就有上百毫伏的氢离子电位差。1994 年，英国化学家约翰·沃克（John Walker）利用 X 射线衍射技术看清了 ATP 合酶的真实结构，真正证明了米切尔的猜想。这个微型蛋白质机器的功能和外表都酷似一台真正的水力发电机。它的核心部分是由三个 αβ 叶片构成的齿轮，齿轮和 γ 轴相连。当高浓度的 H^+ 流过 ATP 合酶的一个特殊的隧道（如图 4-11 中向上的箭头所示），迫使 γ 轴和 c 环基底一起转动（如图 4-11 中旋转的箭头所示），带动叶片以每秒钟上百次的速度高速旋转，推动齿轮叶片依次变形，从而生产出 ATP 分子。人类经过几千年进化才设计出的水力发电机，竟然是大自然在生命之初的杰作。我们跨越几亿年的时空和大自然的鬼斧神工不谋而合，这当然也可以看作对生命奇迹的致敬。

当然这个模型远非完美，人类还在持续探索。2016 年，北京大学昌增益研究组提出了一种 ATP 合酶旋转催化的新模型（图 4-12）。这个模型分为基态、工作态和新基态过程。具体工作过程是，H^+ 沿通道的跨膜转运驱使附着在 c 环上的 γε 中心杆周期性地往复运动，从而驱动 α3β3 六聚体的连续转动，实现 ATP 的合成。新模型能更好地解释已有的实验数据，这项工作为通过活细胞内的实验进一步认识 ATP 合酶的旋转催化提供了一种全新的思路。

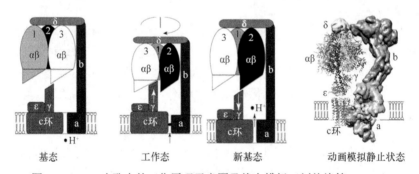

图 4-12 ATP 合酶中的工作原理示意图及静态模拟（刘佳峰等，2016）

2016 年，德国杜塞尔多夫大学的科学家威廉·马丁（William Martin）分析了现存地球生命 600 多万个基因序列，包含 ATP 合酶基因的 355 个基因广泛存在于全部主要的生物门类中。马丁推测，它们应该同样存在于最终共同祖先（LUCA）体内。因为有着极端重要的生物学功能，从而使它们跨越约 38 亿年的光阴一直保存至今。

2018 年，美国大卫·M. 穆勒（David M. Mueller）研究团队利用低温电镜技术破译了 ATP 合酶，解析出线粒体 ATP 合酶的结构。我国清华大学杨茂君教授自 2008 年组建团队研究线粒体呼吸链领域，首次在原子水平上阐明了线粒体呼吸链超级复合物的结构。2019 年，该团队突破性地发现并解析了哺乳动物 ATP 合酶四聚体的构成形式和高分辨率结构（图 4-13、图 4-14）。

图 4-13 线粒体 ATP 合酶结构
（Gu et al.，2019）

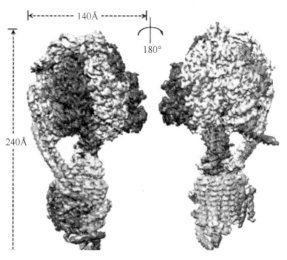

图 4-14 高等生物 ATP 合酶结构（Gu et al.，2019）

四、生命环境浓度差

ATP 合酶构筑了能量转换的水电站，生命体只需要像水坝蓄水那样保持某种物质的浓度差，就能够稳定地蓄积电化学势能；而电化学势能可以驱动发电机，为生命大厦的建筑师供应能量。

根据"化学渗透理论"推论，地球最初的生命虽然已经掌握了利用氢离子浓度差制造 ATP 的能力，但是它们似乎没有掌握制造氢离子浓度差的能力。因为在威廉·马丁确认的 355 个基因里，并没有找到能够将氢离子泵向高浓度方向的酶。也就是说，它们只能被动地利用环境中现成的氢离子浓度差。那么在古地球环境里，哪里存在现成的氢离子浓度差呢?

2000 年，科学家在大西洋中部偶然发现了一片密集的热泉喷口，它们喷射出的不是高温岩浆，而是 40～90℃的富含甲烷和氢气的碱性液体。远古海洋的海水中溶解了大量的二氧化碳，应该是强酸性的。因此，当碱性液体喷出并和酸性海洋相遇的时候，两者接触的界面上就会存在悬殊的酸碱性差异。而酸碱性差异，其实就是氢离子浓度差异。

也许在远古地球上，正是在碱性热泉口的岩石孔洞中，氢离子穿过原始水坝的流淌，为生命的出现提供了最早的生物能源。最初的生命正是利用这样的能源组装蛋白质和 DNA 分子，建造了更坚固的水坝蓄积氢离子从而繁衍生息，最终在这颗星球的每个角落开枝散叶。纵使今天的我们已经登上月球、探索火星、观察茫茫宇宙，但氢离子永不停歇地流淌和化学渗透仍在维持着我们的生命活动。

4.4.3 生命组合需要包膜

生命活动包括大量的原子、分子间的化学反应，而这些化学反应又是在水中进行的。一方面，最初的生命必须与环境分开，以免组成生命的分子逃逸；另一方面，生命还必须能够和外界进行物质交换。因此，生命物质需要为自己包膜。分子如何在水中形成细胞膜? 这个问题的解答需要知道生命分子之间如何相互作用，以及生命分子与水分子之间如何相互作用。

3.1.2 节的宇宙大爆炸部分介绍了自然界存在的 4 种作用力，包括强作用力、弱作用力、电磁力和万有引力。而作用在生物大分子内不同部分之间的力就是电磁力，它决定了化学键和分子是极性的还是非极性的。这两种性质互相配合，决定了细胞膜和生物大分子形成和维持相对稳定结构的基础。

一、非极性分子

我们知道，元素周期表上同一周期元素外层电子的层数相同，电子数从 1 到 8。当外层电子数增加时，为保持电荷平衡，原子核中带正电荷的质子数量也相应增加。原子核中质子增加意味着对外层电子的引力更大。当两个原子之间形成共价键时，如果两个原子的原子核对共用电子的引力相同，共用电子就在两个原子之间均匀分配。这种情况下，分子总体和局部都不会带电。这样的化学键称为非极性键，这样的分子为非极性分子。碳元素外层有 4 个电子，在空间均匀分布，就像一个由 4 个等边三角形围成的四面体。它的每个外层电子都能和其他未配对电子配对，形成 4 个共价键。如果每个共价键与氢结合，就形成甲烷（CH_4）。由于非极性分子 CH_4 整体和局部都没有固定的电荷，分子间的吸引力小，一个 CH_4 很容易挣脱其他 CH_4 分子的吸引力，飞到空气中去。因此，甲烷的沸点低至 $-161.5℃$，常温常压下为气态。

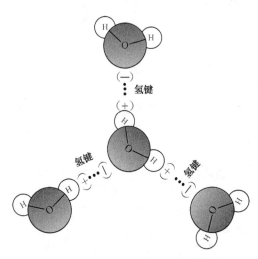

图 4-15　水分子和水分子之间的氢键

二、极性分子

当两个不同引力的原子之间形成共价键时，共用电子会偏向引力强的原子。获得更多共用电子的原子就会带些负电，反之带些正电。该化学键被称为极性键，形成的分子被称为极性分子。例如，水分子中氧原子带负电而氢原子带正电，两个化学键之间有 104.45° 的夹角。这样水分子中的氧原子就能够和其他水分子中的氢原子通过正负电荷相互吸引形成氢键（图 4-15）。

极性键中的电荷是持续存在的，位置也是相对固定的。因此极性键之间的作用是"持续"和"定点"的，作用方式基本上是"点对点"。而伦敦力（非极性键之间的作用）是随时变化的，电荷没有固定的位置，作用方式是"面对面"，或者分子的"整体对整体"。通常，极性键之间的相互作用比伦敦力要强得多。这两种电磁力彼此配合，在细胞和生物大分子结构的形成上起关键的作用。带有较多极性键的分子比较容易溶解在水中，被称为是亲水的。例如，葡萄糖的分子中的 6 个氧原子带负电，而和它们相连的氢原子带正电，所以葡萄糖是亲水的。而总体和局部都不带固定电荷的非极性分子不溶于水，被称为是疏水的。例如，苯与水完全不混溶，所以苯是疏水的。但是，苯可以通过伦敦力溶于汽油等非极性分子组成的液体，所以苯是亲脂的。

三、两性分子

生命需要的膜和囊泡要在水中形成稳定的立体结构，既需要有亲水的部分又需要有亲脂的部分，即两性分子。假设有一种两性分子，它既有亲脂的尾部又有亲水的头部。当把它放到水中时，亲脂的尾部不能与水混溶而彼此聚集在一起，通过伦敦力彼此吸引形成一个脂性的内部。而亲水的头部排列在外面与水亲密接触，就可以在水中形成比较稳定的结构。这个结构可以是球形的，也可以是膜状的。例如，脂肪酸就有由碳氢链组成的亲脂的尾部和由羧基组成

的亲水的头部。当把脂肪酸放到水中时，它就会
形成两种结构。其中一种是实心小球，如图 4-16
右上所示，亲脂的尾部通过伦敦力彼此结合在
内部不与水接触，而亲水的头部朝外与水接触。
另一种是形成双层膜，每层膜的亲脂尾部在膜
内彼此接触，亲水的头部在膜的两面。但是这样
的膜有一个问题，膜边缘的亲脂部分仍旧和水
接触。如果膜能够融合成小囊，边缘就消失了，
就可以形成由双层膜包裹成的小囊泡，里面包
裹水，类似细胞膜，如图 4-16 右下所示。

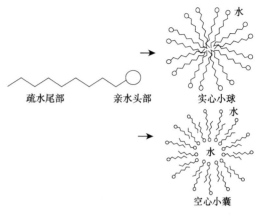

图 4-16　脂肪酸分子在水中形成的结构

　　如果两性分子中亲水的头部不变，而增加
成 2 个亲脂的尾部，2 个亲脂分子尾尾相连，
则两者会对在一起。能够使 2 个亲脂尾部共用 1 个亲水头部的分子就是磷脂。磷脂分子的核
心是 1 个甘油分子，它有 3 个碳原子，每个碳原子上连 1 个羟基，其中 2 个羟基分别和 2 个
脂肪酸分子的羧基作用，形成“酯键”，把 2 个脂肪酸分子连在甘油分子上。第 3 个羟基则
和 1 个磷酸分子相连，磷酸再和 1 个亲水的分子相连，如图 4-17 所示。

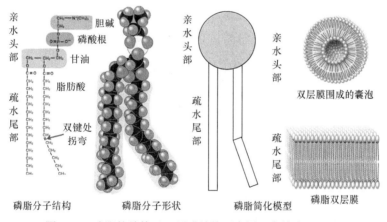

图 4-17　磷脂的结构及双层膜结构示意图（朱钦士，2019）

　　磷脂在水中能形成双层膜。膜的边缘由于热运动自动弯曲使得边缘融合，形成小囊泡
（图 4-17 右上），亲脂的尾部就完全和水隔绝了。磷脂双层膜的总厚度约为 5nm，亲脂厚度
为 2.5nm。这样的细胞膜是否足够结实，起到保护生
命分子的作用呢？实际上，磷脂中的亲脂部分主要
由 16 碳或 18 碳的脂肪酸组成，几乎达到形成固体的
临界点，从而保证足够的强度。而磷脂双键处的拐弯
则用于扰乱脂肪层的结构，增强细胞膜的流动性。因
此，这层膜能够防止 DNA、RNA、蛋白质等生物大
分子逃逸，但又能允许氧分子和各种离子进入。高度
水溶性的分子和钾离子、钠离子等带电的各种离子
则通过细胞膜上镶嵌的离子通道进出细胞，这些离
子通道可以根据不同的情况开启或者关闭，如图 4-18

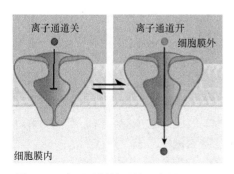

图 4-18　离子通道的开关（卢因，2009）

所示。离子通道的成分是膜蛋白，它们贯穿细胞膜，建立细胞内外沟通的桥梁。膜蛋白的环境与普通蛋白质不同，有 25 个氢原子厚的油层。为了穿过这些油层，蛋白质分子部分区段中的侧链多数是亲脂的，组成如在 4.2.2 节中提到的 α- 螺旋，用于穿过细胞膜；其余带有亲水侧链的区段则位于细胞膜外。亲水侧链在脂性环境中被排斥，彼此通过固定电荷相互吸引，使这些穿膜区段彼此靠近，形成管状的离子通道。穿过细胞膜的电化学梯度产生膜电位，决定离子通道的开启和闭合。生命分子终于用磷脂修建了"城堡"与周围环境相分离，又用蛋白质作为"门窗"，可以和周围环境进行物质和能量的交换。

获得含有膜蛋白的磷脂双层膜作为细胞膜后，这些复制子立刻击败了其他复制子，在演化史上脱颖而出。真核生物几乎原封不动地继承了原核生物的这种构造。虽然有的细菌在细胞膜外面还有荚膜和细胞壁等其他保护层，但只有细胞膜才是细胞最基本的屏障和与外界交换物质的通道。

细胞膜的选择性和透过性在废水净化处理、有机物分离和医学中得到广泛应用。鉴于塑料污染难题，英国伦敦一家公司借鉴了细胞膜的原理，将可降解的海藻制成膜，里面可以放水或水果。可食用的水球不容易被破坏，还能减少环境污染。生物医学仿生研究表明，采用生物细胞膜包裹纳米粒可以实现有效的药物递送、肿瘤治疗、免疫调节和解毒等功能。美国加州大学圣迭戈分校张良方教授课题组设计中性粒细胞膜包覆的纳米颗粒用于治疗风湿性关节炎，如图 4-19 所示。其中的纳米颗粒不仅可以中和促炎的细胞因子抑制炎症，而且可以深入软骨基质中保护软骨防止关节损伤。而采用中性粒细胞膜包裹是因为它不仅能与关节周围的中性粒细胞相容，而且能够产生进入软骨的小泡，保护关节。为了进一步增强细胞膜包裹纳米粒的功能性，该研究团队突破性地将两种不同细胞膜通过简单有效的方法融合在一起并包裹于纳米颗粒表面，首次构建了新型融合细胞膜包裹纳米粒。目前，已有红细胞膜、白细胞膜、血小板细胞膜、细菌细胞膜、肿瘤细胞膜、干细胞膜、原代细胞膜、各种细胞系膜、上皮细胞膜、成纤维细胞膜等多种细胞膜应用于包裹纳米颗粒实现靶向给药功能。

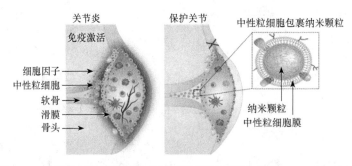

图 4-19　中性粒细胞膜包覆的纳米颗粒设计示意图（Zhang et al., 2018）

那么，既然地球生命可以构筑生命的城堡，太空中形成的有机物是否可以在水中自发形成最初的细胞呢？这个问题对于探索和研究外星生命有重大意义。2001 年，NASA 和加州大学的科学家合作，模拟太空中的状况来产生有机物。他们按照星际冰中物质的比例，混合了水、甲醇、氨和一氧化碳，在类似星际空间的温度下用紫外线照射这个混合物。当被照射过的混合物的温度升到室温时，有一些油状物出现。把这些物质提取出来，再放到水中时，发现它们形成了囊泡。这个结果说明，在太空中形成原始细胞是可能的。

至此，地球上有了可以编码的生命信息，有了组合生命需要的能量，有了细胞膜的包被，最初的生命诞生了。这是地球生命史上第一重要的事件，从此生命走上了演化之路，形成我们现在的世界。

4.5　生命的基本单位

当可以自我复制的结构与环境隔离的时候，生命就开始了。生命的基本单位是细胞，单细胞可以组成多细胞，细胞也能特化成不同功能的各种细胞。地球上最早的生命是单细胞原核生物，它能够在各种环境下生存和繁殖。不管是极冷还是极热，有氧还是无氧，甚至在充满甲烷的环境中也能找到它们的身影。2017 年，印度巴特那大学前地质学教授纳里什·高斯（Naresh Ghose）研究取自位于中央邦德尔汗德地区瓜廖尔盆地的沉积物，发现内层的黑色页岩之间有一些约 1mm 大小的微化石，如图 4-20 所示。经过分析，他认为它们是一些原核生物的化石。这些 20 亿年前的原核生物可能是印度次大陆最早的生命形态。

图 4-20　印度原核生物化石（引自科普中国网，2017．印度发现 20 亿年前地球原核生物化石，或是印度次大陆最早生命形态．https://www.kepuchina.cn/kpcs/ydt/kxyl6/201711/t20171128_286768.shtml）

细胞形状各异，有球状、杆状和不规则形状等。尺寸范围也相差较大，最小的细胞之一是直径不大于 0.2μm 的支原体细胞，而最大的细胞之一是巨大乌贼的神经元，直径 1mm。尽管形态不同，Cell 期刊的创建者本杰明·卢因（Benjamin Lewin）总结了所有细胞结构的共性：质膜将细胞内外环境分开；质膜包含控制物质进出细胞的系统；细胞的组分都来源于食物，通过内部能量转换系统构建出来；遗传物质包含着产生细胞所有组分的信息；基因表达使细胞能利用自身的遗传信息；各种蛋白质产物是由基因编码、合成后组装成的大型结构。

生活细胞中，有的只有质膜包裹的单一隔室，有的至少含有 2 个隔室。根据内部分隔方式的不同，生物学家将所有的细胞分为单一隔室的原核细胞和 2 个及以上隔室的真核细胞两类。

4.5.1　原核细胞

原核细胞的基本结构包括细胞壁、细胞膜、细胞质、核糖体和 DNA，可以运动的菌体具有鞭毛。大部分原核生物就是单个的原核细胞，包括各种细菌和古菌。

鞭毛由鞭毛丝、鞭毛钩和基体组成，是自然界最高效、最精密的分子引擎。鞭毛可以实现高达 300～2400r/s 的旋转运动，速度惊人。由于其高度复杂性，鞭毛马达一直是微生物学、生物化学、生物物理和结构生物学研究的难点。

2011 年，匹兹堡大学的吴晓伦（Xao-lun Wu）领导的课题组发现单鞭毛细菌能够实现急转弯。为了改变航线，菌体先后退，然后把鞭毛摆向一侧。但是他们并没有揭示细菌怎样控制鞭毛摆动。2013 年，美国麻省理工学院的罗曼·斯托克（Roman Stocker）团队研究了鞭毛控制过程。他们用高速摄像机对弧菌进行拍摄，发现鞭毛的摆动总是发生在细菌再次向前运动的 10ms 以后。当速度超过一定阈值后，鞭毛钩变弯导致鞭毛向一边摆动。观察发现细菌的正常游动速度和引起鞭毛变化的速度一样快。因此，斯托克认为鞭毛的转向方式可以用于微型机器人。那么鞭毛发动机力矩是如何转移到细胞外部的鞭毛丝的呢？ 2017 年，犹他大学生物学教授凯利·休斯（Kelly Hughes）团队认为，由于鞭毛的大部分是在细胞的外面组装的，鞭毛必须存在自组装机制和确保不同组分的最佳长度的机制。他们对沙门氏菌菌株进行改造以便确定外膜结合蛋白是否附着在外膜上，以及外膜是否影响鞭毛中心杆的长度。研究发现外膜结合蛋白确实附着在外膜上。如果不能够附着外膜，那么它朝远离细胞的方向快速扩大。而且改变外膜结合蛋白的长度会改变周质空间的宽度和中心杆的长度。2018 年，北京大学生命科学学院生物动态光学成像中心白凡课题组与台湾"中央大学"罗健荣课题组合作，在大肠杆菌的鞭毛亚基——FliC 蛋白中插入了 4 个半胱氨酸标签，并运用 FlAsH/ReAsH 荧光染料对鞭毛进行标记。结合实时荧光显微成像技术和结构光照明超分辨成像技术，探究了大肠杆菌鞭毛生长模式，以及同一细菌上多根鞭毛之间生长速率的关系，揭示了细胞内 FliC 蛋白供应不足是造成大肠杆菌鞭毛生长停滞的重要原因。该研究首次实现了对大肠杆菌周生鞭毛生长的实时动态荧光成像（图 4-21）。这项研究对于理解细菌蛋白质的胞外运输和组装具有重要意义。

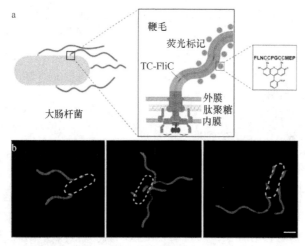

图 4-21　大肠杆菌鞭毛荧光标记与超分辨显微成像（引自北京大学新
闻网，2018. 生命科学学院白凡课题组揭示大肠杆菌鞭毛生长新机制.
https://news.pku.edu.cn/jxky/274-302855.htm）
a 为荧光标记示意图；b 为鞭毛生长成像

　　2021 年，浙江大学生命科学研究院朱永群教授团队与医学院张兴教授团队设计了非常温和的沙门氏菌鞭毛马达纯化步骤。应用 300kV 冷冻电镜平台，团队展示了鞭毛马达包括质子泵、联动杆、外膜环（L ring）、周质环（P ring）、内膜环（MS ring）、分泌装置，以及接头装置在内的高分辨率结构（图 4-22）。转运氢离子推动质子泵转动，将化学能转变为机械能。质子泵将转矩传递给内膜环，促使内膜环转动。内膜环是整个鞭毛马达的组装底座，其转动可以传递转矩。它促使底部的分泌装置分泌出各种鞭毛组装蛋白质，可以组装成联动杆、接头装置和鞭毛丝。联动杆是致密的螺旋杆状结构，有利于扭矩传输和高速旋转。联动杆牢牢地贴在内膜环的内表面上，内膜环也紧紧地抓住联动杆的中部。这种相互作用方式实现了转矩传输从水平方向转向垂直方向。周质环和外膜环像两个大轴承，套在联动杆的上端。外膜环的内表面带负电，与带负电的联动杆上端产生静电互斥，减小二者之间的阻力，确保了联动杆的高速旋转。周质环则围绕在联动杆上端，与之形成一个氢键相互作用环。该环如同轴承中的钢珠球，既能保证联动杆高速旋转时不跑偏，又能减少转矩传输能量损耗。

联动杆的上端和胞外接头装置通过紧密的管状结构相连，带动鞭毛丝转动。

原核细胞能够运动，鞭毛功不可没。有了它，原核细胞 1s 可以跑出自己身长 60 倍至 100 倍的距离。为了弄清楚细菌鞭毛马达的演化历程，英国伦敦帝国学院的生物学家摩根·毕比（Morgan Beeby）及团队利用 3D 图像展示了细菌如何进化出不同能量的鞭毛马达。通过建立细菌马达的"家谱"，不仅能够了解祖先鞭毛马达的外观，而且能够展示其演变过程。原来，原始和复杂细菌物种的鞭毛马达有明显差异。虽然许多原始物种有大约 12 个定子，但更复杂的物种有大约 17 个定子。毕比博士认为，这些差异代表了演化中的"巨大飞跃"。

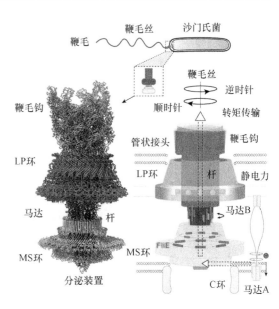

图 4-22　沙门氏菌鞭毛马达结构和功能（引自柯溢能，吴雅兰，卢绍庆，2021. 这个"马达"，妙哉！浙江大学求实新闻网. http://www.news.zju. edu.cn/2021/0421/c24345a2308369/page.htm）

4.5.2　真核细胞

真核生物的细胞比原核生物大得多，平均体积是细菌的 1 万～10 万倍。例如，酵母菌的直径可以从 4μm 到 50μm；衣藻细胞长 10～100μm，草履虫长 180～280μm。不仅是体积增大，生物组织的复杂性也明显增加。真核细胞的结构特点不仅有细胞核，而且还有其他被膜包裹的细胞器，包括线粒体、叶绿体、高尔基体、溶酶体、过氧化物酶体等。这些细胞器各显其能，细胞核是遗传物质 DNA 的"工作间"；线粒体是细胞的 ATP 合成的"动力工厂"；叶绿体是进行光合作用的地方；高尔基体和蛋白质的转运有关；溶酶体是细胞的"垃圾回收站"；过氧化物酶体处理对细胞有害的过氧化物等。除了细胞器，真核生物的细胞内还有复杂的内部膜系统，分别叫作内质网和高尔基体，它们是进行蛋白质合成、加工、分类的地方。由于细胞巨大，真核细胞还发展了自己的"骨骼系统"，以支撑和改变细胞的形状。不仅如此，真核细胞还发明了自己的"肌肉系统"，即能够产生拉力的蛋白质。即使是单细胞的真核生物，肌肉系统也在细胞分裂和细胞内的物质运输上起作用。这为演化出动物的运动系统提供条件。真核细胞的骨骼系统和肌肉系统使它能够进行"有丝分裂"，确保几十对染色体能够被精确地分配到新形成的细胞里面去。

此外，真核细胞还有更多的新发明，包括对 DNA 结构和基因表达起作用的组蛋白、使得同一个基因可以形成多个蛋白质的内含子、更复杂完善的信号传输系统等。真核细胞的这些新特点使得自身功能强大比快速繁殖更有优越性，为细胞联合分工形成多细胞生物奠定基础。发展至今，我们肉眼所及的生物基本上都是真核生物。真核细胞的出现使地球生命产生智慧成为可能。

原核细胞如何进化成真核细胞？目前生物界仍存在着激烈的争论。代表性的学说有内共生假说和分化假说。内共生假说认为，以吞食其他细胞为生的原核细胞有时能容忍所捕获的原核细胞在其体内生存。共同生活的结果是，吞食者与被吞食者之间发生了共生关系。它们逐渐融合起来，被吞食的原核细胞变成了细胞器，从而导致细胞结构复杂化了。我们知道细胞核、线粒体、叶绿体这三个细胞器都是有包膜的，而由双层包膜包被的细胞器都含有遗

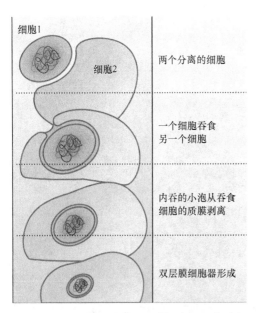

细胞1

细胞2

两个分离的细胞

一个细胞吞食
另一个细胞

内吞的小泡从吞食
细胞的质膜剥离

双层膜细胞器形成

图 4-23　内共生假说中双层膜细胞器形成过程
（卢因，2009）

传物质，这种相似性为内共生假说提供了依据。图 4-23 就展示了当一个细胞吞食另一个细胞后，细胞器可能的产生过程。被吞食的细胞分别被自己的细胞膜和吞食细胞的细胞膜两层膜包围，从吞食细胞的质膜脱离下来进入细胞内部就成了一个带双层包膜的隔室。如果被吞食的细胞赋予宿主一种新能力，比如光合作用，就可能产生叶绿体。逐渐地，被吞食的细胞会特化成专门为宿主提供所需功能的细胞器。

线粒体仿佛是这个假说的注解，它有类似细菌的环状 DNA，有自己合成 mRNA 和蛋白质的系统，并且也像细菌一样通过分裂繁殖。对线粒体基因的分析表明，线粒体和 α- 变形菌的基因最为相似。科学家们认为，真核细胞是古菌吞食了 α- 变形菌形成共生关系演化而来的。线粒体为真核细胞生产了大量的 ATP 从而提供充足的能源，这才使得真核细胞尺寸变大并且基因变多，从而顺利地演化出多细胞生物。

4.5.3　单细胞向多细胞演化之路

尽管真核细胞继承了原核细胞的基本功能，还在线粒体的能源支持下发展出了主动变形、爬行、吞食等新功能，但尺寸仍然是微米级的。具有吞食功能的真核细胞的出现，促使生物向大型化、多细胞方向发展，从此开始了捕食者与被捕食者之间永无休止的斗争。单细胞生物所面临的最大挑战，就是捕食与逃生。对于捕食者而言，身体越大可选择的食物范围就越广，生存和繁衍的机会就越多；对于被捕食者而言，身体越大越不容易被吞食，增加了逃生的机会。

想要拥有更大的体型，可以依靠两种方式。第一种，单细胞生物保持单细胞不变，但体积变大、结构变复杂。这种方式的致命缺点是，单细胞越长越大时，体内的养分和信息会无法实时扩散或传递至细胞各处，导致生命活动难以维持。第二种，单个细胞不变大，但是通过各种方式成为多细胞生物。这种方式的显著优点是，不增加单个细胞的演化成本，生命活动得以保证。看起来似乎是第二种方式有演化上的优势。但实际上，真核生物尽可能地尝试了所有的机会，这两条发展路线都被采用了。

一、单细胞"巨无霸"

相比于一般真核细胞的 10～30μm 大小，变形虫和草履虫 200～600μm 的尺寸是不折不扣的单细胞"巨无霸"。如前所述，单细胞生命的体积受信息传递的限制。那么，变形虫和草履虫的体积是单细胞生物的极限吗？ 2011 年，美国圣迭戈斯克里普斯海洋研究所的科学家们在夏季考察航程中有新的发现。在深 1 万多米的马里亚纳海沟的底部，科学家们发现了单细胞生物 Xenophyophores，其直径可以超过 10cm。由于其身体上长满皱褶，被称为多褶虫，如图 4-24 所示。它在海底缓慢爬行，像变形虫那样进食，因而又被称为巨型阿米巴虫。

浮游有孔虫也是生活在深海海底的单细胞生物。它能够分泌钙质或硅质形成外壳，壳上还有一个大孔或多个细孔便于伸出伪足，身体直径可达20cm。浮游有孔虫对水温非常敏感，经常被用于海洋洋流或气候研究，甚至用于海洋污染研究。其壳体可反映出非常有用的环境信息，能够制造出非常高质素的生物化石记录。

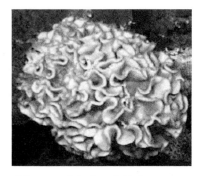

图 4-24　多褶虫（朱钦士，2019）

细胞变大时，直径呈线性增长，面积呈平方增长而体积呈立方增长。细胞越大，单位体积所分配到的表面积就越小。而细胞是通过表面的细胞膜和周围环境交换物质的，表面积越大则信息接收越快。变形虫扁平身体和许多伪足、草履虫移动的食物泡和能够收缩的伸缩泡、多褶虫表面的皱褶，以及有孔虫身上的孔洞，都是在努力增大表面积。但面积增大毕竟受限，这一演化机制也难以有更大的前景。

二、单细胞"抱团"

大量细胞聚集不仅能使整体体型增大，还能够进行功能分工，所以单细胞"抱团"是生物演化必然的趋势。但这个演化过程曲折而漫长，生物们不屈不挠地进行了各式各样的尝试，也取得了不同程度的成功。生物演化的多样性和灵活性在此可见一斑，最后能发展出像动物和植物这样的高级多细胞生物既是偶然也是必然。

为了更好地适应生活环境，单细胞"抱团"现象很早就出现了。例如，35亿年前蓝藻群能够在水边的沙石上形成菌膜，固定在生活资源丰富的地段，代代享受幸福的生活。这种幸福也被叠层石永久地记录下来（见3.3.3节），而单个的蓝藻细胞已经被岁月冲刷不见踪影。现代的细菌也能够在生物或者非生物的表面形成菌膜，这些菌膜不仅能将菌群固定在较好的生活环境中，还能够提高这些细菌抵御外界攻击的能力。它们能够更有效地抵御抗生素的攻击，也能防止被其他生物吞食。口腔牙菌膜就是最直观的例子。施文元教授等对牙菌斑生物膜中不同细菌间的相互作用进行了遗传和分子水平的研究。清洁干净的牙齿浸渍在唾液中会很快形成获得性膜，菌体利用四个周期形成牙菌斑生物膜。第一期，细菌借助布朗运动，流动到达牙面；第二期，细菌借助范德瓦耳斯力、表面自由能及表面电荷等作用，附着到牙齿表面；第三期，细菌借助自身产物和宿主物质，比较牢固地黏附于牙齿表面；第四期，黏附细菌定植后生长、繁殖直到形成牙菌斑生物膜。牙菌斑生物膜提供了其他细菌定植的温床，形成菌斑。牙菌斑逐渐发展会形成牙石，只能通过洗牙清除。否则可能产生牙龈炎、牙周炎，导致牙齿松动甚至脱落。简单的微生物"抱团"就给我们的身体带来重大影响，也说明这种"抱团"生长确实提高了生命的适应能力。这些细菌中，每个细胞都是独立生活的，细胞之间没有分工。虽然它们"抱团"聚在一起，但并不是多细胞生物。

三、多细胞生物的细胞分化

那么什么是多细胞生物呢？首先，生物要由多个细胞组成；其次，细胞之间要有分工；最后，固定的身体结构可以被看作一个"个体"。它可以由不同遗传物质的细胞聚合，也可以由相同遗传物质的细胞分化而成。多细胞生物的优点就是可以通过分工提升效率。当群聚在一起的单细胞生物仍无法顺利存活时，就可能出现分化的现象。通过分化，群体中不同部位的单细胞可以发展出独特的形态与功能，提升整个群体的生存能力。例如，位于表面的细胞可以强化细胞膜，位于运动枢纽区域的细胞则可以强化纤维和收缩能力。

1874年，德国生物学家海克尔提出集群理论解释多细胞生物的起源。海克尔认为，最早的多细胞生物可能是由许多同种的单细胞生物群聚而成。例如，海绵可能就是由类似领鞭毛虫的单细胞生物群聚进化而来。多细胞生物起源理论还有共生理论和合胞理论。共生理论认为，最原始的多细胞生物是由不同种的单细胞生物共生后所形成，如细胞中的线粒体。合胞理论则主张，它们可能由拥有复数细胞核的单细胞原生动物进化而来，如有些纤毛虫和黏菌都拥有复数细胞核。这些单细胞原生动物体内的复数细胞核可能会发展出各自的细胞膜，并形成多细胞生物。

细胞分化要求同样的遗传物质演化出不同的细胞，这就需要细胞关闭一些基因，打开另一些基因，或者改变它们的表达水平，形成基因调控机制。这对细胞来讲是一个难题。但生命演化常常出人意料，原核生物中的蓝藻竟然能够进行细胞分化。蓝藻的营养细胞和异形胞具有完全相同的 DNA，但基因的表达状况却完全不一样。营养细胞和异形胞都含有固氮酶基因，但只有异形胞表达这个基因。二者都含有为光系统 II 的蛋白质编码的基因，但是这些

图 4-25　红藻化石
（朱钦士，2019）

基因只在营养细胞中表达。即使是同为糖酵解所需要的基因，在异形胞中的表达水平也比在营养细胞中高。蓝藻解决了细胞分化难题，但其复杂程度毕竟有限，细胞分化也只限于分化出异形胞，可以看作最初级的多细胞生物。

4.5.4　多细胞生物产生

多细胞生物终于登上地球生命史的舞台，这又是一次重大飞跃。如果用 X 射线层析显微镜观察加拿大北部萨默塞特岛上发现的 12 亿年前的红藻化石，就能看到清晰的多细胞结构。红藻不是简单的多细胞细丝，而是有固定的形态，细胞的大小、形状也已经发生了分化（图 4-25）。中国科学院南京地质古生物研究所的朱茂炎研究员及其团队在贵州发现了瓮安生物群，其中类似海绵的多细胞动物被命名为贵州始杯海绵。这些生物身体呈管状，有进水孔和出水孔，而且发现了细胞分裂时形成细胞团的化石（图 4-26）。这些例子证明，无论是异养还是自养的真核生物，都走上了细胞分化的道路。

细胞分化机制的出现，是生物演化过程中的大事件，它使得多细胞生物的出现成为可能。团藻的形成过程也代表了多细胞生物的出现过程，即首先通过单个细胞的多次分裂形成后代细胞共同生活的群体，然后通过基因调控让这些细胞的功能发生分化。随着生物的演化，基因数量越来越多，功能也越来越复杂，多细胞生物就能形成高度复杂的生物体。生命遵循的逻辑是从一到多，从多到整体，从整体到个体分工，从个体分工到社会整体功能。

图 4-26　贵州始杯海绵（朱钦士，2019）

4.6　生命的延续

从早期原始生命的产生到数次物种大爆发，又到数次物种大灭绝，从两性出现"相爱相杀"到共同演化，从寄主和寄生物之间永无止境的演化比赛，直至人类的产生与演化，都是生命延续与演化的历程。是什么让生命既有统一性又有多样性的呢？

人类对遗传学的认识和思考最初体现在对农作物和家畜的朴素认识中。格雷戈·孟德尔开始真正有理论意义的研究并提出"遗传因子"概念及特征，他的研究成果也激励着后来的研究者们不懈努力。摩根学派则主要侧重于纯粹遗传学问题的研究，其代表人物是英国遗传学家威廉·贝特森（William Bateson）。1906 年，他建议的"遗传学"后来被普遍接受并作为研究遗传现象这门科学的广义概念。不仅如此，遗传学中的大多数重要术语都是贝特森提出的，如"等位基因""纯合子""杂合子"等。后来，美国遗传学家沃尔特·萨顿（Walter Sutton）和德国动物学家西奥多·博韦里（Theodor Boveri）提出"基因在染色体上"的设想也得到实验验证。

4.6.1　多细胞间的信息传递

在多细胞生物体内，细胞间的连接是高度特化的区域。细胞们必须破译其他细胞的信息，从而协调自己的行为。例如，在动物发育期间，胚胎细胞交换各种信号，保证每个细胞明确承担的任务。同样，植物细胞间也存在着交流，以保证植物一方面能够感受阳光、黑暗和温度等环境状态，同时能够保证正常的生长活动。细胞团队高效合作需要有效的交流和分工，细胞与细胞之间的连接和通信是必不可少的。

一、细胞之间的连接结构

植物细胞之间通常有细胞壁相隔，细胞之间通过胞间连丝相连。相邻细胞间通过胞间连丝进行物质沟通和信息交流。许多植物病毒就利用了胞间连丝提供的细胞间连接，从而快速地从一个细胞传递到另一个细胞。

动物细胞不具备细胞壁，紧密接触的细胞之间形成特殊结构进行细胞连接，包括封闭连接、锚定连接和通信连接。在两个细胞交界的不同区域，可能三种连接方式同时共存。

1．封闭连接

封闭连接又分为紧密连接和间壁连接两种。紧密连接存在于脊椎动物的上皮细胞间，长度为 50～400nm，相邻细胞之间的质膜紧密结合，没有缝隙。可以通过冷冻断裂复型技术显示出小肠上皮细胞是由围绕在细胞四周的嵴线将相邻上皮细胞的质膜紧密地连接在一起，阻止溶液中的小分子沿细胞间隙从细胞一侧渗透到另一侧（图 4-27）。图中 A 为通过冷冻断裂复型技术显示出的小肠上皮细胞，B 为紧密连接模式图。

2．锚定连接

锚定连接是通过细胞的骨架系统将细胞与细胞或细胞与基质连接成一个坚挺有序的细胞群体，从而具有抵抗机械张力的能力。锚定连接在组织内分布很广泛，在上皮组织、心肌和子宫颈等组织中含量尤为丰富。通过细胞骨架，锚定蛋白与跨膜黏附性蛋白质相连，如图 4-28 所示。

3．通信连接

通信连接是动物细胞间最普遍的连接。通过相邻细胞膜上的特殊通道实现电信号和化学信号的通信联系，从而完成群体细胞间的合作和协调。通信连接包括间隙连接和化学突触。除了成人完全发育的骨骼肌和移动细胞类型之外，几乎所有的动物细胞都利用间隙连接进行通信。化学突触则是依靠突触前神经元末梢释放特殊化学物质作为传递信息的媒介来影响突触后神经元。

间隙连接的基本单位为连接子，它是由 6 个相同或相似的四次跨膜蛋白亚单位环绕形成的一个直径约 1.5nm 的亲水通道。许多间隙连接单位集结在一起，允许氨基酸、核苷酸、维

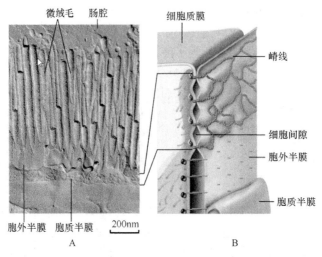

图 4-27　小肠上皮细胞的紧密连接（翟中和，2011）

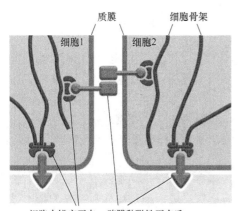

图 4-28　锚定连接（翟中和，2011）

生素等生物小分子通过间隙连接的通道进入另一个细胞，而蛋白质、核酸和多糖等生物大分子则不能通过。间隙连接结构如图 4-29 所示，图中 A 为间隙连接的结构示意图，B 为间隙连接的蛋白质组成，C 为四次跨膜蛋白的结构示意图。

相邻细胞之间可以通过间隙连接实现代谢偶联和电偶联。代谢偶联是伴随代谢反应所发生的偶联现象，是指小分子代谢物和信号分子可以通过间隙连接形成的水性通道在细胞间传递。电偶联是指电冲动直接通过间隙连接从前突触传导至后突触。电突触让动作电位从一个细胞直接传递到另一个细胞，有利于细胞间的快速通信。普遍存在于无脊椎动物和脊椎动物神经系统中的电突触，在动物的逃避反射中发挥重要作用。

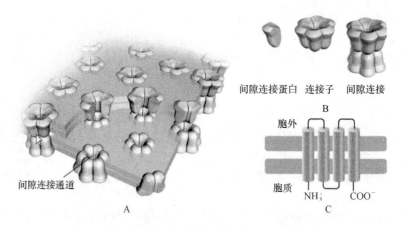

图 4-29　间隙连接（翟中和，2011）

化学突触是哺乳动物神经组织信息传递的主要形式，由突触前成分、突触后成分和突触间隙构成，呈单向性传导。神经冲动先传递到轴突末端，引起神经递质小泡释放神经递质，然后神经递质作用于突触后细胞，引起新的神经冲动。这种信号传递涉及将电信号转变为化学信号，再将化学信号转变为电信号的过程，因此信号传递慢。

阿尔茨海默病最初的迹象之一是突触丢失，而突触是所有大脑功能所需要的，尤其是学习和形成记忆过程。澳大利亚学者伊琳娜·列亲斯卡（Iryna Leshchyns'ka）等发现了阿尔茨海默病如何摧毁脑细胞之间的连接。一种被称为神经细胞黏附分子 2（NCAM2）的蛋白质连接突触的膜，并帮助稳定这些神经元之间的持久突触联系。而阿尔茨海默病患者大脑海马区的突触 NCAM2 水平低下。通过小鼠研究表明，NCAM2 会被另一种被称为 β- 淀粉样蛋白的蛋白质分解。这一发现有助于未来对该疾病的更早期诊断和采用新的治疗方法。

二、细胞间的信息传递与信号转导

生命系统中物质、能量和信息无时无刻不在变化，其中信息流起着调节物质和能量代谢的作用。从原核生物到动植物的所有细胞，都能以确定的方式感应所处环境的各种刺激并产生应答。这一机制使它们能以符合有机体需求的形式生存、适应并履行职责。环境信息被细胞感受并转化为细胞信号在细胞间和细胞内传递。

微生物就能对营养、毒素、温度、光和其他生物分泌的化学信息做出反应。多细胞生物则逐渐演化出能集中处理信息的组织系统，如神经系统、内分泌系统和免疫系统等。这里以脊椎动物神经系统的信息传递为例介绍信号传递过程。

1. 神经系统的信息传递过程

识别并接受刺激的组织或器官称为感受器，进行响应的组织或器官称为效应器。神经系统由脑、脊髓和神经组成，在感受器和效应器之间传递、整合、加工信息并发出指令。神经元是构成神经系统结构和功能的基本单位。神经元由胞核和突起组成，突起包括树突和轴突。神经元的细胞核位于中央，直径 3～18μm；神经元膜由两层 7nm 厚的膜组成，膜间有腔隙。神经元膜与内质网相连；核膜上分布若干直径为 0.1μm 小孔；细胞核内富含 RNA，并包含遗传物质 DNA。

膝跳反射是脊椎动物最简单的反射之一，从感受器到效应器至少要经过感觉神经元和运动神经元 2 个神经元。在这个反射中，膝盖处股四头肌的肌腱是感受器，大腿肌肉是效应器。一旦感受器受到刺激，就会在感觉神经元中引发动作电位，动作电位上行到脊髓，脊髓中感觉神经元直接与运动神经元建立突触联系。如果信号足够强，就可以在运动神经元中引发动作电位，当这个动作电位传递到大腿肌肉效应器时，股四头肌收缩，股二头肌舒张，即可引起膝跳反射。复杂的反射则包括若干中间神经元。感受器接受的物理刺激和化学刺激都要通过某种转换机制使与之相连的感觉神经元的树突或胞体部分产生感受器电位，进而引发动作电位，传入中枢神经系统，在脑的相关部位得到解释，生命体就有了感觉。当然，不同的效应器反应不同。例如，肌肉的反应是收缩，内分泌腺细胞的反应是分泌激素。

2. 细胞信号转导过程

从原核生物到动植物的所有细胞，都能以确定的方式感应刺激并产生应答。感应胞外刺激，并将特定信息传递给胞内靶分子的过程称为细胞信号转导。该系统具有调节细胞增殖、分化、代谢、适应、防御和凋亡等作用。跨膜信号转导的过程为：首先，环境中的激发物配体被质膜上的特异性受体蛋白识别，受体被活化；其次，通过胞内信号转导物的相互作用传递信号；最后，信号导致效应物蛋白的活化，引发细胞应答。例如，甲状腺激素或类固醇激素作为信号分子进入细胞以后，能与特异性受体结合形成活性复合物，作用于染色体 DNA，调节基因表达，从而影响细胞的物质代谢和生理活动。胞内受体的信号转导过程如图 4-30 所示。

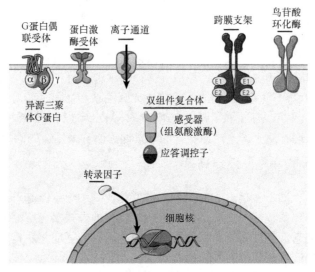

图 4-30　胞内受体的信号转导过程（卢因，2009）

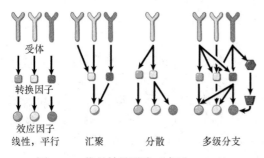

图 4-31　信号转导通路（卢因，2009）

在细胞信号转导过程中，受体很少直接作用于最终调控的细胞内过程，而是通过启动中间蛋白小分子达到调控作用。在此过程中，通过多步骤信号转导通路，细胞放大信号、调整信号动作、插入调控点、整合多种信号并将信号传递给不同的效应子。分支通路使细胞能够整合多种信号，通过平行、汇聚、分散甚至多级分支形式引导信息到达正确的调控点，如图 4-31 所示。

信号转导网络的复杂性和适应性，使它们在整个细胞水平上很难被直观掌握。信号转导网络类似于大型模拟计算机，需要依靠计算工具来获知细胞信息流及其调控。当复杂性更高时，计算机科学的原理和手段越来越多地用于细胞内信息流的系统分析，因此网络生物学应运而生。2005 年，在匈牙利召开的第 30 届欧洲生物化学联合会（FEBS）年会上，美国网络科学家艾伯特 - 拉斯洛·巴拉巴西（Albert-László Barabási）因其在代谢网络和蛋白质相互作用网络的无标度特性研究成果，被授予"系统生物学周年纪念日奖"。网络生物学研究表明细胞网络服从网络科学的普遍规律，对于仿生设计和人工智能的研究也非常有借鉴意义。

4.6.2　从 RNA 到 DNA

RNA 如何演化成 DNA？在 RNA 世界，生命只是一些稍纵即逝的基因组合，抓住机会就拼命生长，有时则被像寄生者一样的另一些基因破坏。这些原始寄生者中的一些可能演化成了第一批病毒，不断复制繁衍至今。法国病毒学家帕特里克·福泰尔（Patrick Forterre）提出假说：双链 DNA 分子有可能就是 RNA 病毒"发明"出来的。双链有不同的结构，能保护基因免受攻击。最终，这些病毒的宿主反而接管了 DNA 分子，接着接管了整个世界。也就是说，现在所知的生命可能全起源于病毒。目前尚无确切的证据证明这个假说，但我们可以分析 RNA 演化成 DNA 的过程。

最早的生命中，RNA 用密码子来储存蛋白质中氨基酸序列的信息。它不但可以指导蛋白质的合成，还可以把这些信息遗传给下一代。RNA 由核苷酸组成，每种核苷酸都由 3 个部分组成，分别是碱基、核糖和磷酸。其中，核糖的分子结构如图 4-32 所示。其骨架由 5 个碳原子连成环状结构。第 1、2、3、5 位碳原子与羟基（—OH）相连。1 位羟基用于和碱基相连，3 位和 5 位的两个羟基分别通过磷酸和上下两个核苷酸的核糖相连。只有 2 位上的羟基处于自由状态，也正是它导致了 RNA 的催化能力。也正因为它活跃地参与化学反应，导致 RNA 容易分解成核苷酸。如何才能使遗传物质拥有高度的稳定性？这是生命必须解决的重要问题。

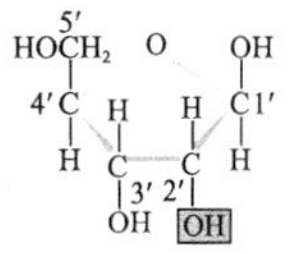

图 4-32　核糖的分子结构
（Lodish et al.，2016）

一、DNA 取代 RNA 成为遗传物质

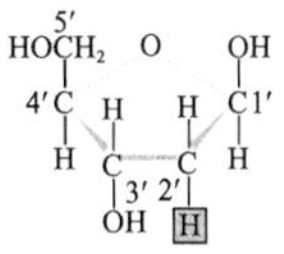

图 4-33　脱氧核糖分子结构
（Lodish et al.，2016）

在生物演化的过程中，为 RNA 分子"做手术"的核糖核苷酸还原酶出现了。它可以把核苷酸中核糖上 2 位的羟基（—OH）去掉，换成氢原子，从而让核糖失去了一个氧原子，形成了脱氧核糖（deoxyribose），如图 4-33 所示。含有脱氧核糖的核苷酸称为脱氧核苷酸（deoxynucleotide），由脱氧核苷酸组成的核酸就叫脱氧核糖核酸（deoxyribonucleic acid，DNA）。所以，"脱氧"核糖核酸的意思是指每个核苷酸的核糖少了一个氧原子。

细胞在合成 DNA 时，先合成 RNA 的组分核苷酸，再通过核苷酸还原酶变成脱氧核苷酸，这个过程与自然界先演化出 RNA 分子，再由 RNA 演化出 DNA 过程一致。RNA 变为 DNA 时，核苷酸中的尿嘧啶（U）也被胸腺嘧啶（T）取代。所以脱氧胸腺苷酸取代了尿苷酸，成为 DNA 的组成成分。DNA 分子的稳定还和 DNA 双螺旋结构有关。在原核生物演化的过程中，出现了 DNA 聚合酶。它以单链 DNA 为模板，通过 A-T、C-G 碱基互补配对原则合成一条 DNA 新链，并和原来的 DNA 链结合在一起，形成 DNA 双螺旋。其中的碱基可以像薄片一样叠在一起，通过伦敦力结合，进一步增强了 DNA 的稳定性。针对双螺旋结构容易在末端分开的问题，原核生物提供的解决方案是形成首尾相连的环状 DNA。真核生物的解决方案是形成超螺旋，再到染色体。

DNA 分子有多稳定？科学家们从一个 13 万年前尼安德特人遗骸中提取了 DNA 样品，测定了尼安德特人的全部 DNA 序列。可见，DNA 分子的稳定性完全经得起时间的考验。当然，凡事都有两面性，DNA 分子虽然稳定，但也失去了活跃的化学反应能力，催化能力随之而去，只能储存信息了。

二、DNA 的结构

DNA 的空间结构又分为二级结构和高级结构。1953 年，詹姆斯·杜威·沃森和弗朗西斯·哈利·康普顿·克里克提出了 DNA 分子的双螺旋模型，并因此和莫里斯·威尔金斯一起分享了 1962 年的诺贝尔生理学或医学奖。当然罗莎琳德·富兰克林也是这项研究的主要贡献者之一，但因病逝，无缘得奖（见 4.9 延伸阅读的介绍）。

DNA 由两条多聚脱氧核苷酸链组成，两条多聚脱氧核苷酸链在空间的走向呈反向平行（anti-parallel）。两条链中一条链的 5′→3′ 方向是自上而下，而另一条链的 5′→3′ 方向是自下而上。在碱基 A 与 T 之间可以形成 2 个氢键，G 与 C 之间可以形成 3 个氢键，使两条多聚脱氧核苷酸链形成互补的双链，由于组成碱基对的两个碱基的分布不在一个平面上，氢键使碱基对沿长轴旋转一定角度，使碱基的形状像螺旋桨叶片的样子，整个 DNA 分子形成双螺旋缠绕状。两条链围绕着同一个螺旋轴形成右手螺旋结构。双螺旋结构的直径为 2.37nm，螺距为 3.54nm。脱氧核糖和磷酸基团组成的亲水性骨架位于双螺旋结构的外侧，疏水的碱基位于内侧。双螺旋结构的表面形成一个大沟和一个小沟，双链之间形成互补碱基对。碱基对的疏水作用力和氢键共同维持着 DNA 双螺旋结构的稳定。

DNA 双螺旋结构也分手性，右手双螺旋如 A-DNA、B-DNA、C-DNA、D-DNA 等；左手双螺旋如 Z-DNA。詹姆斯·沃森与佛朗西斯·克里克所发现的双螺旋，是称为 B 型的水结合型 DNA，在细胞中最为常见。双螺旋的多样性结构如图 4-34 所示。

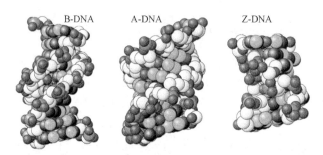

图 4-34　双螺旋结构的多样性（唐炳华等，2017）

DNA 的三级结构是指 DNA 进一步扭曲盘绕所形成的特定空间结构，也称为超螺旋结构。DNA 的超螺旋结构可分为正、负超螺旋两大类，并可互相转变。超螺旋是克服张力而形成的。当 DNA 双螺旋分子在溶液中以一定构象自由存在时，双螺旋处于能量最低状态，此时为松弛态。如果使这种正常的 DNA 分子额外地多转几圈或少转几圈，就使双螺旋产生张力，如果 DNA 分子两端是开放的，这种张力可通过链的转动而释放出来，DNA 就恢复到正常的双螺旋状态。但如果 DNA 分子两端是固定的，或者是环状分子，这种张力就不能通过链的旋转释放掉，只能使 DNA 分子本身发生扭曲，以此抵消张力，这就形成超螺旋，是双螺旋的螺旋（图 4-35）。

负超螺旋　　　　　　　　　　　　　　　正超螺旋

图 4-35　DNA 超螺旋结构（唐炳华等，2017）

DNA 的四级结构体现了真核生物 DNA 的高度有序和高度致密。真核生物 DNA 以非常有序的形式存在于细胞核内。在细胞周期的大部分时间里，DNA 以松散的染色质形式存在，在细胞分裂期，则形成高度致密的染色体。真核细胞染色质和一些病毒的 DNA 是双螺旋线性分子，双螺旋 DNA 盘绕组蛋白形成核小体。许多核小体由 DNA 连成念珠状结构，再盘绕压缩成染色体。从裸露的双链 DNA 组装成 30nm 螺旋管已有直接的实验证据，但随后的组装不甚明了，目前主要有多级螺旋模型和放射环结构模型，前者强调螺旋化，后者强调环化与折叠。

三、染色体、DNA 与基因的关系

染色体、DNA 与基因（gene）都与遗传相关，三者的位置关系为：染色体位于细胞核中，DNA 长链组成染色体，基因位于 DNA 上；三者的数量关系为：细胞核内有多条染色体，一条染色体通常有一个 DNA 分子，每个 DNA 分子上有许多基因；染色体是成对存在的，DNA 分子也是成对存在的，基因也是成对存在的。DNA 上有许多与遗传有关的片段，这些片段叫基因，不同的基因贮存着不同的遗传信息，即生物的不同特征是由不同的基因控制。在生物体内，一个最短 DNA 分子也有大约 4000 个碱基对，DNA 分子就有 4^{4000} 种，碱基对的特定排列顺序又构成了每一个 DNA 分子的特异性。DNA 双链的碱基是彼此互补的，可以相互复制。将双链条拆开后，以一条链为基准，复制出另一条链的备份。这样便产生了两组新的 DNA 双螺旋。一种生物的整套遗传密码可以比作一本密码字典，该种生物的每个细胞中都有这本字典。基因、DNA 和染色体之间的关系如图 4-36 所示。

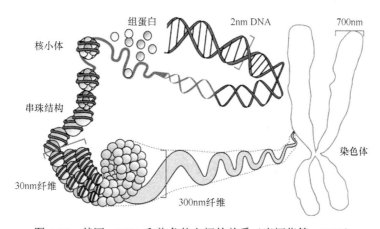

图 4-36　基因、DNA 和染色体之间的关系（唐炳华等，2017）

分子生物学研究证明，生物体的所有特征无不关联着一个或一组蛋白质的功能特征。蛋白质起着催化剂、信号分子、受体、运输载体等作用。在 DNA 分子指导下，中间经过 RNA 分子协作，合成蛋白质分子。为什么基因只有在它应该发挥作用的细胞内和应该发挥作用的时间才能呈现活化状态？结论是，必然有一个基因调控系统在发挥作用。生物体性状的多样性、功能的灵活性、对环境条件的适应性，以及生长发育过程中的变化，都源于细胞内基因表达的调控。生物体内各种细胞根据不同情况，随时启动、关闭基因组中部分基因的表达，以便制造出或消除掉各种各样的蛋白质，保证生物体的正常运行。基因调控主要在 DNA 水平、转录水平和翻译水平这三个水平上进行。

四、基因转录和翻译

DNA 长链中的基因片段包含生成蛋白质的命令信息，当一个基因被激活，基因的启动子区域作为 RNA 聚合酶的识别位点。一旦与 RNA 聚合酶结合，DNA 双螺旋结构将被解螺旋并打开。在延伸过程中，RNA 聚合酶沿着 DNA 模板链滑动。通过与 DNA 碱基互补配对

生成信使 RNA（mRNA），DNA 的代码决定被加在信使 RNA 上的自由碱基的顺序。当 RNA 聚合酶到达终止子，则转录过程结束。之后，RNA 聚合酶和模板 DNA 链及 mRNA 分离。

　　转录过程产生的 mRNA 链包括编码蛋白质的外显子和非编码内含子，在 mRNA 被用来作为模板制造蛋白质之前，它需要被加工，包括 RNA 片段的移动与添加和 5′ 端加帽、3′ 端加尾。非编码内含子会被蛋白质和 RNA 复合体组成的剪切体从 RNA 长链上切除，此过程称为 RNA 剪切，由剪切体执行。之后连接相邻的外显子产生成熟的 mRNA。

　　成熟的 mRNA 从细胞核外进入细胞质，开始翻译成蛋白质。细胞中用来制造蛋白质的细胞器为核糖体，它与 mRNA 结合。核糖体可以阅读 mRNA 上的密码，并制造氨基酸链。转运核糖核酸（tRNA）带着氨基酸连接核糖体。mRNA 一次阅读 1 个密码子（也就是 3 个含氮碱基），tRNA 传递过来相应的氨基酸。其中有 4 种特殊的密码子，1 种是起始密码子（AUG），3 种是终止密码子（UAG，UAA，UGA）。翻译开始于 mRNA 长链上的起始密码子（AUG）与核糖体小亚基结合，每个氨基酸被特定 tRNA 带到核糖体上。互补碱基配对发生在 mRNA 长链上的密码子和 tRNA 上的反密码子之间。tRNA 中，每种反密码子都对应一种特定的氨基酸。

　　在起始密码子（AUG）与核糖体小亚基结合后，核糖体大亚基也加入，共同组成翻译复合体，翻译初始化完成。在核糖体大亚基中有 3 个定位点：释放位点（exit，E）、肽酰基位点（peptidyl，P）、氨酰基位点（aminoacyl，A）。在成熟 mRNA 延伸过程中，符合互补碱基配对的单个氨基酸分子被 tRNA 传送到 mRNA 链上，携带氨基酸的 tRNA 首先会结合在 A 位点上，接着 A 位点上携带的氨基酸与 P 位点氨基酸之间形成肽键。之后该翻译复合体滑动一个密码子，不携带氨基酸的 tRNA 从 E 位点脱离，A 位点空出给下一个 tRNA。该过程重复直到终止密码子。释放因子会结合在 A 位上，完成的多肽链就会从 P 点释放出去。复合体也从 mRNA 长链上脱离，并可重新结合在起始处再次开始基因翻译。之后这条氨基酸长链就被折叠成复杂的三维形状的蛋白质，从而完成相应的生理功能。

　　达尔文的进化论认为，正常情况下 DNA 复制是相当精确的，能够保证代代相传的稳定性。但在复制时也会因为基因突变而发生变化。绝大多数的基因突变对个体生存和繁殖是有害的，只有少数是有利的。有利的基因突变会子子孙孙传下去，从而提高小群落的生存率。有利的基因突变会扩散到整个种群，导致种群 DNA 发生变化。但近代研究表明，许多 DNA 复制出错是中性的。由基因突变引起的部分氨基酸序列的变化可能对特定蛋白质不起作用，或者这段出错片段不参与蛋白质的构建。大量中性的基因突变积累起来最终显著地改变了物种的 DNA。一旦环境变化，这一物种的 DNA 才呈现出有利或者有害的特性。

五、基因翻译工厂

　　有趣的是，基因翻译过程完全可以用人类的自动化工厂来实现。首先我们定义基因翻译生产线由传送带、电机、3 个光电位置传感器、氨基酸选取机械手及基因翻译片段构成，如图 4-37 所示。3 个工位分别为 A 氨基酸识别位、P 肽键装配位和 E 释放位。

　　其初始状态为：核糖体大亚基到位，核糖体小亚基与起始密码子结合，tRNA 将起始氨基酸运来并通过碱基互补原则结合于

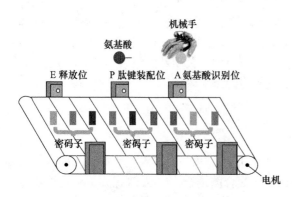

图 4-37　细胞基因转录自动化生产线

P 位, 下一个 tRNA 将氨基酸运来并通过碱基互补原则结合于 A 位。假定传动带右移 1ns 即可使 1 个密码子到下一工位。整个基因翻译成蛋白质可循环执行。当初始状态完成时, 循环执行如下步骤: 传送带右移 1ns, 原 P 位氨基酸到 E 位, A 位氨基酸移动到 P 位进行肽键装配; 氨基酸已释放且密码子移动到位, 则执行下一步传送带右移 1ns, 原 P 位氨基酸到 E 位, A 位氨基酸移动到 P 位进行肽键装配。直到检测到终止密码子则停止。这正是细胞工厂的含义。

六、基因编辑

生命科学的迅速发展使得我们从生物遗传信息的读取阶段进入到后基因组时代, 基因组的改写乃至全新设计正逐渐成为现实。

基因编辑是指对目标基因进行删除、替换、插入等操作, 以获得新的功能或表型, 甚至创造新的物种。现代基因组编辑技术的基本原理是相同的, 即借助特异性 DNA 双链断裂 (DNA double-strand breaks, DSBs) 激活细胞天然的修复机制。序列特异性核酸酶 (sequence-specific nucleases, SSNs) 能够特异性切割 DNA 序列, 从而可以对基因组特定位点进行高效和精确的靶向编辑。

SSNs 能在基因组特定部位精确切割 DNA 双链, 造成 DSBs; 而 DSBs 能够极大地提高染色体重组事件发生的概率。DSBs 的修复机制在真核生物细胞中高度保守, 主要包括非同源末端连接 (non-homologous end joining, NHEJ) 和同源重组 (homology-directed repair, HDR) 2 种修复途径。当存在同源序列供体 DNA 时, 以 HDR 方式的修复能够产生精确的定点替换或插入; 而没有供体 DNA 时, 细胞则通过 NHEJ 途径修复。因 NHEJ 方式的修复往往不够精确, 在 DNA 链断裂位置常会产生少量核酸碱基的得失位 (insertion-deletion, InDel), 从而导致基因突变。

基因编辑主要用于基因功能研究、基因治疗、构建模式动物及改造和培育新品种。传统的基因治疗是将正常的基因片段引入细胞中替代有缺陷的基因, 但这种方法难以精准控制, 可能产生很大的毒副作用。基因编辑新技术可以精确定位, 在靶位点进行修正或进行基因切除, 达到基因治疗的目的。2015 年底, 英国一家儿童医院的医生利用基因编辑治愈了一例无法治疗的白血病病人。他们先取出患病女婴的免疫细胞, 用分子剪将健康捐赠者的白细胞进行基因改造, 让这些既能杀死癌细胞又能耐受化疗药物的改造细胞少量注入她体内, 让它们找出并杀死癌细胞。从而治愈了疾病, 实现了生命的逆转。

4.6.3　从无性到有性

我们知道子代的许多性状特征总是与亲代相像, 这是生物的遗传; 另外, 子代总在某些方面与亲代不相像, 这是生物的变异。遗传和变异是一件事情的两个侧面。由一个 (或一对) 亲代产生的许多子代, 表现出各不相同的变异, 使它们对环境条件的波动具有各不相同的适应能力。所以, 遗传变异的存在是生物进化的基础, 生物世界由简单到复杂, 适应各种各样的环境条件, 表现多种多样的性状与功能, 无不源自遗传变异。遗传物质必须稳定地贮存一个生物的细胞结构、功能、发育和生殖的各种遗传信息。这些信息必须能够准确地复制, 以便使子细胞具有与母细胞一样的遗传信息。同时, 这些信息必须能够变异。如果没有变异, 生物就不能获得适应性, 进化就不能发生。基因是生物体内掌管遗传的基本单位, DNA 大分子结构是基因的物质基础。每个物种的基本性状特征代代相传, 说明生物体的基因有相当的稳定性。同时 DNA 能够产生可遗传的变异。遗传和变异之间的关系是: 遗传是相对的，变异是绝对的；遗传是保守的，变异是变革和发展的；遗传和变异是相互制约又相互依存的；遗传和变异伴随着生物的繁殖而发生。

生物的繁殖分为无性繁殖和有性繁殖。其中无性繁殖不涉及性别，没有配子参与，是不经过受精过程而由母体形成新个体的繁殖方式。它的优势很明显，容易繁殖且子代与亲代相同。但也有显著的缺点，有益的变异无法共享导致难以进化到高智力水平。有性生殖则是通过两性细胞融合为一，成为受精卵，发育成新一代的生殖方式。那么生命是如何形成两性机制的呢？

对于无性的单细胞生物来说，几十分钟就可以繁殖一代的方法简单高效。群体中，有益变异的个体很快就可以在竞争中脱颖而出繁殖更多后代，否则就被淘汰。

但是多细胞生物换代比较慢，演化速度赶不上环境变化。如果多细胞生物的遗传物质多样化，就能保证同一种生物中不同的个体具有适应不同环境的能力。无论环境如何变化，总有一些个体能够比较好地适应，物种就更容易幸存。但是 DNA 突变的速率是很慢的，通过每个生物体 DNA 突变的方式来增加遗传物质的多样性效率不高。如果有一种方法能够使多细胞生物的遗传物质迅速多样化，对于物种的繁衍无疑是非常有利的。这种方法就是通过生殖细胞的融合来繁殖后代的"有性生殖"。我们发现，几乎所有的真核生物都能够进行有性生殖，而几乎所有的多细胞生物都采用有性生殖的方式来产生后代，这说明有性生殖一定更有生存优势。德国进化学家奥古斯特·魏斯曼（August Weismann）认为生殖细胞可以把基因从一代传给下一代，因此是不朽的；而体细胞只是为了帮助生殖细胞不朽，因此用过即丢。那么有性生殖的生存优势是什么呢？本质上来说，性包括三个要素，分别是染色体分离、细胞融合和染色体重组。美国南加州大学的朱钦士将它归纳为拿现成、补缺陷、备模板和重洗牌四个方面。请思考为什么自然界采用两性配对呢？为什么不是三性甚至更多？

4.6.4　性别的决定

同是受精卵发育的个体，为什么有的发育成雌性，有的发育成雄性？而雌雄个体为何又在某些遗传性状上表现不同呢？

有性繁殖的生物染色体中包括常染色体和性染色体。其中性染色体是成对的，而且往往是异型的，就是形态、结构、大小和功能都有所不同，如人的染色体中包含 22 对常染色体和 1 对性染色体（男性 XY，女性 XX）。生物界中染色体决定性别的方式有三种，分别是：XX-XO 性别决定、XX-XY 性别决定、ZZ-ZW 性别决定。

一、XX-XO 性别决定

XX-XO 性别决定是一种最简单的染色体性别决定机制。其中，有两条 X 染色体的为雌性 XX，只有一条 X 染色体的为雄性 XO。在该系统中，雌性产生的卵子都带有一条相同的 X 染色体；雄性则产生含 X 染色体和不含性染色体两种类型的配子。例如，蝗虫即属于XX-XO 性别决定系统。

二、XX-XY 性别决定

包括人在内的所有哺乳动物、多数昆虫和爬行动物都属于 XX-XY 性别决定系统。此系统中包含 X、Y 两种性染色体。雄性个体的性染色体组成为异配子性别 XY，产生两种类型的配子，分别含 X 和 Y 染色体；雌性个体则为同配子性别 XX，产生一种配子，含 X 染色体。性别比一般是 1∶1。

实际上，有些女性的性染色体是 XY；而一些男性的性染色体却是 XX。这是为什么呢？研究发现，一个 XY 型女性的 Y 染色体上有缺失，缺失的区域中含有被称为"Y 染色体上的性别决定区"的 *SRY* 基因。如果这个基因发生了突变，XY 型的人也会变成女性。而如果含有 *SRY* 基因的 Y 染色体片段被转移到了 X 染色体上，XX 型的人就会成为男性。这些现象说明，*SRY* 基因就是决定受精卵是否发育为男性的基因。如果没有 *SRY* 基因，受精卵中其他的一些基因就会促使受精卵发育为女性。

三、ZZ-ZW 性别决定

鸟类和蛾蝶类的鳞翅目昆虫都属于 ZZ-ZW 性别决定系统。该系统与 XX-XY 性别决定系统正好相反。其中雌性个体性染色体组成为异配性别 ZW，产生两种类型的配子分别为 Z、W 染色体；雄性个体则为同配性别 ZZ，产生一种配子含 Z 染色体。

四、未来 Y 染色体可能消失?

无论是 XX-XY 系统还是 ZZ-ZW 系统，具有双份性染色体的 XX 和 ZZ 都是比较稳定的。因为它们拥有备份，可互为模板进行纠错。与其他染色体相比，Y 染色体基因较少。而且，Y 染色体一直在萎缩。一些遗传学家估计，按照目前的恶化速度，再过 460 万年它就会完全消失。甚至有遗传学家估计也可能短至 12.5 万年，或者长至 1000 万年。那么男性会消失吗？朱钦士认为，Y 染色体在 500 万年的时光中并没有丢失基因，因此退化不会那么快。而且 Y 染色体会通过回文结构进行修复，对抗退化的机制。而且，如果 Y 染色体消失，决定性别特征的基因可能会移到别的基因。那么，到底是有一个常染色体扛起决定性别的重任，还是我们会变成环境决定性别的动物呢？生命最有趣的问题等待充满好奇的我们去观察、探究和解密。

4.6.5　受精卵细胞分化

一个受精卵是如何精密、巧妙并且很经济地发育成了在形态、结构和功能上有明显差异的各种细胞组织？为什么同是血细胞，又有红细胞、白细胞和淋巴细胞的区别呢？为什么同是源于受精卵细胞，但身体不同器官各有各的形态和功能呢？为什么这些组织还能构成活生生的具有运动能力甚至拥有丰富情感的生命体呢？细胞分化是发育生物学的一个核心问题和热点问题。对多细胞生物来说，没有细胞的分化，生物体就不能正常生长发育。从分子水平看，细胞分化在于基因表达的控制。不同类型的细胞在分化过程中表达一套特异的基因，因此，细胞分化是基因选择性表达的结果。

一、细胞分化过程

细胞分化是指从受精卵开始的个体发育中，细胞之间逐渐产生差异的过程。细胞分化的关键是按照一定程序发生差别基因表达，有些基因打开，有些基因关闭。分化细胞间的差异往往不仅仅是一个基因表达的差异，而是一群基因差异表达的结果。而且，细胞分化还受细胞内外环境等诸多因素的影响。多细胞生物成长发育中，在一些内在机制作用下，细胞分化产生结构、形态、生理功能及生化特征等方面的差异，成为多种不同的细胞类型，并形成不同的组织、器官和系统，最终形成新的个体（图 4-38）。

发育过程中，细胞分化经历一个由全能细胞发展到多潜能细胞再发展到分化细胞的过程，其分化能力逐渐受限。

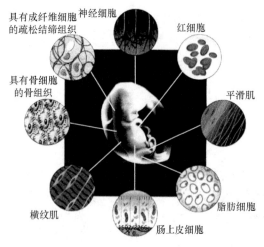

具有成纤维细胞的疏松结缔组织

神经细胞

红细胞

具有骨细胞的骨组织

平滑肌

横纹肌

脂肪细胞

肠上皮细胞

图 4-38　细胞分化过程（赵宗江，2016）

1．全能细胞

受精卵到桑椹胚期前的胚胎细胞，可以发育成全新的个体，称为全能细胞（totipotent cell）。除此之外，干细胞具有自我复制更新和多向分化潜能。其中全能干细胞具有无限分化潜能，能分化成所有组织和器官。"多莉"羊就是将羊乳腺细胞的细胞核植入去核的羊卵子中发育成的，这表明，终末分化的动物细胞核也具有全能性。甚至已分化的细胞仍具有发育成完整新个体的潜能。例如，具有全能细胞的胡萝卜切片能重新形成完整的胡萝卜，如图 4-39 所示。

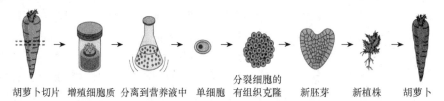

胡萝卜切片　增殖细胞质　分离到营养液中　单细胞　分裂细胞的有组织克隆　新胚芽　新植株　胡萝卜

图 4-39　具有全能细胞的胡萝卜形成新个体（艾伯茨，2012）

2．多潜能细胞

在胚胎发育的三胚层形成后，仅能向本胚层组织和器官方向分化发育的细胞称为多潜能细胞（pluripotent cell）。它们发育潜能受到限制，不能发育成完整的个体，也不能发育分化成全部三个胚层的组织器官。干细胞就是多潜能细胞，它们是存在于一种已经分化组织中的未分化细胞。间充质干细胞、造血干细胞、神经干细胞、脂肪干细胞、皮肤干细胞、毛囊干细胞、角膜缘干细胞等成体干细胞在正常情况下处于休眠状态，在病理状态或在外因诱导下可以表现出不同程度的再生和更新能力。例如，造血干细胞存在于造血组织中，在损伤或炎症等应激状态下，造血干细胞就能分化为各种血细胞前体细胞。骨髓里的造血微环境中有多种基质细胞，其中的一类可彼此连接成网状床垫，粘住造血干细胞，使它能够在床垫上汲取微血管所提供的造血要素，持续增长；另一类基质细胞则分泌出多种细胞因子，能够刺激和调控造血细胞的分化成熟。例如，在促红细胞生成素的刺激下，后代细胞向红细胞系方向发育成熟，最后生成红细胞。最后，这些发育成熟的血细胞进入外周血液循环，发挥各自的生理功能。

3．分化细胞

经过一系列的分化，各种组织细胞的命运最终确定，分化为特定功能的细胞，称为分化细胞（differentiated cell）。通常，一旦细胞转化为一个稳定的类型，就不能逆转到未分化状态。从分子水平而言，细胞分化就意味着细胞内某些特异性蛋白质的优先合成。例如，红细胞中可以合成血红蛋白，肌细胞中可以合成肌动蛋白和肌球蛋白等。

正常细胞的异常分化会产生肿瘤细胞，该过程称为癌变。一旦发生癌变，细胞的许多生物学行为，包括形态、功能、代谢和增殖都会发生深刻的可遗传变化。肿瘤细胞最显著的特点是不死性。"海拉细胞"是 1951 年取自海瑞塔·拉克斯（Henrietta Lacks）身体的癌细胞，它改变了细胞中的端粒酶，打破了普通细胞分裂 50 次的限制，不断繁衍。直到现在，它仍然是全世界实验室使用最多的细胞系之一。

二、细胞分化的特点

细胞分化具有稳定性、方向性和时空性。稳定性是指在正常生理条件下，已经分化了的细胞将一直保持分化后的状态直到死亡。一般情况下，它不可逆转到未分化状态或者成为其他类型的分化细胞。例如，黑色素细胞在体外培养 30 多代后仍能合成黑色素。方向性是细胞分化总是从一个受精卵开始朝着特定的方向分化，而且这种分化状态能够遗传给子代细胞。时空性是指一个细胞在不同的发育阶段可以有不同的形态结构和功能，有固定的时间性；同时，同一种细胞在不同的空间位置可以有不同的形态和功能，有较强的空间性。

三、细胞分化的原因

生物身上的每个细胞都有全能的细胞核，里面储存着整套遗传基因，每个细胞都有相同的分化潜能，但在胚胎发育过程中，为什么会发育出特异性的组织器官，形态功能迥异的各类细胞群呢？研究表明，细胞分化并不是基因组 DNA 的全部表达，而是开放某些基因，关闭某些基因，开放的基因按一定程序，相继活化表达。一旦该基因活化，即可引发一系列细胞分化基因的活动。例如，在哺乳动物的成肌细胞向肌细胞分化过程中，*MyoD* 基因起重要作用。

除了复杂而高明的基因表达能决定细胞分化，还有一些因素也能影响细胞的分化。浓度由高向低扩散的原理在生命形成过程中发挥重要作用。例如，在胚胎早期，细胞质并非均匀分布，细胞分裂时被不均等地分配到子细胞中，这种不均一的细胞质可以调控基因的表达。将海胆卵沿纵轴切为两半，受精后均可发育为完整个体，若沿横轴切分，两者都不能发育为完整胚胎；又如，果蝇受精卵在分裂过程中，细胞团呈纺锤形，但这个阶段哪边发育成头部，哪边发育成尾部已经确定。头部一侧的细胞会释放出一种叫 *bicoid* 基因的特别分子，并迅速横向和纵向扩散。横向的均匀扩散导致果蝇身体左右对称发育，而纵向扩散导致头部浓度高，尾部浓度低，不同浓度激发不同阶段性阈值，从而催生出过硬的各个分节。另外，细胞在组织器官中所处的位置也能影响基因表达。细胞通过感知所处局部因子的浓度来确定自己在梯度中的位置，从而进行分化、迁移和增殖。环境因素（温度、湿度、物理化学因子）也可以影响细胞的分化，例如，某种蜥蜴的性别发育就受温度的影响，低温条件全部发育为雌性，温度提高则全部发育为雄性。

四、细胞的去分化和转分化

在某些条件下，分化了的细胞基因活动模式也可发生可逆性的变化，而又回到未分化状态，这一变化过程称为去分化。或者从一种分化状态转变为另一种分化状态，这种情况称为转分化。例如，调整肾上腺嗜铬细胞培养液成分，可使其转分化为交感神经元。

细胞分化、分裂和生长伴随多细胞生物个体发育的全部过程，三者之间密切相关。细胞在分裂的基础上进行分化，分化程度越高，分裂能力越弱。

4.6.6　细胞的生命开关

弗里德里希·恩格斯（Friedrich Engels）用发展的眼光看问题，提出"凡是现存的都是要灭亡的"。当然，细胞也是有寿命的。100 多年前，德国生物学家奥古斯特·魏斯曼指出，人类的死亡之谜在于耗竭的组织无法永久自我更新，细胞分裂能力有极限。1961 年，美国科学家莱奥纳德·海弗里克（Leonard Hayflick）发现人的成纤维细胞在体外培养条件下只能分裂 50 次左右，称为"海弗里克现象"。现在我们知道，这种现象和端粒相关。当原核细胞的环状 DNA 转变为真核细胞的线状 DNA 时，DNA 分为多段，每段都和组蛋白结合形成染色体，端粒就像一顶帽子置于染色体头上，保持 DNA 的稳定性。细胞每分裂一次，端粒的 DNA 会损失 30~200 个碱基对。经过几十次分裂，端粒就会短至无法保护染色体的完整，细胞也就停止分裂并死亡。因此，端粒被称为"生命钟"。例如，人在受精卵阶段，体细胞端粒大概 15 000 个碱基对长，婴儿出生时端粒长度只有 10 000 个碱基对长。之后每分裂一次，端粒损失大约 100 个碱基对，50 次之后，端粒仅剩 5000 个碱基对左右，进入不稳定状态。

为什么生殖细胞能够永远分裂繁殖呢？研究发现，生殖细胞能够产生端粒酶修复受损的端粒。成体干细胞也具有端粒酶活性，可以持续分裂分化。那么如果体细胞能够表达端粒酶是否可以延长寿命呢？2009 年，美国科学家伊丽莎白·布莱克本（Elizabeth Blackburn）、卡罗尔·格雷德（Carol Greider）、杰克·绍斯塔克（Jack Szostak）通过跟踪端粒酶活性，发现了端粒和端粒酶保护染色体的机理，有助于延长人类寿命。细胞复制过程中，如果没有端粒酶的保护，端粒会逐渐丢失导致染色体损伤；如果有端粒酶保护，整个染色体在每一轮细胞分裂中都能得到完整的复制。

除了细胞的自然寿命，多细胞生物为了整体利益，还会主动消灭一些细胞。当细胞接收到来自内部或外部的指令，就会自杀。成年人的身体中共有约 60 万亿的细胞，每天大约千分之一的细胞被人体主动消灭。有些是不再需要的正常细胞，有些是出了问题的细胞。其中，端粒缩短到临界值的细胞和被病毒感染的细胞都属于后者。而执行死亡指令的是被称为胱天蛋白酶的一类特殊的蛋白质水解酶。人体含有 12 种胱天蛋白酶，只有 3、6、7 型导致细胞死亡。它们在细胞中以酶原的形式被表达，只有在需要时才改变蛋白质释放活性，保证在细胞合成蛋白质受损的情况下仍然能够执行自杀程序。

多细胞生物中的许多细胞可能寿命很短，但整体生命却长得多。这主要是通过干细胞来实现的。干细胞处于低分化状态，能够持续通过分裂分化形成新的体细胞，替换受损和衰老的细胞。

4.7　人　工　生　命

既然基因能够编辑，为什么不能创造生命呢？20 世纪著名数学家、逻辑学家和计算机科学家阿兰·图灵（Alan Turing）试图将数学应用于生物，寻找生命现象与数学的关系。他相信，动物的纹理、植物的形状等，都有其诞生和形成的奥秘。这些奥秘也许可以通过数学模型来进行"解密"。电脑之父约翰·冯·诺依曼（John von Neumann）相信，自然界看似复杂的结构和过程其实是由大量基本组成单元的简单相互作用所引起的。而无论是自然还是人工的遗传物质，只要能够进行自我繁殖都应具有两个基本功能：一个是在繁衍过程中能够运行的算法，相当于计算机的程序；另一个是能够复制的描述，相当于被加工的数据。他试图撇开生命具体的生物学结构，用数学和逻辑形式的方法来揭示生命最本质的方面，提出细胞自动机思想。数学家约翰·何顿·康威（John Horton Conway）将细胞自动机思想编写成"生命游戏"程序，可以产生无法预测的延伸、变形和停止等复杂的模式，仿佛具备生命的一些特征。这一程序生动形象地启发了众多学者，计算机科学家克里斯托弗·兰顿

（Christopher Langton）也开始思考生命的本质。

人工生命是与自然生命对应的一种生命形式，主要致力于把生命现象背后的基本原理抽象出来，通过在其他媒介上重现，从而更深刻地理解生命。关于人工生命尚无统一的定义，不同学科背景的学者对它有着不同的理解。有的学者认为，人工生命用信息概念和计算机建模来研究一般的生命和地球上特有的生命。还有的学者认为，人工生命用非生命的元素去建构生命现象以了解生物学，是一种综合性方法。兰顿设计了二维细胞自动机"兰顿蚂蚁"，并在 2000 年被证明其图灵完备性。兰顿在设计过程中发现，细胞自动机既有足够的稳定性存储信息，又有足够的流动性传递信息，具有生命的特征。美国物理学家 J. 多伊恩·法默（J. Doyne Farmer）认同兰顿的思想，并支持兰顿筹备主持 1987 年的第一次国际人工生命会议。会议得到了广泛的反响，150 多名来自世界各地从事相关研究的学者和科学记者参加了会议。这次会议的成功召开标志着"人工生命"这个崭新的研究领域的正式诞生。提交的会议论文经过严格的同行评议，并以《人工生命》为题结集出版。兰顿把参加人工生命研讨会的人们的思想提炼成长达 47 页的概论，成为人工生命的主要思想宣言。

4.7.1　人工生命的主要思想

人工生命研究领域涵盖了计算机科学、生物学、自动控制、系统科学、机器人科学、物理学、化学、经济学、哲学等多种学科，旨在研究非自然生命特征和生命现象，人工智能也在其范围之内。该研究的重点是人工系统的模型生成方法、关键算法和实现技术。

人工生命作为独立的研究领域已获得国际学术界认可，1994 年创办的 *Artificial Life* 是该领域的权威期刊。人工生命的研究也如火如荼地在世界各地开展。2002 年，中国人工智能学会第一届"人工生命及应用"专题学术会议在北京科技大学召开。涂序彦教授提出了广义人工生命的概念，揭开了人工生命研究的新篇章。目前，关于人工生命的研究重点集中在人工智能。

4.7.2　世界首例人工生命

仿佛呼应兰顿的期待，2010 年 5 月 20 日，美国基因遗传学顶尖科学家克雷格·文特尔（Craig Venter）宣布世界首例人工生命诞生。这项研究历时 10 多年，耗资超过 4000 万美元。研究团队共有 20 多位科学家。名为"辛西娅"的人造细菌 DNA 完全由人工合成，并移植于实验室的基因组。文特尔博士表示这意味着一个新的人造生命时代已经到来。这项里程碑意义的实验表明，新的生命体可以不必通过"自然进化"来完成，而是可以在实验室里"被创造"。实验成果宣布之后，立刻引起世人的关注。

文特尔团队的科学家们首先选取一种名为丝状支原体的微生物，对其基因组进行解码并复制，产生人造的合成基因组。然后，将人造基因组移植入另一种称为山羊支原体的微生物，通过分裂和增生，其内部的细胞逐渐被人造基因控制，最终成为一种全新的生命。在培养皿中，合成微生物的分裂等行为就像天然微生物一样。

为了与同类的天然支原体相区别，并在这种生物的后代中识别它的祖先，文特尔在辛西娅 DNA 上添加了 4 条水印。其中一条包含爱尔兰作家詹姆斯·乔伊斯（James Joyce）的一句意味深长的话："去生活，去犯错，去跌入低谷，去取得胜利，去在生命中创造出生命。"这句诗句，也代表了这位有些"疯狂"的科学家对辛西娅的期望。而另一条包含量子物理学家理查德·费曼（Richard Feynman）所说的一句话："我无法创造的事物，我就无法理解。"文特尔认为这些名言都非常有意义，而且也与第一个合成生命形式密切相关。

　　尽管这种技术目前仍处于实验阶段，但研究人员相信其运用前景广阔。研究小组计划，先合成出可供生命存在的最小数量的基因，然后通过向其中弥补其他基因，制造一系列新的微生物，如可生产生物燃料、药品的细菌，可以从空气中吸收二氧化碳和其他污染物的细菌或是可制造合成疫苗所需蛋白质的细菌。纪录片《人造生命诞生全纪录》中有详细的介绍。

　　文特尔认为"理论上而言，我们可以改变生物的整个基因，我们可以加入全新的功能，去除我们不想要的，创造出一种新的适合工业化的有机物，让它们全力以赴完成我们需要它们做的工作。在这项实验完成之前，以上设想都只是理论，但现在却会成为现实。"

4.8　生物机器人

　　生物机器人是利用单细胞打造成的，具有特殊功能的机器人。它们被设计成通过光和电刺激来激发化学反应，能够完成普通仿真机器人所不能完成的任务。生物机器人学的研究对象是在动态的不确定的环境中工作的自主、半自主的机器人，其研究方法是从生物系统的各个层次获得启发，动态平行应用从上向下和从下向上的综合研究方法。其主要研究内容包括如下几个类别：仿生物机构、驱动器、传感器；仿生物计算工具；系统结构与智能结构；意识、动机、情感、成长、相互作用、技能、语言、学习、知识、知觉、行为实现、思考等认知能力；系统设计与制造。

　　生物机器人学有明确的指导方向，同时具有很强的包容性。1992 年英曼·哈维（Inman Harvey）等提出的进化机器人学主要研究认知能力中的成长问题，鉴于系统结构和智能结构是生物机器人学的基础，认知能力也需要在这个基础上实现。基于行为的生物机器人学主要研究系统结构及行为实现和相互作用问题。显然，生物机器人学能把该方向已有的所有领域都包容进来，并能促进和指导进一步的研究，同时避免犯局部性的错误。这里列举几种科学家们的研究成果，包括细胞机器人、DNA 机器人和纳米机器人。

4.8.1　细胞机器人

　　利用单细胞动物的生存智慧，英国南安普敦大学的克劳斯 - 皮特·桑诺尔（Klaus-Peter Sannor）博士将培养的一种星形的黏霉菌附到一台六脚机器人上。通过让每个星尖去控制机器人的一条腿，实现机器人的运动。白光照到单细胞组织上会引起此处的振动，振动经程序处理后发出信号控制相应的机器人腿进行运动。当光柱按照设定程序依次照到不同黏霉菌区段自然就驱动不同的腿运动，从而让细胞机器人实现行走功能。

　　西英格兰大学的安德鲁·阿达马茨基（Andrew Adamatzky）则在此基础上更进一步，利用原质团研制出完全的生物机器人"Plasmobot"。它通过类似的反应作为一种人工大脑的逻辑开关。接下来，安德鲁教授的目标是控制这种反应，最终实现使"Plasmobot"能够朝特定方向运动、完成捡起物体甚至组装物体的功能。

　　美国佛蒙特大学的计算机科学家和塔夫茨大学的生物学家共同研发了一种新型活体机器人"Xenobots"，这也是首个借助非洲爪蟾细胞和计算机算法创造出来的机器人。他们利用计算机算法设计出了一种由非洲爪蟾的心脏收缩细胞和表皮被动细胞相结合的全新生命体异种机器人，长度不到 1mm。研究人员先从爪蟾胚胎中提取了干细胞，然后使干细胞分化成能够自然收缩的心脏细胞和无法自然收缩的皮肤细胞，再进行孵育。之后，研究人员使用微小的镊子和电极将细胞切割，并在显微镜下连接成计算机设计的方案模型。最终，这些细胞就组成了可协同工作的"Xenobots"，由于"Xenobots"完全可降解，所以它非常适合用于人体内的药物输送。"Xenobots"的体积非常小，借助原爪蟾心肌细胞的收缩动作，它可以按照电脑程序设计的路线进行移动，并且承载一定的重量。假如将一个"Xenobot"切开，它还能自动愈合。研究人员希望借此可以帮助科学家揭开细胞交流之谜。

4.8.2　DNA 机器人

20 世纪 80 年代，美国晶体学家纳德里安·C. 西曼（Nadrian C. Seeman）意识到，DNA不仅仅是生命的密码，更可以是一种绝佳的建筑材料。具有互补序列的核苷酸相遇一定会配对。能不能让核苷酸自己组合出结果呢？西曼用限制性酶之刀切下 DNA 链，编织成井字花，之后又随心所欲地设计了各种各样的图案。

DNA 不仅能组成静态的图案，还能造就可以自主动作的机器人。分解 DNA 分子的双螺旋结构，会发现其每个组成部分类似于发条上的齿，齿轮上每个齿的运动都会带动整个齿轮的运动。2012 年，韦斯生物启发工程研究所推出了一种 DNA 机器人。桶内盛放着药物，桶外壁装着 DNA 锁，钥匙是一种特定的蛋白质。一旦锁上的 DNA 识别到了这种蛋白质，会松开锁体的螺旋转而附着在蛋白质上，从而解锁药桶。研究者希望，它可以在人体中游走，绕过健康的组织，只有碰到病变细胞才会开锁给药。

2017 年，美国钱璐璐团队操纵 4 种核苷酸形成一条单股的分子作为 DNA 机器人。该DNA 机器人仅由 53 个核苷酸组成。当它没有和其他分子结合时，就像一条软绳；当它根据碱基互补配对原则，和周围的另一条 DNA 单链结合，就能实现二维空间中的行走，如图 4-40 所示。对 DNA 机器人进行测试的场所是一个 58nm×58nm 的大分子表面，上面设置了上百个像梅花桩一样的 DNA，货物则是与 DNA 机器人"手"碱基互补的一段 DNA 单链分子。DNA 机器人和 DNA 单链结合，就像站在梅花桩上。随机的分子波动会使得 DNA机器人移动到另一个桩子，进行下一次的配对，实现空间移动。移动途中，一旦 DNA 机器人碰到货物，就会用"手"抓住，带着货物一起行走。抓取货物和行走的原理有异曲同工之妙。

4.8.3　纳米机器人

物理学家理查德·费曼在 1959 年就提出，利用微型机器人治病的想法。科幻作品《奇妙的航程》就描述了在美苏争霸的冷战大背景下，一队美国科学家登上了缩小到微米尺度的潜水艇中，进入了一个受伤的外交官的血液中。

纳米机器人是机器人工程学的分支，它以分子水平的生物学原理为设计原型，设计制造可对纳米空间进行操作的"功能分子器件"。它在纳米尺度上了解生物大分子的精细结构及其与功能的联系，在纳米尺度上获得生命信息。其核心技术建立在微纳米技术基础上。新型多学科交叉的发展，包括机械、电子、化学、物理、生物、材料等学科，也将纳米机器人从科学幻想渐渐变为现实。

在扫描隧道显微镜帮助下，纳米机械专家已经能将独立的原子安排成自然界从未有的结构。此外，纳米机械专家还设计出了只由几个分子组成的微小齿轮和马达。他们期望创造出真实的、可以工作的纳米机器，它们有微小的"手指"，可以精巧地处理各种分子；有微小的"电脑"来指挥"手指"如何操作。"手指"可能由碳纳米管制造，它的强度是钢的 100倍，细度是头发丝的五万分之一。"电脑"可能由碳纳米管制造，这些碳纳米管既能做晶体管又能做连接它们的导线。"电脑"也可能由 DNA 制造，用适当的软件和足够的灵巧性进行

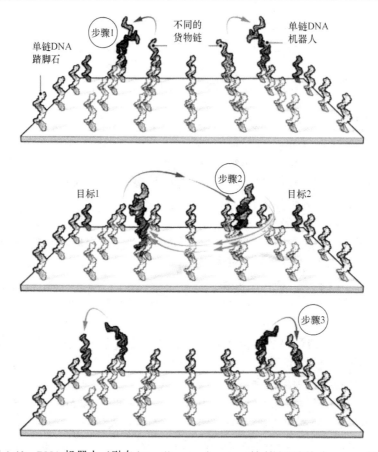

图 4-40　DNA 机器人（引自 https://www.science.org/doi/10.1126/science.aao5125）

武装的纳米机器人可以构建任何物质。

我们的血液中可能存在各种毒素，每一个毒素点可能需要数以万亿计的纳米机器人清除。那么，清除每个人血液中的毒素就需要数以百万计的纳米机器人。而地球上有 70 多亿人口，即使有问题的人占五分之一，需要的纳米机器人数量也是 10^{14} 级的。这个工作量对于纳米机器人生产线而言，实在是太大了。纳米科学家认为，如果纳米机器人拥有自我复制功能就能很好地解决这个问题。试想，如果第一个纳米机器人能够制造出两个复制体，这两个复制体每个又可制造出两个自己的复制体，那么很快就可以获得数万亿个纳米机器人。

但是，假如纳米机器人忘记停止复制，会引发什么样的人体灾难？我们知道癌症就是细胞不停复制的结果。纳米机器人在人体内快速复制，比癌症扩散还要快地布满正常组织，这岂非自己引火上身？

纳米科学家相信他们有足够的办法能控制灾难的发生。其中一个办法是设计出一种软件程序，该程序能使纳米机器人在复制数代后自我摧毁。另一种办法是设计出一种只在特定条件下复制的机器人，例如，只有在有毒化学物质以较高浓度出现时机器人才能复制，或者在一个很窄的温度和湿度范围内机器人才能复制。这个功能使我们联想到电脑病毒的传播，如果纳米机器人被恶意传播作为杀人武器呢？科学界的批评家也指出，纳米技术可能的危险要大于它的益处。但技术的发展总有两面性。纳米机器人带给人类的利益太具有诱惑力了，纳米机器人技术也必将充满力量地前进，而且可能会超越计算机技术和基因制药而成为新世纪的技术发展方向。为了预防可能的危害，世界可能会需要一个纳米技术免疫系统，这个系统中纳米机器人"警察"不断地在微观世界中同那些"不怀好意"的纳米机器人进行战斗。

4.9　延　伸　阅　读

4.9.1　手性与生命起源的研究

我们知道，生命系统中的许多分子都是手性分子。这意味着该分子的镜像与原物质不重合，就像左右手不能直接重合一样。在生命起源的化学进程中，如氨基酸与核苷酸这样的生物小分子是必不可少的。生命起源关键性的一步就是将生成的氨基酸与核苷酸缩合成肽与寡聚核苷酸。但至今仍令人迷惑不解的是缩合过程中手性的选择。在生命起源过程中，只有 *L*-氨基酸和 *D*-核糖或 *D*-脱氧核糖分别被选择缩合形成 *L*-肽和 *D*-寡聚核苷酸，而 *D*-氨基酸和 *L*-核糖或 *L*-脱氧核糖不被选择。也就是说，生命选择相同手性的 *L*-氨基酸和相同手性的 *D*-核糖或 *D*-脱氧核糖来分别构成蛋白质或核酸。这是为什么呢？在地球上，先有手性分子均一性还是先有生命呢？针对这些问题，1995 年，美国洛杉矶召开了"生命中手性起源"问题的国际讨论会。科学家们纷纷提出这个问题的假说及手性和对称破缺等相关研究。

研究者们认为，如果生命以混合的 *L*-氨基酸和 *D*-核糖来构建肽与核酸，生命的高度有序性不可保障，生命分子将没有或仅有很低的生物功能，无法形成真正意义上的生命。因此，同型的手性是生命赖以起源与存在的分子基础。通常不是纯 *L*-氨基酸就是纯 *D*-氨基酸，二者必选其一。同理，*D*- 和 *L*-核糖亦然。日本化学家硖合宪三（Kenso Soai）认为，既然生命是自催化系统，化学反应也应该以自催化的方式进行。如果在反应混合物中，刚开始有一种手性产物稍稍过量，那么在自催化反应惊人的放大作用下，这种产物最后的纯度将接近百分之百。简而言之，正是生命特征诱发手性的形成。其实，在自然界也发现某些细菌壁上存在含 *D*-氨基酸的肽，但这些肽的含量仅占少数并且不是至关重要的肽。当然，对这个问题的探索也仍然在持续。

4.9.2　罗莎琳德·富兰克林

几乎没有人不知道是沃森和克里克发现了 DNA 的双螺旋结构，而且还知道他们与莫里斯·威尔金斯共同分享了 1962 年的诺贝尔生理学或医学奖。然而，有多少人知道罗莎琳德·富兰克林（Rosalind Franklin）在这一历史性的发现中作出的贡献？50 年前，其实是她率先拍摄到了 DNA 晶体照片，为双螺旋结构的建立起到了决定性作用。但这朵"科学玫瑰"没等到分享荣耀，在研究成果被承认之前就已凋谢。

富兰克林生于伦敦一个富有的犹太人家庭，15 岁就立志要当科学家。当获得博士学位之后，她前往法国学习 X 射线衍射技术。1951 年，她回到英国，在剑桥大学国王学院取得了一个职位。当时的剑桥，对女科学家的歧视处处存在，女性甚至不被准许在高级休息室里用午餐。同事威尔金斯不喜欢她进入自己的 DNA 研究领域，但他在研究上却又离不开她。他把她看作搞技术的副手，她却认为自己与他地位同等。

富兰克林在法国学习的 X 射线衍射技术在研究中派上了用场。当 X 射线穿过晶体之

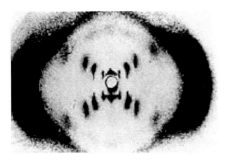

图 4-41　DNA 的 X 射线衍射照片
（周廷华等，2007）

后，会形成一种特定的明暗交替的衍射图形。由于不同的晶体产生不同的衍射图样，深入研究就能知道组成晶体的原子是如何排列的。富兰克林成功地拍摄了 DNA 晶体的 X 射线衍射照片"照片 51 号"，如图 4-41 所示。这张照片为沃森与克里克最终构建模型提供了至关重要的信息。

正义只会迟到，但从不会缺席。2003 年，伦敦国王学院将新大楼命名为罗莎琳德 - 威尔金斯馆时，沃森在命名演说中说道："罗莎琳德的贡献是我们能够有这项重大发现的关键。"

4.9.3　帮助癌细胞获得"永生"的基因开关被发现

弗朗西斯·克里克研究所的研究人员发现，H1.0 的蛋白质表达在许多癌症类型中经常发生关闭，使 DNA 在一些关键位置处于展开状态，导致一系列基因发生激活，使癌细胞处于"永生"状态。癌细胞持续分裂，促进了肿瘤的生长。但是随着肿瘤的生长，一些细胞内的 H1.0 会自发地重新开启表达。研究人员对这种现象进行追踪，找到一个能够控制 H1.0 蛋白质合成开启的 DNA 区域。随着 H1.0 重新表达发挥作用，细胞需要用来保持分裂的基因会被关闭，使细胞重新回到正常的有限寿命中。研究人员现在正在寻找能够使所有癌细胞都重新开启 H1.0 蛋白质合成的药物，加速上述过程。这将为阻止多种类型肿瘤的生长提供一种有效方式。

4.9.4　《生命的跃升》

尼克·莱恩是英国演化生化学家，伦敦大学学院的荣誉教授。他的研究主题为演化生化学及生物能量学，聚焦于生命的起源与复杂细胞的演化。《生命的跃升》试图解读进化论的十个伟大"发明"，从生命的原初经过生命的创造期到现在的样貌。在整个过程中，出现了很多非同一般的神来之笔，如 DNA、光合作用、视力和意识。莱恩以清晰而智慧的笔调，探究了进化过程中的发明。这本书围绕着生物学、地质学、化学和物理学领域所取得的新研究进展来组织叙述，重现了地球上生命的历史，而且带着精彩而出乎意料的细节。直到如今，我们才可以将生命不凡历史中的形形色色拼凑在一起，并看到它所拥有的丰富细节。

第 5 章　神奇的生物——生命如何绽放？

> 在我们美丽的蓝色地球上，原始生命经过几十亿年的进化，形成了现在神奇灿烂、丰富多彩、千姿百态、生机勃勃的生物世界。小到电子显微镜下才能看到的微生物，大到遨游于碧海的小山般的巨鲸，从只有应激反应的原核生物到有表情会用工具的高等哺乳动物，为了生存和繁衍而逐渐具有智慧是生物进化的不竭动力。神奇的生物用自然的方式展示出引人入胜的生命图景。进化论强调自然选择的重要性，但人工选择的惊人成功也在达尔文进化思想中起了很大作用。每一种生物都为人类提供学习样本，让人类在探索的路上越走越远。
>
> 本章学习要求：
> （1）了解生命的多样性。
> （2）理解生物多样性的原因。
> （3）理解自然选择和人工选择。
> （4）理解仿生方法和仿生机器人设计。
> （5）理解社会性分工对群体生存的重要性，理解个人和国家之间的关系。

第 5 章专题视频

5.1　物　种　分　类

地球上到底有多少物种？不同研究者用不同方法得到的物种估计数也不尽相同。科学家们已经命名分类了大约 140 万个物种，但仍然生活在地球上的物种数量将近 3000 万。鉴于微生物物种的数量难以估计，这个数字还有可能被严重低估。因此，还有数量庞大的物种等待我们去发现和记录。数量众多的物种不断进化、诞生，也有物种不断灭绝。自从生命诞生以来，地球上有多少物种存在过？没人知道这个问题的答案。但不可否认的是，物种构筑了充满无限惊喜和奇迹的生命历史，形成我们的大自然。

面对芸芸众生，如何分类识别呢？ 1969 年，美国生物学家 R. H. 魏泰克（R. H. Whittaker）把生物界分成了原核生物和真核生物两个总界，原核生物界、原生生物界、真菌界、植物界和动物界五界。其中原核生物总界只包括原核生物界，它包括了所有自由生活的单细胞原核生物和群体生活的单细胞原核生物。一些生物具有更多的动物特征，如草履虫、变形虫等；一些则具有更多的植物特征，如螺旋藻、小球藻等。真核生物总界则包括原生生物界、植物界、真菌界和动物界 4 个界，包括我们熟知的生物。五界系统划分示意图如图 5-1 所示。生物通用的分类等级包括界、门、纲、目、科、属、种共 7 级，每一个

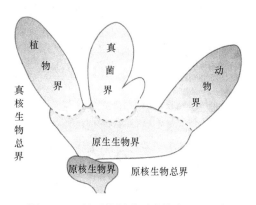

图 5-1　五界系统划分（张惟杰，2016）

物种在分类系统中都有其确定的位置。例如，我们人类，就属于真核生物总界，动物界，脊索动物门，哺乳纲，灵长目，人科，人属，智人种。

地球生物中，微生物是一切肉眼看不见或看不清楚的微小生物的总称，可用微米为单位来衡量。微生物体积微小并且构造简单，但却不断突破我们对生命环境限制的认知。植物是生命的主要形态之一，包含了树木、灌木、藤类、青草、蕨类、地衣及绿藻等，大部分绿色植物经光合作用获得能源。动物则以其他生物为食，以丰富的多样性著称。在我们的星球上，微生物种类繁多，植物千姿百态，动物生机盎然。生命是美丽的，为生存和繁衍演化出的"智慧"更是美妙绝伦！

5.2　微生物王国

在人类能真正看到微生物之前，实际上已经猜想或感觉到它们的存在，甚至已经在不知不觉地应用它们了。我国就是最早认识和应用微生物的少数国家之一。据考古学推测，我国在 8000 年以前已经出现了曲蘖酿酒，4000 年前酿酒已十分普遍。微生物被广泛应用于酿酒、酿醋、发面、腌酸菜、腌泡菜、盐渍、制作蜜饯等生活领域，拓宽食物的口味和延长存储。虽然现在食物种类丰富，不必要用腌制食物来延长保存时间，但味蕾和胃却保留了对这些食物的记忆，这些食品制作方法也延续至今甚至拓展到未来。据记载，埃及人也会烘制面包和酿制果酒。公元 6 世纪的北魏时期，贾思勰的巨著《齐民要术》中就详细地记载了制曲、酿酒、制酱和酿醋等工艺。公元 9 世纪到 10 世纪我国已发明用鼻苗法种痘，用细菌浸出法开采铜。为发现青蒿素的屠呦呦提供灵感的《肘后备急方》中就提到用狂犬脑敷贴狂犬咬伤的创口治疗狂犬病的方法，这是一种对抗病毒的尝试。到了 16 世纪，古罗马医生 G. 弗拉卡斯特罗（G. Fracastoro）才明确提出疾病是由肉眼看不见的生物引起的。明末，我国医生吴又可在《温疫论》提出"戾气"学说，认为传染病的病因是一种看不见的戾气，其传播途径以口、鼻为主。

1676 年，荷兰商人安东·列文虎克（Antonie van Leeuwenhoek）首次利用自制的显微镜发现了微生物世界。他因其划时代贡献，获选英国皇家学会会员。微生物以其丰富的多样性和独特的生物学特性而在整个生命科学中占据举足轻重的地位。微生物王国是一个迷人的微小生物世界，它们联合起来可以完成地球上生命所能实现的全部过程，给我们的生活和周围环境带来深远的影响。有的微生物能够制造美食，有的微生物能够制造能源，有的微生物能够治病，有的微生物能够创造新物种，有的微生物能够生产高蛋白粮食，还有的微生物能够提取金属。如果没有微生物，高等有机体也无法持久存在。我们呼吸的氧气，就是地球早期蓝藻的功劳；森林里的落叶没有堆积成山，就是微生物的功劳；土壤之所以能生长农作物，就是微生物的分解作用；甚至我们的身体里也有数万亿个微生物帮助我们消化吸收。然而，我们对微生物的探索也才刚刚开始，还有大片未知的蓝海等着我们去航行。

根据微生物不同的进化水平和性状上的明显差别，微生物分为细胞型和非细胞型。其中原核微生物和真核微生物都具有细胞结构，属于细胞型微生物；而病毒、类病毒则不具备细胞结构，依靠寄主过寄生生活，属于非细胞型微生物。虽然病毒是否属于生命仍有争议，但与其试图辩论清楚病毒的属性范畴，还不如研究病毒是怎么和其他生物形成一个连续的演化谱。本节最后介绍地球上的极端生物，其特性为科幻小说中描述外星人特征提供广阔的想象空间。

5.2.1　原核微生物

原核微生物包括真细菌和古菌。古菌虽然在进化上和若干生化反应中与真核生物关系较为密切，但其细胞结构属于原核生物。细菌是原核生物界的主要类群，广泛分布于土壤、水、空气、动植物的体表及与外界相通的腔道，甚至分布在沸腾的岩浆、温泉、积雪、沙漠、纯净的湖水及深海中。

一、细菌的形态

显微镜下不同的细菌千差万别，形态各异。除了球状、杆状和螺旋状 3 种基本形态外，细菌还有许多其他的形态。例如，柄杆菌细胞上有柄、菌丝、附器等细胞质伸出物，细胞呈杆状或梭状。尽管是单细胞生物，许多细菌也常以成对、成链、成簇的形式生长，如双球菌、链球菌、四联球菌、八叠球菌和葡萄球菌等。

蓝藻是一类能进行产氧光合作用的最古老生物，就是它们使地球由无氧环境转为有氧环境，从而使其他生命欣欣向荣。蓝藻一般在常温下生活，但在高达 80℃的温泉中及多年不融的冰山上也能找到它们的踪迹。多种蓝藻生存在淡水中，是水生态系统食物链中的重要一环。也有的蓝藻生存于海水甚至深海中，如聚球菌属。聚球蓝藻主要通过光合作用，利用无机营养盐进行生长。当营养物质被消耗殆尽的时候，蓝藻细胞内的液泡逐渐消失，浮力下降而下沉。当到下层水体或者沉积物环境时，它又会因为营养得到补充浮力增大，再回到上层水层。因此，聚球蓝藻的丰度始终保持在较高的水平，一旦条件成熟就会暴发赤潮。甲藻主要摄食聚球蓝藻，因为食物丰足导致甲藻赤潮，最终加剧温室效应。蓝藻的直径范围为 $0.5\sim60\mu m$。

古菌多生活在极端的生态环境中，既具有原核生物的某些特征，如无核膜和内膜系统，也具有真核生物的某些特征，如以甲硫氨酸起始的蛋白质合成、核糖体对氯霉素不敏感、RNA 聚合酶和真核细胞相似、DNA 具有内含子并结合组蛋白等。此外，古菌还具有既不同于原核细胞也不同于真核细胞的特征，如细胞膜中的脂类是不可皂化的，细胞壁不含肽聚糖，不含胞壁酸、D- 氨基酸和二氨基庚二酸等特征。古菌的细胞有球形、杆状、螺旋形、耳垂形、盘状、不规则形状等多形态，有的以单个细胞存在，有的呈丝状体或团聚体。

二、细菌的结构

细菌的细胞包括基本结构和特殊结构。基本结构包括细胞壁、细胞膜、细胞质和拟核等。特殊结构包括荚膜、鞭毛、菌毛、芽孢等。

其中，细胞壁是紧贴细胞质膜外侧的一层厚实、坚韧的外被，主要由肽聚糖构成。细胞膜中磷脂双分子层组成基本骨架，膜蛋白以不同方式分布于膜两侧或流动镶嵌于磷脂层中。细胞质富含各种酶系统、储藏颗粒、中间代谢产物、质粒等。幼龄菌的细胞质稠密、均匀，富含核糖核酸（RNA），占固体物的 15%～20%，嗜碱性强。有些细菌还有类囊体、羧基体、气泡、伴孢晶体或磁小体等。其中磁小体是 1975 年由 R. P. 布莱克莫尔（R. P. Blakemore）在一种称为折叠螺旋体的趋磁菌中首先发现的。他在美国东海岸的海洋盐沼沉积物中发现了沿地磁场方向游动的细菌，其体内含有使其产生趋磁行为的磁小体。后来，人们把所有具趋磁性行为的细菌统称为趋磁细菌。目前所知的趋磁菌主要存在于磁螺菌属和嗜胆球菌属中。这些细菌细胞中含有大小均匀、数目不等的磁小体，外有一层磷脂、蛋白质或糖蛋白膜包裹。磁小体晶体的形状为立方八面体、六边棱柱体、子弹头状等。趋磁菌具有导向作用，借助鞭毛可游向对该菌最有利的泥、水界面微氧环境处生活。趋磁菌在生产磁性定向药物或抗体，以及制造生物传感器等方面有一定的应用前景。科学家们在火星陨石 ALH84001 中发现链状磁性矿物，曾引发火星存在过原始生命的讨论。但它预示细菌成因磁铁矿是行星早期生命的重要材料。

原核细胞中没有细胞核，这是它与真核细胞之间的最大区别。原核细胞中的 DNA 分子呈环状，集中在原生质中的一定区域，称为核质体或拟核。许多细菌又以质粒形式拥有额外的 DNA。质粒携带着某些染色体上没有的基因，使细菌等原核生物被赋予一些必需生存条件之外的特殊功能，如产毒素、抗药性、固氮、产特殊酶或降解毒物等功能。质粒可通过接合、转化、转导或细胞融合的方式在细胞间转移，没有质粒的细胞可获得质粒。质粒还具有重组功能，可在质粒与质粒间、质粒与拟核染色体间发生重组。因此在遗传工程中可以将细菌质粒作为基因的运载工具，构建新菌株。

一些细菌还具有荚膜、鞭毛等特殊结构。其中鞭毛这种丝状的附属物有助于细菌的吸附，并可抵御来自宿主尿液或肠液的冲刷。大多数可以运动的细菌拥有一或多根鞭毛，鞭毛着生的位置因种而异。有的在菌体一端，有的在菌体两端，还有的着生在菌体周围，如大肠杆菌周生鞭毛。鞭毛是细菌的运动器官，具有鞭毛的细菌运动速度很快，如铜绿假单胞菌每秒可移动其体长的 20～30 倍，约为 55.8μm。鞭毛的生理功能是运动，这是原核生物实现其趋性的最有效方式，如趋化性、趋光性、驱氧性、驱磁性等。鞭毛的运动机制类似于转动马达。其中基体嵌入在细胞壁内的部分，即分子马达；鞭毛钩作为分子万向铰链，连接马达的主轴和鞭毛丝，起传递扭矩的作用；鞭毛丝作为执行部件由马达驱动旋转，产生推进力，驱动细菌运动，功能类似螺旋桨。前面 4.5.1 节中已经详细介绍过鞭毛的结构和功能，可参照。

某些细菌在其生长发育后期，在细胞内形成一个圆形或椭圆形、厚壁、含水量极低且抗逆性极强的休眠体，称为芽孢。在干燥的条件下，芽孢呈休眠状态，在适宜的温度和湿度下，一个芽孢可发育成一个营养体。因此，芽孢是细菌的休眠体而不是繁殖体。芽孢是整个生物界中抗逆性最强的生命体之一，在抗热、抗化学药物、抗辐射和抗静水压等方面更是首屈一指。一般细菌的营养细胞不能经受 70℃ 以上的高温，可是它们的芽孢却有惊人的耐高温能力。例如，肉毒梭菌的芽孢在 100℃ 沸水中要经过 5.0～9.5h 才能被杀死，温度升至 121℃ 时也要平均 10min 才能被杀死；热解糖梭菌的营养细胞在 50℃ 下经数分钟即可杀死，但其芽孢在 132℃ 的高温下处理 44min 才能被杀死 90%。芽孢的休眠能力更突出，在其休眠期间检查不到任何代谢活力，因此称为隐生态。在普通条件下，一般的芽孢就可以保持几年甚至几十年的生活力。但文献中还有许多更突出的记载，如英国发现的环状芽孢杆菌的芽孢在植物标本上已保存 200～300 年；美国发现的一种高温放线菌的芽孢在建筑材料中已保存 2000 年；普通高温放线菌的芽孢在湖底冻土中已保存 7500 年；一种芽孢杆菌在包埋在琥珀内的蜜蜂肠道中已保存了 2500 万～4000 万年！

荚膜、鞭毛及芽孢等细菌特殊结构的产生由微生物遗传特性所决定，是种的特征。失去特殊结构的细菌仍可正常生长，但特殊结构可赋予细菌一些独特的生理特性。

三、细菌的繁殖

细菌为无性繁殖，这里以放线菌为例介绍细菌繁殖。放线菌是一类主要呈丝状生长并以孢子繁殖的陆生原核生物，其细胞结构介于细菌与丝状真菌之间而又接近于细菌，是细菌中较高级的类群。放线菌因菌落呈放射状而得名。

放线菌一般分布在有机物丰富和呈微碱性的土壤中，土壤特有的泥腥味就是放线菌的功劳。链霉菌是最常见的放线菌，在形态上分化为菌丝和孢子。当它的孢子落在固体基质表面并发芽后，就向基质的表面和内层伸展。伸入培养基内具有新陈代谢功能的菌丝被称为基内菌丝，不断向空中分化出较粗的、颜色深的分支菌丝称气生菌丝，当菌丝逐步成熟时，大部分气生菌丝分化成孢子丝，并通过核分裂的方式，产生成串的分生孢子。孢子是放线菌的繁殖器官，有的孢子丝中心形成横格，断裂成片断，每一段片断形成新的菌体。

5.2.2　真核微生物

凡是细胞核具有核膜、能进行有丝分裂、细胞质中存在线粒体或同时存在叶绿体等细胞器的微小生物称为真核微生物。其主要类群包括植物界的显微藻类、菌物界的真菌和动物界的原生动物。真菌属于化能异养型微生物，多为腐生，以动植物尸体为食。也有寄生真菌，会损害农作物和感染人体。真菌包括没有细胞分化的单细胞真菌，和有简单细胞功能分化的多细胞真菌。例如，酵母菌是单细胞真菌，而霉菌、蘑菇和灵芝等是多细胞真菌。

一、真菌的形态特点

真菌细胞同其他真核生物的细胞结构相似，但形态大多是丝状。它的两个毗邻细胞间由隔膜分开，而且大多数隔膜中央有隔膜孔，允许细胞质甚至细胞核通过。因此，真菌细胞的概念与动植物细胞是有区别的。真菌细胞由结实的细胞壁包围着，细胞核由双层的核膜包裹，并且有特殊的核膜孔，通常有一个核仁。细胞质由细胞膜包围，细胞质中存在真核生物细胞中各种常见的细胞器。

二、真菌的繁殖

真菌借助有性和无性的方式产生孢子，延续种族。真菌的无性繁殖类型有 4 种：分裂生殖，即菌丝体的断裂片段可以产生新个体；营养生殖，营养细胞分裂产生子细胞；出芽生殖，母细胞出的每个"芽"都能成为一个新个体；孢子生殖，产生无性孢子，每个孢子可萌发为新个体。真菌的有性繁殖有 3 个阶段：首先是质配阶段，两个细胞的原生质进行配合。其次是核配阶段，两个细胞里的核进行配合。真菌从质配到核配之间时间有长有短，这段时间称双核期，即每个细胞里有两个没有结合的核。这是真菌特有的现象。最后是减数分裂阶段，核配后或迟或早将继之以减数分裂，减数分裂使染色体数目减为单倍。真菌有性繁殖方式因物种不同而不同。有的丝状真菌两条营养菌丝就可以直接接合，但多数丝状真菌则由菌丝分化形成特殊的如配子囊之类的性细胞，它们经交配形成有性孢子。

有性孢子的类型包括卵孢子、接合孢子、子囊孢子和担孢子等 4 种类型。当繁殖时，菌丝上先生出藏卵器和雄器，雄器的核移入藏卵器与卵球结合后形成双倍体的卵孢子。来自两个不同菌株的同形配偶囊互相接触后，接触处的细胞膜溶解，来自双方的细胞质和细胞核融合起来形成一个双倍体的接合孢子。双核菌丝产生幼小子囊，其中的双核进行核配后减数分裂产生 4 个新核，再分裂一次形成 8 个核，然后以核为中心逐步形成单倍体的子囊孢子，一个子囊内往往有 8 个子囊孢子。真菌的菌丝经过特殊分化和有性结合形成担子，在担子上形成担孢子。

5.2.3　非细胞微生物

非细胞微生物中主要包括病毒和亚病毒。病毒是细胞专性寄生的，虽然病毒体积小，但绝对是生态系统中的活跃分子。它们坚持不懈地传递核酸，为生物演化提供了新的遗传材料。病毒不仅影响从微生物到大型哺乳动物的大量生命体，甚至影响了地球的气候、土壤、海洋和淡水。马丁努斯·贝杰林克（Martinus Beijerinck）研究一种阻碍烟草正常生长的疾病，从而发现了病毒。

病毒不具有细胞结构，却能感染多种类型的细胞型生命体。病毒具有独特的生命周期，以寄主细胞外和细胞内两种形式存在。在细胞外，病毒以病毒颗粒或称病毒粒子的形式存在，没有自主代谢，也没有呼吸和生物合成功能。病毒颗粒中含有核酸，核酸外有蛋白质外壳包裹，特殊的病毒还含有其他生物大分子。病毒颗粒感染细胞后，在细胞内形成胞内生命形式，进行复制，合成新的病毒基因组和病毒衣壳组分，并装配成为病毒颗粒，之后再从被感染细胞中释放到细胞外。新生病毒颗粒又可以感染新的细胞，一旦进入新细胞，病毒的细胞内状态又将重新开始。病毒基因组很小，主要含有对自身复制最重要的基因。病毒基因组借助宿主细胞的结构和代谢组分，通过基因调控合成病毒基因组、衣壳蛋白及其他组分，使装配后的新病毒颗粒释放。

与病毒含有核酸和蛋白质两种成分相比，只含其中之一的分子病原体或是由缺陷病毒构成的功能不完整的病原体，称为亚病毒。例如，类病毒只含独立侵染的 RNA 组分，拟病毒只含不具独立侵染的 RNA 组分，朊病毒只含单一蛋白质，卫星病毒是与真病毒伴生的缺陷病毒，干扰缺损颗粒则是基因组不完整或者基因突变产生的不能正常复制的病毒。

一、病毒的形态结构

病毒通常以纳米作为度量单位，目前已知最大的病毒是痘苗病毒：400nm×260nm×250nm，最小的病毒是菜豆畸矮病毒：直径 11nm。病毒形态多样，有杆状、球状、卵圆状、砖块状、蝌蚪状、子弹状、丝状等不同形态。病毒在形状、大小、与宿主作用的方式、基因组含量、进化方式等方面都各不相同。基于病毒的复制机制和基因组结构，目前已鉴定出 6 个纲，60 个以上的科。其中感染人、动物和真菌的病毒大多呈球状，少数为子弹状或砖状；感染植物和昆虫的病毒则多数为棒状和杆状，少数为球状；感染原核生物的病毒部分呈蝌蚪状，部分为丝状或球状。其中，噬菌体是感染细菌的病毒，烟草花叶病毒是感染植物的病毒，而流感病毒是感染动物的病毒，如图 5-2 所示。

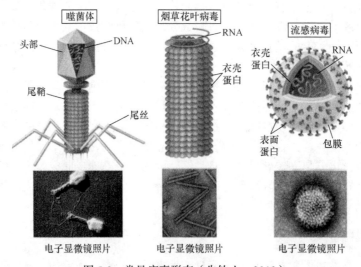

图 5-2　常见病毒形态（朱钦士，2019）

二、病毒的传播

世界之大，病毒无处不在，仅人体中就有 380 万亿个病毒。由于病毒没有完整的细胞结构，完全依赖宿主细胞进行繁殖，繁殖速度甚至快过癌细胞的生长。繁殖次数多了，发生"错误"的概率就大了，相应突变的概率也会增多。随着时间的推移，病毒发生突变，原本只感染人类或动物的病毒在其遗传物质发生突变后，它可能会"进化"出同时感染人类和动物的能力。

对病毒而言，无论是细菌还是人体细胞，都只是生存繁衍的温床。而人类的某种临床症状可以成为它们传播的一个重要途径。例如，病毒会导致我们咳嗽或打喷嚏，并借此向外传播；让我们腹泻，借此通过地方水源传播；让我们皮肤上生疮，经由人与人的皮肤接触而传播。例如，新型冠状病毒通过呼吸道和密切接触传播。生活中最常见的感冒，就是由鼻病毒传播的。之所以这么命名，是因为鼻病毒巧妙地利用鼻涕来自我扩散。它会借擤鼻涕之际跑到手上，再通过手转移到接触的地方，借机沾上其他人的手，再借助鼻子进入身体。鼻病毒能巧妙地让细胞对它们"开后门"，顺利入侵鼻腔内部、咽喉内部或肺脏内部的细胞。科学家已经确认了几十种鼻病毒的毒株，它们分属于 A 型人鼻病毒和 B 型人鼻病毒。2006 年，哥伦比亚大学的伊恩·利普金（Ian Lipkin）和托马斯·布里泽（Thomas Briese）还发现了新的类型，利普金和布里泽将之命名为 C 型人鼻病毒。之后在不同地域发现的 C 型人鼻病毒毒株，彼此之间的遗传差异并不大，表明它们在几百年前才出现。不同类型鼻病毒的核心遗传信息都一样，但其基因组中有些部分却演化得非常快。这些基因序列似乎能帮助病毒躲过人类免疫系统的截杀。即使人体产生能抵抗一种毒株的抗体，另一些毒株也能攻入人体。研究人员发现，在鼻病毒核心基因里有一段遗传物质折叠成一个四叶苜蓿形环状结构，它似乎能让宿主细胞更快地复制鼻病毒基因。

三、病毒的重要性

是不是如果科学家能找到办法破坏苜蓿形结构，就能让感冒销声匿迹了呢？如果能，人类会这么做吗？有非常多的证据显示，孩童时期感染一些相对无害的病毒和细菌，得点无伤大雅的小病，年长之后因为免疫系统失调引起过敏和肠道疾病的概率反倒会减小。人鼻病毒可以训练我们的免疫系统，在未来攻击那些真正的敌人。而病毒也并非一无是处，它还能帮助人类对付致病的细菌。例如，痢疾的病因是痢疾杆菌，而名为噬菌体的病毒会在痢疾杆菌表面钻个洞，把自己的 DNA 喷射到痢疾杆菌的细胞里杀死痢疾杆菌，帮助人类恢复健康。而噬菌体对人类是安全的。"敌人的敌人就是朋友"，病毒也可以成为我们的朋友。发明"噬菌体疗法"的加拿大医生费利克斯·德雷勒（Félix d'Herelle）还创建了"Eliava 噬菌体、微生物和病毒研究所"。这一方法后来被优化为抗生素治疗。有趣的是，细菌会在生长过程中获得能够抵御噬菌体的突变，产生对噬菌体的抗性来避免被杀死，并遗传给自己的后代。而噬菌体的新突变可能帮助噬菌体突破细菌的抗性。在噬菌体同细菌的对战中，科学家可以从数千种不同噬菌体中挑选对付某一种细菌感染的最好武器，甚至可以主动改造噬菌体的DNA，让它们获得对付细菌的新方法。生命演化无时无刻不在上演。

实际上，病毒对人类有重要意义。知名科普作家卡尔·齐默（Carl Zimmer）专门撰写了《病毒星球》描述病毒对人类的影响。1986 年，美国一个名叫利塔·普罗克特（Lita Proctor）的研究生发现 1L 海水中就有达 1000 亿个病毒颗粒。在短短 1s 之内，它们能对微生物发起10 万亿次进攻；每一天，它们能杀死海洋中 15%～40% 的细菌，而宿主细菌的死亡就意味着更多噬菌体被释放出来，迅速感染新的宿主。例如，霍乱是人类感染霍乱弧菌所致的急性腹泻传染病，而霍乱弧菌是多种噬菌体的宿主。当霍乱流行时，噬菌体也跟着大肆繁殖。当噬菌体繁殖速度超过了霍乱弧菌繁殖的速度，霍乱也就平息了。

我们知道，藻类和光合细菌生产了人类吸入氧气的一半，藻类的代谢还会生成形成云的二甲基硫。云层把来自外太空的阳光反射回去，使地表冷却。微生物还会吸收和释放出大量二氧化碳，使地球变暖。相反，藻类和光合细菌在生长的过程中又会吸收二氧化碳，使大气变冷。但每天也会有数万亿的微生物受到海洋病毒的袭击。随着这些受害者的生命走向终结，每天会有 10 亿 t 的碳元素被释放出来。这些"重获自由"的碳有时候会起到养料的作用，哺育其他的微生物，还有一些就沉入了海底。在数百万年的时间里，这些沉在海底的碳元素让地球温度稳定下降。海洋病毒通过这种方式影响了整个地球的大气层。

科学家曾将一部分海水中的病毒过滤掉后发现，没有病毒的海水中，浮游生物停止了生长。也就是说，病毒在感染侵蚀别的微生物时，会释放出营养物质，而这些物质恰巧是其他细菌的"食物"。也就是说病毒和被病毒感染的生物体是全球生态系统中不可缺少的一部分。

海洋病毒的惊人之处不仅在于它们的数量，还在于它们的遗传多样性。在对北冰洋、墨西哥湾、百慕大和北太平洋的病毒进行调查中，科学家发现了 180 万个病毒基因，其中只有 10% 的基因能与微生物、动物、植物或其他生物（甚至包括病毒）的基因相对应。其他 90% 的基因都是全然陌生的。造成如此丰富的多样性原因之一是海洋病毒可以感染的宿主数量庞大。每种病毒都必须进化出新的性状，才能有效穿过宿主的防线。温和噬菌体的基因能完美地融合在宿主的 DNA 中，如猿猴空泡病毒（simian virus）SV40。SV40 的基因是环状 DNA，看上去好像一串项链。当病毒感染细胞并将其基因插入细胞染色体时，项链就会开环成为线性 DNA，然后把自己附着于染色体的中央。当宿主繁殖时，在复制自身 DNA 的同时也会复制病毒的 DNA，它也就成了宿主基因组永恒的一部分。美国生物学家保罗·伯格（Paul Berg）就利用 SV40 病毒的这一特性，采用限制性酶打开它的环状 DNA 插入外源基因，再用连接酶重新封装成环状。当病毒基因进入宿主基因，病毒基因组将会把这段外源基因带入宿主细胞，然后再将它插入到某条宿主染色体上。基因在物种之间的穿梭，对地球上所有生命的进化都产生了深远的影响。病毒并不会在岩石中留下化石痕迹，但它们却能在宿主的基因组中留下自己的印记。这些印记表明病毒已经存在了数十亿年。

事实上，人的基因组中就含有大量病毒基因的痕迹。法国癌症研究中心蒂里·海德曼（Thierry Heidmann）和同事在研究一种内源性逆转录病毒时，惊讶地发现这种病毒在不同人中有不同的版本。而这些个体差异大概是在逆转录病毒整合到人类祖先基因组里之后产生的，并随着人类的繁衍出现了不同的突变。海德曼和他的同事们比较人体中现存各种各样突变版本的序列，确定了最初的 DNA 序列。他们参照算出的序列合成相应的 DNA，并插入到培养的人类细胞中。结果被感染的一部分细胞真的生产出了很多病毒，还能再去感染其他细胞。2006 年，海德曼将这种病毒命名为"不死鸟"（Phoenix），意思是这种病毒就像从灰烬中重生的神秘凤凰一样，可以起死回生。

1999 年，让-吕克·布隆（Jean-Luc Blond）和他的同事发现了一种名为 HERV-W 的人类内源性逆转录病毒。他们惊讶地发现，这种逆转录病毒中的一个基因能合成出一种名为合胞素的蛋白质。它只出现在人类的胎盘里。胎盘外层的细胞产生合胞素，这样细胞就能黏着在一起，从而让分子在细胞之间顺畅地流通。科学家发现小鼠也会制造合胞素，于是他们就用小鼠来做实验，研究这个蛋白质的功能。他们删除了小鼠的合胞素基因，结果小鼠胚胎没有一个存活。他们就此推断，这种病毒蛋白对于胚胎从母亲血液中吸收营养是必需的。之后，科学家在其他有胎盘类哺乳动物中都找到了合胞素。随着研究的深入，研究人员发现它实际上是好几种蛋白质。在进化的历史中，不同的内源性逆转录病毒分别感染了不同的有胎盘类哺乳动物。人类在内的一部分物种先后被两种病毒感染，而旧的蛋白质逐渐被新的取代。蒂里·海德曼提出一种假说来解释这个现象。一亿年前，哺乳动物的祖先被一种内源性逆转录病毒感染，从而获得了最早的合胞素蛋白，同时产生了最早的胎盘。几百万年来，有胎盘类哺乳动物祖先进化出若干分支，在进化的过程中又被其他内源性逆转录病毒感染。有的新病毒也带有合胞素基因，而且编码的蛋白质性状更佳。因此哺乳动物的不同分支，包括啮齿动物、蝙蝠、牛、灵长类动物等体内的合胞素蛋白，就得以更新换代了。

四、以病毒治病毒

当然我们也可以生产针对流行病的病毒疫苗，激发人类产生抗体，就像牛痘疫苗让人类彻底告别了天花。疫苗本质上就是利用一种病毒对付另一种病毒。诺华公司的里诺·瑞普莱（Rino Rappuoli）提出了一种"反向疫苗学"方法，其思路是通过使用生物信息学方法筛选出病毒完整的致病基因组，筛选出保护性抗原进行疫苗研究。克雷格·文特尔研究团队已经对自 2005 年以来出现过的全部有代表性的多种流感病毒进行了测序，有选择地对一些来自禽类和非人类的有可能会演变为流感大暴发的流感毒株进行了测序，并获得了许多非常有价值的信息。这些毒株被选来代表具有广泛的地域和年代分布的许许多多亚型。诺华公司和文特尔团队建成了一个构建合成种子病毒的"银行"，一旦世界卫生组织确定了会传染的流感病毒毒株，种子病毒随时都可以投入生产。这项技术可以将生产疫苗的时间整整缩短两个月，对于保护人类非常有益。

我国政府已经建立传染病疫情直报系统，并加强实验室监测平台和科研投入，这些措施在应对禽流感和 H1N1 流感甚至新型冠状病毒肺炎的防控中都功不可没，也为建设一个全球性流行病监测系统提供蓝本。哈佛大学免疫学和传染病学博士内森·沃尔夫（Nathan Woolfe）在《病毒来袭》一书中提出设想，在全球设置流行病监测系统的监测点，利用大数据识别病毒并预测流行病的趋势，最终能够预防和控制流行病的进程。

五、病毒的起源

由于病毒不像细胞生物那样含有共同的基因，其起源也难以追溯。根据病毒的特点，科学家们提出三种主要的学说：细胞退化学说、质粒起源学说和共同起源学说。

细胞退化学说认为病毒含有与细胞生物同样的信息分子 DNA 或 RNA，使用同样的遗传密码，这很可能就是细胞简化形成的。简化的细胞失去了独立生活的能力，但遗传物质仍在，可以在活细胞中进行复制。

质粒起源学说则根据质粒的特点进行研究。质粒是细菌染色体外的环状双链 DNA，可以在细胞中繁殖并能在细胞之间转移。分子生物学研究中科学家也常常利用质粒把基因导入细胞。因此质粒起源学说相信如果质粒中出现了编码衣壳蛋白的基因，就能够在进入细胞后生产衣壳蛋白包装自己，从而稳定地存在。

共同起源学说则发现不同的病毒含有非常相似的衣壳蛋白。尽管这些编码衣壳蛋白的基因序列各不相同，但形成衣壳蛋白的结构却几乎完全一样。他们认为在生命之初 RNA 没有外壳，而是在原始汤里获得繁殖需要的核苷酸。当原始细胞出现，阻碍 RNA 分子自由移动时，能够发展出衣壳的 RNA 就能够单独存在，并依靠这些蛋白质进入细胞。很多病毒中存在一些与很古老的生物过程相关的基因，这支持了这种学说的可能性。例如，很多病毒编码自己形式的核糖核苷酸还原酶，它把核苷酸转化为脱氧核苷酸。另外一些古老且常见的酶包括 DNA 修复酶、逆转录酶和 DNA 聚合酶，其基因也在很多的病毒中被发现。该学说认为，细胞和非细胞生物都产生后，二者就分道扬镳各自发展了。

无论病毒如何起源，病毒存在和病毒的多样性本身就说明生物的进化过程是非常复杂和灵活的。凡是能够导致存在和繁衍的机制都能得到保存和演化。

六、生物病毒与计算机病毒

随着人类科学技术的发展和计算机、手机等的应用，非生物病毒出现了。它与生物病毒在生物医学上有同样的特性，能够自我复制、快速传播、具有一定的潜伏性、特定的触发性和很大的破坏性等。因此借由生物中"病毒"概念引申出了"计算机病毒"这一名词。1994年，我国颁布实施的《中华人民共和国计算机信息系统安全保护条例》中给出了计算机病毒的定义：指编制或者在计算机程序中插入的破坏计算机功能或者毁坏数据，影响计算机使用，并能自我复制的一组计算机指令或者程序代码。

关于计算机病毒的起源，目前有科学幻想起源说、恶作剧起源说、游戏程序起源说、软件商保护软件起源说等几种。1949年，计算机的先驱者冯·诺依曼提出了计算机程序能够在内存中自我复制的想法。10年后，在美国贝尔实验室中，H. 道格拉斯·麦耀莱（H. Douglas McIlroy）、维特·维索斯基（Victor Vysottsky）和罗伯特·莫里斯（Robert Morris）这3名年轻程序员在工作之余想出一种电子游戏，叫作 *Core War*（磁芯大战）。*Core War* 有设定的游戏规则，游戏双方各编写一套程序，输入同一台计算机中。这两套程序在计算机内存中运行，它们相互追杀。有时它们会放下一些关卡，有时会停下来修复被对方破坏的指令。当它们被困时，可以自己复制自己，逃离险境。因为它们都在计算机的内存（core）游走，因此叫"*Core War*"。1983年，科恩·汤普逊（Ken Thompson）不但公开地证实了计算机病毒的存在，而且还告诉所有听众怎样去写自己的计算机病毒程序。之后，计算机病毒经历了原始病毒阶段、多态性病毒阶段、网络病毒阶段、主动攻击型病毒阶段和即时通信与移动通信病毒阶段。

生物病毒拥有自己的 DNA 和蛋白质外壳，能够利用宿主细胞的营养物质来自主地复制自身的 DNA 或 RNA；而计算机病毒是能自我复制的一组计算机指令或程序代码。生物病毒和计算机病毒是不同领域的两个概念，其物质基础也完全不同，但它们的一些性质却有惊人的相似之处。

5.2.4 微生物与环境

微生物虽然肉眼不可见，但它们聚集在一起会形成肉眼可见的菌落。它们默默地分解着地球上的物质，维持着自然界中的物质循环，也维持着地球上的生态系统。植物分解成的营养物质和动物死后的营养物质都会被微生物分解，被植物再次利用。动物、植物和微生物三者之间形成了稳定的物质和能量循环系统，从而在地球上形成良好的生态系统。

一、微生物与其他生物之间的和谐共存

在地球上，无论有没有人类分布的区域，微生物都无处不在。在与动植物长期的共同生活中，它们与植物和动物之间也建立了互生、共生、拮抗、寄生等各种关系。其中，互生是可以独立生活的生物彼此在一起互利互惠的生活方式，虽然可分可合，但合比分好。例如，

纤维素分解菌和自生固氮菌互生，根际微生物和高等植物互生，肠道正常菌和宿主互生等。共生是两种生物共同生活，二者分工协作、合二为一的生活关系。例如，地衣是真菌和藻类的共生体、根瘤菌和豆科植物共生、瘤胃微生物和反刍动物共生等。拮抗是微生物的代谢产物能够抑制或杀死其他微生物的现象。例如，微生物能产生抗生素，能抑制其他病原体微生物从而治病；泡菜坛中的乳酸菌形成酸性环境抑制其他菌群的生长等。寄生则是小型生物生活在另一种较大型生物的体表或体内，并从中摄取营养进行生长，导致后者损害的现象。例如，动物身上的寄生物包括细菌、真菌、病毒、寄生虫等。

　　华盛顿大学的微生物学家英迪拉·米索尔卡（Indira Mysorekar）对胎盘样本进行切片，发现即使是正常孕妇的胎盘也有三分之一携带了微生物。米索尔卡等人甚至在羊水和胎粪中发现了细菌的证据。他们认为，胎儿并非在出生时，而是在子宫中就接触了微生物。当然这个研究结果仍有争议。无论如何，微生物密密麻麻地分布在人体表面和内部，其中约80%在消化道内。通常，寄居在人体呼吸道、消化道中的微生物是无害的，有的还能抵抗病原微生物的入侵。口腔内的微生物重量可达20g，它们会随着咀嚼好的食物一起进入胃。pH低的胃酸可以杀死大部分细菌和病毒，但无法消灭如幽门螺杆菌之类的耐酸微生物。还有很多有益微生物会随之进入肠道帮助消化，并在短时间内指数级增长。小肠内的细菌主要是拟杆菌、乳杆菌和链球菌等，它们在多皱褶的小肠温床上快速繁殖，在肠末端能达到每毫升数百万至数亿个。到达大肠内，细菌数量再次升级，每毫升数千亿到数万亿，而且多数为拟杆菌、普氏菌、双歧杆菌、肠杆菌和真杆菌等厌氧菌。大肠微生物可以降解纤维素，产生短链脂肪酸。根据结构可以将短链脂肪酸分为甲酸、乙酸、丙酸、异丁酸、丁酸、异戊酸、戊酸等。其中，丁酸能够维持大肠的正常功能并为结肠上皮细胞提供能量。它能促进肠道乳酸杆菌和双歧杆菌等有益菌的生长，还能抑制大肠杆菌等有害菌的生长，促进肠道内微生物的平衡。当然，肠道微生物并不都是有益的。有些肠道微生物会产生硫化氢和氨等毒性物质，它们进入血液系统就会引起系统性的病变，成为各种疾病的罪魁祸首。我们排泄的粪便中，30%～50%的干物质也是由肠道细菌和其尸体构成的。

　　如果我们体内没有这些细菌会怎样呢？ 20世纪60年代，科学家在实验室培养出体内完全没有微生物的"无菌小鼠"，这些小鼠的寿命是普通小鼠的1.5倍。那么我们体内完全没有微生物会不会也寿命增长？事实上，这些无菌小鼠需要完全无菌的环境。一旦这些因缺乏微生物刺激而没有形成完善免疫系统的小鼠进入自然环境，就会很快被细菌杀死。

二、生物的攻击与抵抗

　　地球生命系统中，所有的细胞生物都生活在病毒持续的攻击之下，而多细胞生物又生活在各种病毒和各种微生物的包围和攻击中。原核生物用限制性内切酶来切断入侵病毒的DNA，并用甲基化方式保护自身的DNA。它们还发展出了"原核生物的适应性免疫系统"，被称为CRISPR，能够对病毒的DNA取样并且保存，在遇到同种病毒入侵时将这些DNA片段转录为RNA，形成能够识别和切断病毒DNA的复合物。

　　动物对付微生物入侵的手段包括阻隔、吞噬、在细胞膜上打洞让其死亡这几种方式。各种物理屏障将微生物阻隔于身体之外；分泌到细胞外的物质，如溶菌酶和β-防御素，能够在细胞外杀灭细菌。为了探测侵入身体的微生物，动物发展出了Toll样受体系统、B细胞受体、MHC分子及T细胞受体，以便在接收到微生物入侵的信号后，采取相应的措施来对付这些入侵者。吞噬细胞和树突细胞能够直接吞噬细菌和病毒；补体系统、杀伤性T细胞和自然杀伤细胞能够在细菌的细胞膜上打洞，使细菌的细胞内容物外泄而死亡。B细胞能够分泌抗体，把细菌和病毒加以标记，使它们不能进入细胞，并促使吞噬细胞消灭它们。动物还能消灭被病毒感染的细胞，连同里面的病毒一起消灭。干扰素能够抑制细胞蛋白质的合成，阻断病毒繁殖的途径。适应性免疫还有记忆力，能够在遇到同样的敌人时迅速做出反应。

5.2.5 极端环境的微生物

微生物在进化过程中发展出一定的有利于自身的繁殖策略，在极端环境下也能生存。从能够在岩石内部存活下来的细菌，到能够承受巨大热量、寒冷和辐射的微生物，展示出生命的神奇力量。这些极端生物大部分是原核生物，这可能也意味着生命产生时地球环境相当的恶劣。这些奇异的生物不仅揭示了地球上生命的适应力，也揭示了即使宇宙中有些星球的环境相当恶劣也有存在生命的可能性。中国科学院院士、中科院上海生命科学研究院赵国屏认为，对极端微生物的研究，既应着眼于应用和开发，也要强调揭示生命起源和基本生命特征。对极端微生物的基础研究，本质上与对生命早期起源的认识是分不开的。

一、适应无水环境的微生物

2010 年，在智利阿塔卡马沙漠的一个洞穴里发现的一些生物可以在非常缺水的环境茁壮成长，如杜氏藻。尽管生活在地球上最干燥的地方，有些微生物生长在蜘蛛网的顶端，以利用早晨稀薄的空气在蛛网上凝结的水分而生存。刘慈欣的《三体》中说三体人在乱纪元的恶劣环境下会自己脱水保存，当时真觉得他想象力惊人。直到看到水熊虫，才明白是知识限制了想象。水熊虫是对缓步动物门生物的俗称，有记录的约有 900 余种。它们主要生活在淡水的沉渣、潮湿土壤及苔藓植物的水膜中，少数种类生活在海水的潮间带，靠吸食动植物细胞里的汁液为生。水熊虫在干燥状态或环境恶化时，身体会缩成圆桶形自动脱水静静地忍耐蛰伏，被称为隐生现象。它具有低温隐生、低湿隐生、缺氧隐生、变渗隐生等功能，也可以在高温生存，甚至可以在没有防护措施的条件下在外太空生存。研究显示，水熊虫在没水喝的情况下可以通过"隐生"方式存活 120 年。

二、适应热环境的微生物

对于一般生命体而言，如果环境温度高到一定程度，就会加速蛋白质变性，膜的流动性加剧，DNA 和 RNA 碱基配对的稳定性降低，加速 DNA 损伤。例如，人体能忍耐的温度是 47℃，超过 65℃会烫伤。而嗜热微生物具有特殊的细胞膜结构、热稳定的蛋白质组和受保护的基因组，主宰了嗜热环境。例如，延胡索酸火叶菌聚集在温度高达几百摄氏度的海底热泉喷口周围，环境中富含硫和其他有毒物质。它在 121℃的高温中仍能存活 1h，而温度降到 95℃时却无法有效地繁殖。而微生物"Strain121"竟能在高达 121℃的高压灭菌器中经受近 10h 的高温高压蒸煮，并且还能继续繁殖。即使在 130℃的环境中，它仍能维持生命，只不过无法繁殖。我国云南腾冲热泉和美国黄石公园热泉中都有大量嗜热微生物存在。

三、适应盐环境的微生物

嗜盐微生物能够适应不同盐环境，包括海底热泉口、盐湖甚至晒盐场。在地下岩盐中、在盐结晶的液体中，甚至在比海水盐浓度高 10 倍的环境中也能找到嗜盐微生物。嗜盐古菌被认为是原核生物中最适应高盐环境的类型，在 20%～25% 的盐溶液中正常生长，而在不含盐的环境中会自溶。嗜盐微生物的细胞代谢机制中，酶和蛋白质具有更多的酸性氨基酸残基，导致嗜盐蛋白必须有较高的离子浓度才能正常工作。这一特征使得嗜盐微生物在高盐浓度的生物催化反应中发挥重要作用。

四、适应低温环境的微生物

嗜冷微生物是永久寒冷环境中的优势生物，已知生物繁殖的最低温度是−12℃，代谢最低温度为−20℃。冷红科尔韦尔氏菌在−10℃还具有运动功能。通常这个温度会导致冰冻，蛋白质的活性降低，膜的黏度会增加，生命活动无法进行。但嗜冷的微生物含有在低温条件下适应功能的酶，因此能够适应极冷环境。

五、适应辐射环境的微生物

耐辐射球菌能在 15 000Gy 剂量辐射中存活。这个辐射量有多大？事实上，10Gy 的剂量就会杀死一个人。而且，这一物种具有极强的 DNA 修复能力，能够抵抗紫外线、干燥、强氧化剂和一些化学诱变剂等各种 DNA 损伤。它甚至对寒冷、脱水、真空、酸环境方面的适应能力都堪称典范，被誉为"地球上最顽强的细菌"。

六、适应酸碱环境的微生物

微生物的生长环境有一定的酸碱度，其中适应 pH 大于 8 的是嗜碱微生物，适应 pH 小于 3 的是嗜酸微生物。它们可用于环境修复和生物采矿等。

七、适应高压环境的微生物

马里亚纳海沟深达 10 000m，水压达到 110MPa，而古菌 MT41 就在这里生存。嗜压微生物在高压下能产生高分子质量的外壁蛋白，保持细胞在高压下的完整性。它们可能在海洋环境变迁和元素的化学循环中有重要作用。

八、适应多极端环境的微生物

有些极端环境同时包含多种极端因素，而能同时适应多种极端环境的微生物就是多嗜极微生物。生活在酸性热泉的火山口的古菌为嗜热嗜酸微生物，生活在深海热泉口的是嗜热嗜压微生物，生活在高盐湖环境的是嗜盐嗜碱微生物，生活在深海高压下的是嗜压嗜冷微生物。它们在环境修复、生物催化生产等方面都有显著价值。

5.3　千姿百态的植物

在我们美丽的蓝色星球上，从热带的雨林、亚热带的常绿阔叶林、温带的针叶阔叶混交林到寒带的草甸；从巨大的褐藻群、平原的栽培植物、丘陵山地的森林到高山矮灌丛，到处都是植物的影子。甚至走到广袤的沙漠里，也会不经意看到一些奇异的花朵、灌木或是大树。它们在地球上生生不息，给我们的环境披上五彩斑斓的外衣。即使是在核辐射仍然严重的切尔诺贝利，它们也在三年内恢复了生机。地球上各种各样、丰富多彩的植物，给地球带来无限的生机和希望。植物不仅提供给我们生命必需的氧气和养分，让我们的星球更加美丽多彩，而且提供了取之不竭的文化养分，激发了文人的诗情画意、科学家的探索精神。我国古老的诗经《关雎》中就有"参差荇菜，左右流之。窈窕淑女，寤寐求之。"的诗句，那个采荇菜的女子就定格在美好的历史画卷中。清代袁枚的《苔》"苔花如米小，也学牡丹开"中青苔的渺小与顽强也令人折服。

4亿年前，地球上的植物仅为原始低等的菌类和藻类。一些绿藻进化成原始陆生维管植物，即裸蕨。它们虽无真根和叶子，但维管组织使它们可以生活在陆地上。在3亿多年前的泥盆纪早中期，它们在约3000万年时间跨度朝着适应各种陆生环境的方向发展分化，最终为陆地初披绿装。此外，苔藓植物也出现在泥盆纪。

由裸蕨植物进化出来的各种蕨类植物在泥盆纪末期至二叠纪逐渐成为陆生植被的主角。许多如鳞木、芦木和封印木等蕨类植物高大繁盛，死亡后倒在地面。随着时间的流逝，倒在下层的树木受到后来者的覆压，再加上来自地球内部热量的加热，这些树木残骸逐渐变成一种越来越接近纯碳的物质。由于这一时期形成的地层中含有丰富的煤炭，因而得名"石炭纪"。为什么石炭纪会形成这么多煤？一个原因就是石炭纪时期的沼泽缺少氧气，能减缓木腐微生物的活动。另一个原因是石炭纪的微生物不能完全消化树木。树木要长得高大，一部分支撑力量来自于长链状的糖分子构成的纤维素，主要的支撑力量则来自于酚类化合物组成的木质素。与糖类物质相比，酚类化合物很难被分解。而对真菌进化的分析结果表明，真菌的木质素消化酶确实是在石炭纪之后的二叠纪才首次出现。因此，倒在沼泽里的树木，其纤维素被微生物分解了，木质素却被保留了下来最终形成了煤。当然也有不同意见。2016年，斯坦福大学的凯文·博伊斯（Kevin Boyce）博士对第二个原因提出疑问，他认为石炭纪时期的煤、沼泽和其他事物都是大陆板块移动造成的意外结果。

从二叠纪至白垩纪早期，裸子植物逐渐取代蕨类植物。最原始的裸子植物是由裸蕨类演化出来的。中生代为裸子植物最繁盛的时期，故称中生代为裸子植物时代。

被子植物是从白垩纪迅速发展起来的植物类群，并取代了裸子植物的优势地位。直到现在，被子植物仍然是地球上种类最多、分布最广泛、适应性最强的优势类群。

纵观植物界的发生发展历程，可以看出整个植物界是通过遗传变异、自然选择，以及人类出现后的人工选择而不断发展的。目前已知的40多万种植物各有特色。例如，长寿的银杏树可生活1000多年，而沙漠中的短命菊只需几周就完成了整个生活史；最简单的衣藻只有一个细胞，而种子植物则具有根、茎、叶等分化的复杂结构；有的植物需要强烈阳光，有的则喜阴湿的环境；绝大多数植物自养，但也有异养的寄生植物，如菟丝子属等；绝大多数植物通过光合作用获得营养，但也有植物可以食用昆虫，如猪笼草等。各种植物可分为藻类、菌类、地衣、苔藓、蕨类和种子植物等多个类群，它们共同组成了千姿百态、五彩缤纷的植物世界。

我国是世界上植物种类最丰富的国家之一，包括裸子植物250多种，被子植物3万多种。我国的银杏、水杉、水松和银杉，素有活化石之誉。金钱松、油杉、白豆杉等是我国的特产树种。不仅如此，在我国广袤的土地上，从东南部的常绿阔叶林到西北部的草原和荒漠，几乎所有的北半球植被类型都被囊括其中。经济植物在我国也是首屈一指，许多农作物原产于我国，并已引种至国外。例如，水稻和小米，早在数千年前已有栽培。我国的茶、桑、油桐、大麻和香樟等特产经济作物，也出口至世界各地。药用植物方面，人参、石斛、黄芪等数千种中草药更是宝贵的财富，中药的研究和使用也是中华民族优秀历史文化宝库中的一枚珍宝。

5.3.1　植物生存的策略

经过长久的进化历程，植物在生存和繁殖方面都形成了自己策略。低等植物也有生存策略。为了更好地获得资源，它们演化出不同的模式。例如，衣藻是低等单细胞生物。而盘藻由和衣藻相似的 4、16 或 32 个细胞组成，以同配生殖的方式繁殖后代，这些细胞散开也能独立生活。实球藻则由 8、16 或 32 个细胞组成，单个细胞不能独立生活。空球藻由 16、32 或 64 个细胞组成，中央充满胶质液体，雌雄配子大小不同。团藻是由 500～50 000 个细胞组成的空心球群体，具有体细胞和生殖细胞，这是最简单的细胞分化，是单细胞向多细胞的过渡型。

多细胞植物则在此基础上逐渐进化出组织。高等的苔藓、蕨类和种子植物，其细胞分化为多种组织并构成器官。这些器官具有特定的外部结构，执行特定的生理功能，它们的活动与物质的吸收、同化、运输和贮藏等营养生长有关。因此，把根、茎和叶称为营养器官，而把花、果实和种子称为生殖器官。对植物个体来说，从种子萌发、开花结实形成种子，直到自然死亡就是生命活动的全过程。它包含了生长发育和遗传变异，从宏观的外部形态到细胞结构及 DNA 和蛋白质等大分子变化的全过程。若干亿年来，正因为在进化过程中不断调整、不断积累的生存智慧，才使植物能够生存到现在并更加千姿百态。

一、根的智慧

地球上最初的生命没有根，它是为适应陆地生活逐渐进化出来的。植物的根一般呈圆柱形，在土壤中逐渐向四周分枝形成复杂的根系。按照根的发生部位可以将其分为主根、侧根及不定根。根的主要功能是吸收水分和无机盐，此外还有固着和支持功能、有机化合物的合成转化功能、贮藏功能、输导功能和繁殖功能等。

1. 根的结构和吸收功能

作为主要营养器官之一，根的主要吸收功能部位在根尖，包括根冠、分生区、伸长区和根毛区。根系在吸收水分的同时也吸收溶解在水中的无机盐，其吸水部位是根毛区。根系吸水的动力包括主动吸水的根压方式和被动吸水的蒸腾拉力方式两种。植物根系的生理活动使液流从根部上升的压力，称为根压。根压把根部的水分压到地面上部，土壤中的水分便不断补充到根部。因此，根压是由于水势梯度导致水分进入中柱后产生的压力。如果从植物茎的基部把茎切断，切口不久即流出液滴，称为伤流。如处于土壤水分充足、天气潮湿的环境中，植物叶片尖端或边缘也有液体外泌的现象，称为吐水。伤流和吐水都是由根压所引起的。

蒸腾拉力是由植物蒸腾作用产生的一系列水势梯度使导管中水分上升的动力，这个过程需要消耗呼吸代谢能量被动吸水。蒸腾作用中，首先是气孔下腔细胞失水导致水势降低，它就从相邻细胞吸水导致相邻细胞水势降低。这种水势降低作用层层传递，通过一个个细胞传递到木质部导管，导致导管水势降低。导管向根系吸水，导致根系水势降低，最终产生吸水力。

根压和蒸腾拉力在根系吸水过程中所占的比重，因植株蒸腾速率而异。通常，蒸腾植物的吸水主要是由蒸腾拉力引起。只有春季叶片还未展开时，植株蒸腾速率很低，根压才成为主要吸水动力。

2. 变态根的多样性

为了生存和繁衍，植物的根也逐渐形成各种不同的变态。常见的根类型包括储藏根、支柱根、攀缘根、气生根、呼吸根、水生根、寄生根和板根等。

3. 根与微生物共生

在长期的进化过程中，植物与土壤中的微生物逐渐建立共生关系，如根瘤菌和菌根。根瘤菌广泛分布于土壤，它通过侵染豆科植物根部形成根瘤从而固定空气中的分子态氮。氮气、碳和水在根瘤菌催化作用下生成氨气和二氧化碳，为植物提供氮素营养。目前，已发现的根瘤菌科植物已达到 7 属 36 种。经过长期的进化，豆科植物和根瘤菌相互识别、相互作用的模式已经基本固定。豆科植物尚在幼苗期，土壤中的根瘤菌便被根毛的分泌物吸引过来。它们肆无忌惮地聚集在根毛周围，并且大量繁殖。一方面，植物根部释放出的类黄酮被匹配的根瘤菌感知，并激活相应的基因表达，释放结瘤因子。另一方面，结瘤因子被植物结瘤因子受体蛋白复合物识别，激活下游共生信号通路。随着根瘤菌一步步地逼近，植物的根毛就被侵染了。不仅如此，根瘤菌在根毛内不断分裂滋生，聚集成带，外面被一层黏液所包形成感染丝，并逐渐向根的中轴延伸。在根瘤菌不断的刺激下，根毛细胞也分泌出一种包围在感染丝之外的纤维素。这样，具有纤维素鞘的内生管就形成了，这种内生管又被称为侵染线。根瘤菌乘胜追击，沿着侵染线进入植物根部的皮层中。它们迅速在皮层内分裂繁殖，刺激植物皮层细胞。皮层细胞在根瘤菌的刺激下也快速分裂繁殖，致使受侵染的皮层不断膨大。逐渐地，二者共同作用导致植物根部形成了向外突出生长的根瘤。在根瘤内，根瘤菌持续从根的皮层细胞中吸取碳水化合物、矿质盐类及水分，不断繁衍。作为报答，它们通过固氮作用把空气中游离的氮固定下来，转化为植物需要的氨肥。根瘤菌与豆科植物的根便形成了合作共赢的共生关系。具体过程如图 5-3 所示。

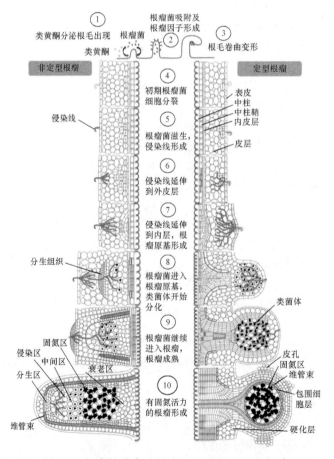

图 5-3　根瘤的形成过程（Ferguson et al., 2010）

菌根则是真菌和植物的共生体。菌根中的真菌既能通过植物将自己的菌丝向周围的土壤拓展，又能从植物根系获取营养；而菌根中的植物通过真菌既扩大了根系吸收面，又增加了根系对元素的吸收能力，二者同样是共赢的。无论是在自然生态系统中，还是人工生态系统中，菌根都广泛存在。但不同的物种对菌根的依赖关系差异很大。

4．可以行走的根

不能改变环境就改变自己，有的植物也信奉这一生存法则。于是，植物进化出行走功能，如远距离奔跑的风滚草、旅行植物卷柏等。

二、茎的智慧

茎是连接叶和根的结构。种子萌发后，上胚轴和胚芽向上发展成为地上的茎和叶。茎端和叶腋处着生的新芽不断形成新的分枝，最后形成了繁茂的枝系。与根类似，植物的茎也呈现出精彩纷呈的变态。

1．茎的功能和结构

根系从土壤中吸收了水分和矿物元素，叶子通过光合作用产生了有机营养物质。这些物质都需要通过茎输送到植物体各个不同部分被利用，因此茎类似交通枢纽。除此之外，茎还承担着支撑叶、花朵、果实和种子的责任。

通常，圆柱体的茎适宜担负支持和输导的功能。但凡事总有例外，马铃薯和莎草科植物的茎就是三棱形的，薄荷、益母草等唇形科植物的茎是四棱形的，芹菜的茎是多棱形的，还有些仙人掌科植物的茎是扁圆形或多角柱形的。不可否认，不同形状的茎对加强机械支持作用有适应意义。

2．变态茎的多样性

为了更好地获得生存资源，植物的茎进化出各式各样的变态茎，包括地上变态茎和地下变态茎。其中地上变态茎包括繁殖的匍匐茎、具有手性的左右缠绕茎、帮助向上生长的攀缘茎、防止水分散发的肉质茎、像叶子一样的叶状茎和演化成刺的刺枝等。

地下变态茎则包括储存养分的块茎、球茎、鳞茎、根状茎等。马铃薯和红薯都是茎吗？虽然它俩看起来是一类植物，但其实不同。马铃薯是茄科植物，而红薯是旋花科植物；马铃薯是块茎，而红薯则是块根。

三、叶的智慧

1．叶的功能和结构

叶的主要生理功能是光合作用、呼吸作用和蒸腾作用。此外，叶还有吐水、吸收、贮藏及繁殖的功能。

宋朝周敦颐在《爱莲说》中赞美荷花"出淤泥而不染"的高洁品质。科学研究表明，荷叶存在微米级的蜡质乳突结构，其表面又附着结构相似的纳米级颗粒。荷叶的微米 - 纳米双重结构排列非常紧密，在其周围形成了类似于气垫的东西，从而使荷叶具有自清洁功能（图 5-4）。仿生研究的很多超疏水材料都是模仿荷叶结构设计的，例如，以纳米级别的二氧化硅颗粒制成的超疏水喷涂材料，用在布料表面可以起到"百污不侵"的防污效果；超疏水材料处理的番茄酱瓶在倒番茄酱时番茄酱不会沾到瓶壁。

图 5-4　荷叶表面结构

为什么植物的叶是五颜六色的呢？因为叶表皮细胞中存在叶绿素、类胡萝卜素和花青素三种色素。叶绿素通常在叶寿命结束时分解，大部分氮被植物吸收。类胡萝卜素是在植物细胞的质体中合成的长链化合物。在秋天的树叶中，类胡萝卜素残留在叶绿体中，并由于叶绿素的损失而暴露。花青素是在有色植物细胞的细胞质中通过类黄酮途径产生的水溶性色素，因为有吸光性而显示出蓝色、紫色、粉色及红色等。

2. 变态叶的多样性

为适应生长环境，植物的叶进化出多种变态，如以生存为目的的鳞叶、叶卷须、刺状叶、捕虫叶，以及以繁殖为目的的苞片等。捕虫植物的叶常变态成盘状、瓶状或囊状，这样的形状有利于捕食昆虫。其叶的结构有许多能分泌消化液的腺毛或腺体，并有感应性。一旦昆虫触及能立即闭合，将昆虫捕获，如茅膏菜、猪笼草、捕蝇草等。

捕蝇草的捕虫夹是一个功能强大且机关重重的捕虫陷阱，其捕猎本领令其他食虫植物都黯然失色，连达尔文都称其为"世界最奇妙的植物之一"。纪录片《植物王国》也浓墨重彩地介绍了捕蝇草。它的捕虫夹边缘排列着十多根刺状的毛，内侧两边各有3~5根细小的感觉毛。平时捕虫夹呈张开状，表面光亮且为鲜艳的红色，内侧分泌诱人的蜜汁，吸引贪食的昆虫。一旦昆虫被吸引爬到夹子内，在较短时间内如果触动其中一根感觉毛2次或者触动2根感觉毛，那么捕虫夹就会以极快的速度闭合。这个速度有多快？据观察，最快仅需0.1s。捕虫夹闭合时，夹子两边的刺毛会相互交叉，防止猎物逃脱。之后，夹子内壁的腺体开始分泌消化液。猎物被浸泡在消化液中窒息，捕蝇草就开始分解猎物。消化每餐需要1~2周的时间。当捕虫夹再次打开，就是新狩猎的开始。

奇妙的捕虫夹是如何成功完成一次狩猎过程的呢？研究表明，捕虫夹的闭合需严格特定的碰触条件。捕蝇草有一个类似动物神经系统的快速信息处理系统，可以控制捕虫夹的复杂活动。当感觉毛被触动，就像一个杠杆压迫其基部的感觉细胞，感觉细胞产生一个动作电位给捕虫夹的叶面组织。此时，电荷在叶面组织内聚集但还不足以激发其闭合，只有在特定时间再次碰触任何一根感觉毛时，电荷量达到阈值，夹子内侧液体迅速流向外侧，夹子内侧收缩变小，外侧膨胀变大，促使夹子翻转向内侧弯曲闭合，再通过局部的调整使夹子充分紧闭。更为奇特的是，最新研究表明捕蝇草具有计数能力。德国维尔茨堡大学赖纳·黑德里希（Rainer Hedrich）和马克斯·普朗克生物物理化学研究所厄温·内尔（Erwin Neher）教授进行了一项实验。通过人为增加接触捕蝇草刺针的次数，模拟昆虫落在它身上产生的效果。当第1次接触感觉毛时，捕蝇草开启陷阱预备模式。当第2次接触感觉毛时，捕蝇草的陷阱关闭，试图让猎物无法逃离。5次以上连续接触感觉毛，捕蝇草便开始制造消化酶，并且运输摄取营养物质的分子。捕蝇草夹子的快速闭合是仿生学领域很好的一种新兴模型系统。

5.3.2 植物繁衍的智慧

很多植物繁衍后代并不需要开花结果，只需要一个枝条、一块根茎甚至一片叶子即可繁殖出一个新个体。但植物有性生殖的进化，为世界增添了迷人的色彩。花作为植物的繁殖器官，最为缤纷多彩。研究发现，世界上现存最为古老的有花植物是无油樟。基因组分析表明，无油樟刚好处于裸子植物与被子植物进化的过渡阶段，其染色体突然加倍，很可能是无油樟产生花朵的原因。约1.25亿年前，花第一次出现在地球上，并展示出极为复杂的繁殖策略。

一、植物的花

完全花包括花梗、花萼、雌蕊、雄蕊和花瓣组成的花冠，是被子植物的有性繁殖器官。它通过绚丽的颜色和美妙的香味吸引昆虫前来帮助传播花粉。

花为何如此多样？这是一个颇为难解的谜题。仅以兰花为例，其花型就处处让人惊艳。安古兰有着淡黄色唇瓣，像是襁褓中的婴儿；黄蜂兰能模仿雌黄蜂来吸引雄黄蜂为自己传播花粉；还有像鸭子的兰花，其侧面很像一只凌空飞起的小鸭子；鹭兰似白鹭展翅飞翔；水桶兰则有桶形的唇瓣等。

不同种类的昆虫为特定的开花植物传送花粉，同时又以其花粉作为食物。在这种互利互惠、相互适应的关系中，它们各自的种族都得以繁衍。

二、植物的果实

果实是被子植物特有的繁殖器官，是花受精后由雌蕊的子房或连同其他部分发育形成的特殊结构。果实内含种子外具果皮，能够保护种子和散布种子。为了吸引动物帮助自己的下一代踏上生命之旅，植物的果实也是形态各异。

1．果实的发育

花经过传粉受精后，花萼和花冠一般会脱落，雄蕊及雌蕊的柱头、花柱先后枯萎，胚珠发育形成种子，而子房逐渐膨大发育成果实。

2．无子果实

一般而言，果实的形成需经过传粉和受精作用，包含种子。但单性结实的植物只经过传粉而未经受精作用发育成果实，这种果实称为无子果实。

3．果实的分类

根据果实的来源、结构和果皮性质可将果实分为三大类，分别是单果、聚合果和聚花果。单果是由一朵花中的一个雌蕊形成一个果实，如苹果、坚果。聚合果则由一朵花中的许多离生单雌蕊聚集生长的花托上，并与花托共同发育成聚在一起的果实。其中，每一离生雌蕊都发育成一个单果，如八角茴香、芍药等。聚花果则是由整个花序发育而成的果实，如桑葚、凤梨和无花果等。

4．果实的形态

果实形态的多样性与保护和传播种子的功能相适应。其中，借助人类帮助传播种子的果实就往往是美味可口的肉质果，如我们常吃的桃、梨和柑橘等水果。借助动物传播种子的果实则具有特殊的钩刺突起或有黏液分泌，能挂在毛皮上到处传播，如苍耳、鬼针草和蒺藜等。借助风力传播种子的果实则不仅轻盈细巧还常辅助毛翅状的特殊结构，如蒲公英、榆树和槭树等。借助水力传播种子的果实通常质地疏松、浮力较大，如莲蓬和椰子等。借助自身机械力量传播种子的果实成熟时干燥开裂，弹出种子，如大豆、油菜和凤仙花等。

三、植物的种子

植物根据环境在普通靠种子种植的基础上，进化出多型种子和胎生种子等各种方式，令人叹为观止。

1．多型种子

在戈壁、荒地、沙漠和过度放牧的草场等异质性环境中，种子多型性是一种有效适应。

图 5-5　角果藜（周晓青，2009）

我国新疆北部生长的角果藜（图 5-5）就在这种严酷环境中进化出地上地下结果性的繁殖策略，两种果实都包含种子。它在天山北坡 3 月底开始萌发返青，5 月上旬开花，5 月中旬至 7 月上旬为结果期。角果藜完全营养生长时间短，为有性生殖积累基本能量；生殖时间早，在幼态下就开始进行生殖，营养生长和生殖生长同时进行。这种结果方式持续时间较长，避免因夏季干旱高温来临而植物尚未结实，导致种群灭绝的情况出现。新疆农业大学的魏岩教授及其团队研究人员发现，角果藜开花后花外苞片愈合，但包被其内的果实停止发育。直至生态环境好转时，果实才快速发育成熟。这种繁殖策略，既能使植物体实现最大的繁殖产量，又能使种子避开高死亡风险。地下结出的果实使它能够避免干旱、火灾等不利的环境；而地上结的果实，在繁殖的季节可通过茎和根脱离形成的草球，随风走到很远的地方去传播、繁育后代。

2. 胎生种子

动物的胎生比卵生有更大的存活率，而植物也有胎生策略。通常，植物的胎生现象是指种子成熟后直接在母体上萌发的现象。胎生种子包括真胎生与假胎生两种类型，各占一半的比例。真胎生植物多生长于潮间带的滩涂和浅海，而假胎生植物多生长于极地、高山和干旱地区。这种机制也是适应恶劣环境而进化出来的。例如，在海边生长的秋茄，它的种子在果实脱离母体前就可以发育为长棒状的幼苗。当树苗发育成熟时就会脱离大树，依靠重力的作用下落。由于它的组织里含有气道，因此可以在漂流一段时间后扎根定居。秋茄树苗的重心在根部，不仅能够保证在海上漂移时不至于脱水而死，而且能够保证它的根插入土壤中存活。

5.4　生机盎然的动物

在植物把自己固着在大地的同时，动物进化出能活动的肢体开启了探索地球的历程。正因为有了动物，我们生活的地球才变得更加生机盎然。对于动物的世界，人们总是充满了无限的好奇与想象，许多动物都成为小说、电影和电视里的主角。《生命》《蓝色星球》《地球脉动》《微观世界》都是这方面优秀的纪录片。全球有记录的动物约有 170 万种，除单细胞的原生动物外，我们将已发现的多细胞动物分为无脊椎动物和脊椎动物两大类。动物为异养生物，需要从外界获取食物。为了生存和繁衍，动物进化出各种器官、进化出各种生存关系、进化出不同社会类型。

5.4.1　动物意识和智力的进化

动物生存和繁衍都需要感知周围的环境信息，然后做出反应。为了有效捕食、避免被捕食，动物发展出了神经系统，产生了视觉、空间定位、听觉、自体感知、触觉、嗅觉和味觉等各种感觉。这些感觉使动物能够在清醒状态下对外界信号有知觉地接收和主动解读，使动物能够有意识地对外界刺激做出反应。在此基础上，动物产生了自我意识和情绪，产生了智能型的精神活动。

一、动物的视觉

动物的眼睛非常奇妙，它不仅帮助动物观察周围的环境，而且为适应生存环境进化出各种形态。很多科学家认为,眼睛带来了运动,运动带来了竞争,竞争带来了特殊化,特殊化带来了物种,物种大爆发之后就是生命大爆发。达尔文在《物种起源》一书中写道:"眼睛有调节焦距、允许不同采光量和纠正球面像差和色差的无与伦比的设计。我坦白地承认,认为眼睛是通过自然选择而形成的假说似乎是最荒谬可笑的。"在《物种起源》发表以后,他坦诚道:"到目前为止,每次想到眼睛,我都感到震撼。"

在动物界 5.4 亿年的进化史上,视觉器官独立出现了许多次,同时表现出了高度的共性和多样性。

生命之初的微生物没有视觉,直到几亿年后某一个细菌的 DNA 产生了随机突变,导致微生物产生了一个可以吸收阳光的蛋白质分子。突变继续随机发生,另一个突变使得细菌可以逃离强烈的阳光。这些可以感光的细菌拥有一个决定性的优势,能够避开强烈的紫外线对 DNA 的损伤。逐渐地,这些光敏蛋白质在更高级的单细胞生物身上浓缩成一个色素点,于是类似眼虫的单细胞原生动物出现了。它非常特殊,既有进行光合作用的叶绿素,也有可以运动的鞭毛。它的鞭毛基部还有用来感光的一个眼点。眼点内含有感光色素,可以根据光方向调整运动的方向,从而更好地进行光合作用。为什么眼点会出现在鞭毛基部,而不是其他的地方呢?这与感光信息能否有效率地影响运动方向有关。显然,距离鞭毛越近就越能快速有效地根据光线的变化来改变运动方向。当进化进入多细胞阶段,眼睛的雏形也发生了变化。扁形动物中的涡虫色素点凹陷呈杯状,使其更好地感知入射光线的方向,还能大致看出周围的物体。

随后,小坑变深并逐渐进化成一个有开口的凹槽。经过几千代的进化,开放的地方凝聚成一个小孔,由一层保护性的透明薄膜覆盖。虽然只允许一点点的光线透过小孔,但也足够在敏感的眼睛内部表面聚焦出一幅模糊的图像。更大的孔可以让更多的光线通过产生更亮的图像,但却失去了焦点。远古鱼类的眼睛继续进化,出现了可以同时保证亮度和清晰焦点的晶状体。鱼类在水中视物,眼中的水状液体巧妙地消除了光进入水中产生的折射影响。一旦登陆,眼睛在空气中无法正常视物。于是视觉也随之进化。不同环境中的动物受到的环境压力各不相同,自然选择的结果也天差地别,导致陆地动物的眼睛呈现出多样性特征。

例如,2.1 节所介绍的一些三叶虫利用方解石作为晶状体,还有一些三叶虫甚至进化出复眼。2017 年,科学家在一枚距今约 5.3 亿年的寒武纪时期的化石上发现了最古老的眼睛痕迹。该化石属于一种早已灭绝的三叶虫,其古老的眼睛形态在今天的许多动物身上还能见到,包括螃蟹、蜜蜂和蜻蜓等。而螳螂虾的眼睛能探测到偏振光,科学家相信以这样的眼睛能够"诊断"出生物组织的病变。蜻蜓等昆虫具有复眼结构,蜘蛛具有多只眼睛,青蛙的眼睛只能看到动态场景,狗对色彩信息的分辨能力极低。

章鱼在发展出高度发达的眼睛时也发展出能够分析视觉图像的脑。由于章鱼捕食快速运动的动物,它敏锐的眼睛能够区分物体的明暗、大小、形状和方向。在构造上,章鱼的眼睛是单透镜类型的。视网膜能够提供尺寸更小的像素,增加图像的分辨率,就像数码相机中有像素更多的电荷耦合器件(CCD)。功能完善的晶状体更像是一个高质量的透镜,能够在视网膜上形成高清晰度的图像。章鱼通过调节晶状体和视网膜之间的距离来对远近不同的物体进行聚焦,其工作方式与照相机相同。虹膜上的开口叫瞳孔,可以调节进入光线的多少,相当于照相机的光圈。章鱼眼睛的结构和脊椎动物的单透镜眼结构几乎完全相同,如都有视网膜、色素细胞层、晶状体、角膜、虹膜和虹膜上的瞳孔等,而且它们的空间位置几乎完全相同。如果只看基本结构图,很难分辨出是章鱼眼还是人眼(图 5-6)。

那么人眼是由章鱼眼进化而来的吗?实际上,章鱼的眼和人眼是从不同的途径发展而来

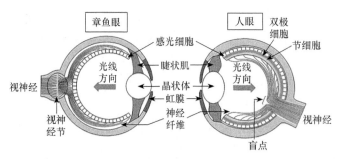

图 5-6 章鱼眼和人眼结构对比（朱钦士，2019）

的，它们之间也有一些重要的差别。例如，在人眼中，晶状体对不同远近物体的聚焦是通过晶状体形状的改变而实现的，而章鱼眼睛的聚焦是改变晶状体与视网膜之间的距离实现的，就像照相机聚焦时做的那样。从这个意义上讲，章鱼的眼睛比人眼更像一架照相机。更为重要的差别是视网膜。人眼的视网膜有三层感光细胞，依次以突触相连，分别是感光细胞、双极细胞和节细胞。感光细胞把光信号转变为电信号，双极细胞分析处理并以形状、明暗和颜色加以分类传输，节细胞将信号传输至大脑，大脑合成完整的图像。除了这三种细胞，人的视网膜还含有其他类型的细胞。例如，在双极细胞层还有横向联系的水平细胞，在节细胞层也有横向联系的细胞叫无长突细胞等（图 5-7）。因此，人的视网膜不仅能感光，还能对视觉信号进行加工，是神经系统的一部分。而章鱼眼的视网膜则只含有感光细胞和色素细胞，初步处理视觉信号的神经细胞位于眼后膨大的神经节内。不仅如此，人眼感光细胞是纤毛型的，而章鱼眼的感光细胞是微绒毛型的。这些现象也能够表明，人眼不是由章鱼眼进化来的。

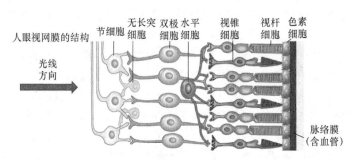

图 5-7 人眼视网膜结构（朱钦士，2019）

人眼由原来只是充水的洞，逐渐进化出视网膜、玻璃体、角膜、晶状体、虹膜等结构。首先空洞被细胞液填满，这使得眼睛结构具有更加稳定的折射率，并且对视网膜起着保护作用。角膜的出现将眼睛封闭，结构更稳定，并且制造了更大的折射率，增加了视野。晶状体及其周围睫状肌的出现，让眼睛实现了对焦的能力。虹膜的出现让眼睛可以调节进入光线的多少，从而适应不同亮度的环境。伴随着眼睛结构的复杂化，视神经和中枢神经必然复杂化。视网膜上多种视觉细胞和感光色素的出现，意味着眼睛也告别了"黑白电视"时代，开始有了色彩。人的视网膜感光细胞主要分为两类，视杆细胞和视锥细胞。在电子显微镜下可以看到，视网膜上密布着感光的细胞，特别是棒状的视杆细胞和尖尖的视锥细胞。视杆细胞负责感受光的强弱，内含的感光色素是视紫红质。而视锥细胞负责感受色彩，目前主流学说认为存在 3 种含有不同感光色素的视锥细胞。通过对于红、绿和蓝三种颜色的反应组合，构成了人眼所见的色彩。

总之，视觉功能可以提供物体大小、远近、形状、颜色、质地、运动方向和速度等信息，是动物获得外部信息最重要的手段。视觉信息会经由背侧视觉路径，和运动系统进行整合。这条信息处理路径可以帮助我们分析物体的所在位置，有助于我们针对物体进行躲避、追逐或拿取等动作。

二、动物的空间定位

动物为什么有空间记忆，能够记得路径呢？美国加州大学伯克利分校的心理学教授爱德华·蔡斯·托尔曼（Edward Chace Tolman）认为，动物应该可以在脑中形成一套关于外在环境的"认知地图"。伦敦大学学院的约翰·欧基夫（John O'Keefe）使用微电极观测老鼠海马回中的神经细胞活动，结果发现了"位置细胞"。他发现，当老鼠身处盒子里的某个特定位置时，海马回里的某些位置细胞就会变得活跃。他认为这些位置细胞显示了外在空间，老鼠可以记住空间位置并且在脑中建构出一张认知地图，这样它们才不会迷路。这一发现也激发了年轻学者的研究兴趣。2005 年，欧基夫的博士后夫妻梅-布里特·莫索尔（May-Britt Moser）和爱德华·莫索尔（Edvard Moser）进一步研究位置细胞的信息来源，探究内嗅区的细胞活动。他们将这些内嗅区细胞反应时所对应到的诸多空间位置连起来，发现这些空间位置就像是地图上由经线和纬线所构成的方格一样提供了距离和方向的信息。显然，这些方格可以帮助动物根据身体运动所产生的生理信号来追踪自己的移动轨迹。结果，"格状细胞"就被他们意外发现了。经过持续的研究，他们还在内嗅区中找到了一种先前曾经被发现过的"头部方位细胞"。当老鼠的头朝向某个特定方位时，这些细胞就会活化。它们就像是动物身上自带的指北针，告诉动物自身的方向。通过观测这些细胞的活动，我们就可以知道任意时刻动物头部相对于周遭环境的方位。2008 年，这对夫妻又再接再厉，在内嗅区中发现了"边界细胞"。这种细胞会在动物靠近墙壁、围栏边界或是其他用来区隔空间之事物时有所反应。具体工作过程是，边界细胞会将信息传给格状细胞，格状细胞运用这项信息来预测动物已经离开墙壁有多远，还能建立起一个参考点来提醒自己一段时间后的墙壁位置。2015 年，莫索尔夫妇同心协力，共同在实验室中发现一种专用神经元"速度细胞"。这种细胞完全专注于速度探测，当老鼠快速移动时，速度细胞会迅速放电；当它们慢慢行进时，速度细胞会慢速放电。基于该原理，科学家能准确解码来自 6 个神经元的速度信号。

"位置细胞""格状细胞""边界细胞""速度细胞"协同合作，帮助生物了解自己身处何地，以及曾到过哪里。科学家猜测，海马回里的导航系统并不只是能够帮助动物从一个地点移动到另一个地点。除了从内嗅区接收关于位置、距离、方向和速度的信息之外，海马回还会记录下何处存在什么事物。例如，某个地方的某个路标，或者在该处发生过的某件事。因此，位置细胞所创造的空间地图除了包含动物的导航信息，也包含了动物的经验，这些实验支撑了托尔曼的"认知地图"概念。2014 年，欧基夫和莫索尔夫妇因发现大脑中的内置 GPS 定位系统这一突出贡献同获诺贝尔生理学或医学奖。

三、动物的听觉

我们知道，声音是通过物质振动产生的波，以波动方式传递信息。而听觉感知的就是声音，与是否有光线无关。因此，在黑暗中动物仍然可以听见声音。随着生物从低级到高级进化，听觉的能力也从简单到复杂。如何才能听到声音呢？首先，要能把声音能量汇聚起来；其次，需要感知声音并转换为神经信号；最后，还需要转换为电信号传递给脑。

昆虫是被科学实验证明有听觉的无脊椎动物。我们知道，一般昆虫的身体很小。最大的昆虫是竹节虫，身体长度也不过约 24cm。即使身体的全部表面都被用来吸收声音，所接收到的能量也是极其有限的。昆虫如何把声音的能量汇聚起来？它们利用了杠杆原理。我们知道，力与力臂的乘积就是力矩。要使杠杆平衡，作用在杠杆上的两个力矩大小必须相等。即：动力×动力臂＝阻力×阻力臂。因此，较长的力臂就可以用较小的力在短力臂上产生较大的力量。

蚊子和人类的关系很紧密，尤其在夏天，总少不了它们的身影。为了驱赶它们，我们煞费苦心，但蚊子逃生本领还是很强的。蚊子如何听见声音呢？美国科学家克里斯托夫·江斯顿（Christopher Johnston）最早报道了埃及伊蚊梗节的构造及其在听觉中的作用，所以蚊子的听觉构造被命名为江氏器。蚊子的头部长着两根长长的鞭毛，每根鞭毛都通过梗节和柄节与蚊子的头部相连。鞭毛就是蚊子听觉杠杆中的力臂。鞭毛上面的许多细毛可以增加与空气的接触面积，获得外力。鞭毛的第一段是长度最长的鞭节，可以直接获得空气运动对其产生的力从而产生摆动。鞭节连在圆球形的梗节上，梗节可以感受到鞭节的振动并将其转变为电信号。鞭节的摆动使其位于梗节里的江氏器根部的基盘也发生位移。根据杠杆原理，鞭节的长度远远超过基盘以下的部分，导致基盘摇动的力量大大增加，产生机械摆动。

蚊子是如何把这种机械力传到神经细胞上的呢？鞭节的根部与江氏器里的基盘相连，围绕着基盘边缘有大量呈放射状排列的感音管。雄蚊子的江氏器里有大约 1500 根感音管。每个感音管都由 3 种细胞组成，包括顶端的冠细胞、管状的感橛细胞和被感橛细胞包裹的神经细胞。冠细胞和感橛细胞给神经细胞以机械支持，并与基盘相连。神经细胞伸出一根称为"端突"的感觉纤毛，上面有触觉感受器。基盘的摆动通过冠细胞传递至神经细胞的端突，实现了机械力向神经细胞的传递。

蚊子是如何把神经信号转换为电信号的呢？蚊子神经细胞的端突是浸浴在富含钾离子的淋巴液中的。与基盘相连的冠细胞所传进来的摆动使端突变形，触发神经端突上的触觉感受器，使钾离子进入细胞。因为钾离子是带正电的，钾离子的进入会改变细胞的膜电位，使其去极化，神经细胞发出神经冲动，将信号传输至神经系统。

声源近处的空气不仅发生振动而且还会来回流动。空气实际流动速度与距离的三次方成反比，因此，流速随距离快速衰减。蚊子的鞭毛能够感受到的是空气的实际流动，因此它可以感知周围几厘米内其他蚊子翅膀的振动，再远距离的振动则感受不到。而风是持续并且有方向的空气流动，所以蚊子能够感受到风。风引起的触角偏移会被江氏器里的另外一些神经细胞感受到，所以蚊子也能探测到风向。毫不奇怪，当我们用手拍蚊子时，它们能够轻易逃脱。

四、动物的自体感知

与听觉类似，动物的自体感知也是由对机械力敏感的蛋白受体分子实现的，使用的原理也非常相似。

1. 感受重力

众所周知，地球上所有的动物都处于重力场中。由于重力作用，所有生物的上端和下端都是不一样的。也就是说，地球上只有水平方向对称的生物。蚊子的江氏器既能够感知空气的流动，也能够感知重力。它的头部在不同的位置时，鞭毛施加于江氏器力的方向不同。这会激活不同位置的感音管，让这些昆虫感知自己的空间方向。蚊子采用与听觉同样的感音管里面的神经细胞，用同样的机械力转换原理，来实现对重力的感知。据此，蚊子可以调节自己在空间中的位置，不至于腹面朝上。除了江氏器，昆虫的腿管内还有许多感振管。它们不

但能够感知地面的振动，也能够感受身体位置不同时重力对这些感振管的作用，从而获得相对于重力方向的信息。所以，对蚊子之类的昆虫而言，听觉器官同时也是感知重力的器官。水母感知重力的器官是感觉垂，甲壳类动物感知重力的器官是平衡器。鱼类的听觉器官听壶的囊斑上有感觉绒毛，与耳石膜接触。当耳石膜改变位置，刺激感觉绒毛，就可以感受重力信息。除此之外，鱼类还有椭圆囊和球囊，其上增厚的斑分别称为椭圆囊斑和球囊斑，其毛细胞被耳石膜覆盖。耳石的重量使得动物在不同位置感受到不同的力，从而使鱼类判断身体位置信息。哺乳动物和鸟类继承了椭圆囊和球囊感受重力的功能，哺乳动物进化出耳蜗结构，鸟类进化出管状结构。

2．感受加速度

动物在运动时，必须随时了解自己的运动状态，从而使自己保持平衡。根据力学原理，物体在加速和减速时都会产生力。运动有直线运动和转动，加速度也有直线加速度和角加速度。感觉直线加速度通过感知重力的囊斑，感知角加速度则通过半规管。从鱼类开始，内耳中与感知声音和重力的囊相连的部位就有三根半规管，从椭圆囊上发出，彼此垂直相交，在方向上类似于空间的 x、y、z 轴（图 5-8）。

半规管里面有内淋巴，每条管的两端有膨大的部分，叫作壶腹。壶腹内一侧的壁增厚，向管腔内突出，形成一个与管长轴相垂直的壶腹嵴。壶腹嵴有个胶质的冠状结构，叫作盖帽，里面埋有感觉神

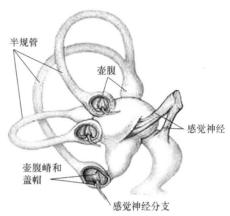

图 5-8 动物感知加速度的半规管
（朱钦士，2019）

经细胞的微绒毛。动物的头部旋转时会带着半规管一起转动，但是管内的内淋巴液由于惯性而位置滞后，在半规管内流动，冲击壶腹使其偏转，触发里面毛细胞上的微绒毛产生神经冲动，提供身体转动的信息。壶腹嵴的密度和内淋巴液相似，所以半规管是靠头转动时淋巴液滞后而产生的流动使盖帽偏转而触发神经冲动，类似于耳蜗中内淋巴液的振动引起的盖膜位移使毛细胞的感觉纤毛偏转所引起的效果。

从半规管传出的加速度信号和重力信号除了被中枢神经系统解读外，还会和眼睛的视觉信号结合起来，协调身体保持平衡。视觉信号对于平衡的重要性，可以从单腿站立时看出来。如果把眼睛闭上，你会发现单腿站立时要维持平衡就困难得多。还有些人头部迅速运动至某一特定头位时，会出现阵发性发作的短暂眩晕和眼震，称为"耳石症"。我们知道，正常情况下耳石是附着于耳石膜上的，当耳石脱离，这些脱落的耳石就会在内耳的内淋巴液里游动。当人体头位变化时，这些半规管亦随之发生位置变化，沉伏的耳石就会随着液体的流动而运动，从而刺激半规管毛细胞，导致机体发生强烈性眩晕。

3．对身体姿态的感知

除了感受重力和保持身体平衡，动物还需要对身体各部分的相对位置即身体姿态进行感知。眼、耳和皮肤等本体感觉可以监测身体各部分的相对位置。

另外，身体内部各部分的位置还可以通过肌肉、肌腱、关节上对机械力反应的受体来获得。位于肌肉中段的感觉结构叫作肌梭，它可以感觉肌肉的长度。肌梭呈细长梭状，长数毫米，外面有结缔组织被囊，内面有数根骨骼肌纤维，叫梭内肌纤维。神经纤维反复分支，缠绕在梭内肌纤维上。当肌肉被拉伸时，梭内肌纤维被拉伸，所产生的张力拉开神经纤维上的离子通道，使神经细胞发送出的神经冲动频率增加。反之，当肌肉收缩时，梭内肌纤维缩

短，发出的神经冲动频率降低。肌肉的张力则通过高尔基腱器来监测。高尔基腱器由连接肌肉和肌腱的胶原纤维组成，外有被囊。神经纤维反复分支，缠绕在这些胶原纤维上。肌肉长度变化时，这些纤维受到的张力改变，使神经细胞发出的神经冲动频率改变。

关节所受的力和关节的角度则通过骨头之间的软骨组织上的机械力感受器来感知，如膝关节上的半月板。

这三种信息再与内耳中半规管的信号结合起来，就可以提供身体位置及姿势的静态和动态信息，使身体保持平衡，同时让四肢随心所欲地活动。

五、动物的触觉

触觉是动物对于与外界物质或自身部分直接接触时产生的主观感觉。通过触觉，我们能够感觉到风、水流、障碍物，能够摸出物体的形状、大小、质地，能够感知物体是柔软还是坚硬，是粗糙还是光滑，身体所受的压力是大还是小。对于生活在地下，眼睛无法发挥作用的动物如鼹鼠，触觉就更加重要。通过触觉，我们还能够感觉自己的身体结构是否有了变化，如是否出血、有肿胀或者长有异物等。

在低等动物中，触觉就开始发挥作用了。例如，单细胞的草履虫在碰到障碍物时会改变游动方向。这是因为通过细胞膜上对机械力的感受器让阳离子进入细胞，改变膜电位，使纤毛摆动的方向逆转。线虫最前端的部位碰到障碍物也会改变爬行方向。触觉感受到的仍然是机械力，因此所使用的神经细胞在结构上与上面提到的感觉机械力的神经细胞在结构上非常相似，工作原理也相同。

蚊子的江氏器感觉的并不是声波的压力，而是空气的扰动，所以实际上也是一个触觉器官。除了江氏器，昆虫的身体表面还有刚毛器来感知触碰。刚毛器长在昆虫的头、胸腹、腿、翅膀上，可以感知身体几乎任何部位的触碰。刚毛器就是感觉神经细胞上面套着一根空心的硬毛，它相当于杠杆，可以把接触的机械力放大传输到神经细胞上。感觉纤毛的周围是一个空腔，里面装有高钾的淋巴液。刚毛在接触到外面的物体而偏转时，就会拉开神经纤维上的离子通道，让淋巴液中的钾离子等阳离子进入神经细胞，触发神经冲动。

除了刚毛，昆虫的身体表面还有感振管。通过体表的接触，感振管就可以把力量直接传送到神经细胞上。昆虫的触觉可以达到非常高的灵敏度，为昆虫提供宝贵的信息。

美国霍华德·休斯医学研究所研究员阿德姆·帕塔普蒂安（Ardem Patapoutian）发现了一种可对皮肤和内脏中的机械刺激做出反应的新型触觉感受器，因此获 2021 年诺贝尔生理学或医学奖。帕塔普蒂安及其合作者们首先假定触觉感受器是一种离子通道，随后识别出编码该感受器的 72 个候选基因，逐个将候选基因沉默，最后成功地锁定了一个基因。他们将触觉离子通道命名为 Piezo1，将在感觉神经元中处于高表达水平的相似离子通道命名为 Piezo2。对细胞膜施加压力可直接激活这两种感受器。

六、动物的味觉和嗅觉

味觉和嗅觉是动物通过识别外部分子结构特点的方式获得外部信息，二者使用的是同样的原理，只不过味觉专门接收与食物直接相关的信息，而嗅觉则专门感知通过空气传播的分子。

要进食，首先需要判断哪些东西可以吃，哪些有毒不能吃。其实，原核生物就已经能辨别食物分子和非食物分子，并且能够向食物分子浓度高的地方游动。哺乳动物的味觉大致分为甜、鲜、苦、酸和咸。辣，其实是辣椒素结合于 TRPV1 受体所引起的感觉。该受体也可被 42℃及以上的温度激活，所以辣和烫是一种感觉。甜味和鲜味的受体都是 G 蛋白偶联受体 GPCR 中的 T1R 家族，都能使动物产生愉悦感，鼓励动物多吃。酸味则表明果实尚未成熟，需要等待。苦味的受体是 GPCR 中的 T2R 家族，提示动物可能含有有毒物质，应该避免。咸味的受体是上皮钠通道（ENaC），主要是对钠离子的感觉，能使动物找到氯化钠补充盐分。哺乳动物的味觉功能主要是口腔中的舌头来执行的。人舌头表面有许多舌头状的突起，叫舌乳头。与味觉有关的舌乳头有三种：在舌尖和两侧的菌状乳头、舌后部 8 至 12 个圆顶样的轮廓乳头、舌后部两侧树叶状突起的叶状乳头。这三种乳头的表面都含有感觉味道的结构，叫作味蕾，总数有数千个。每个味觉细胞在味蕾开口处发出微绒毛，相当于是神经细胞的树突，上面有味道感受器。溶解于唾液的外来味觉分子和这些微绒毛上的受体分子结合，触发神经冲动，通过味觉细胞另一端的轴突连接到脑的神经纤维从而将味觉信号传输至大脑。丝状乳头的功能是触觉，感受食物的质地，如软、硬、粗、细、脆、绵等，增加动物对食物的感觉。

动物从水中转到陆上生活后，还可以从空气中飘浮的分子获得外部世界的信息。例如，食物的存在，附近是否有配偶、捕猎对象或者捕食者等信息，这就是动物的嗅觉。无论是味觉还是嗅觉，都使用细胞表面的蛋白质分子来与外部世界的分子特异结合。这种结合不仅改变蛋白质分子的形状，而且改变它们的功能状态。即通过从"关"到"开"的状态改变，把信息传递下去。这种与外部分子特异结合同时改变自身状况的蛋白质分子就是受体，而与它们特异结合的外部分子则叫作配体。由于这两种受体感受的都是分子结构的信息，所以这两类受体也可以统称为化学受体。

其实，细胞上的受体分子和细胞外的配体分子相互作用来接收和传递信息的机制早就在各种生物中广泛存在了。例如，原核生物已经能够通过细胞表面的受体来感知环境中同种或类似细菌的密度，并且做出相应的反应。在多细胞生物内部，细胞之间也会有交流信息的分子，这些分子传递的信息也是通过细胞表面的受体来接收的。

七、动物的智力进化

动物的智力进化经历了从感觉到意识、从意识到情绪、从情绪到记忆，最终形成判断思考能力。动物的神经系统把外部和内部的信息转化为感觉，感觉是动物意识的萌芽。意识出现的时间应该和感觉出现的时间相似，都是在神经系统出现之后。由于脑干的结构在最原始的脊椎动物中就出现了，科学家认为这也是意识出现的时间。意识使动物有了"自我"的感觉。动物对"自我"感觉进行分类，有益的信息产生愉悦感，鼓励动物去寻求更多的同类信息；有害的信息产生痛苦感，刺激动物尽量避免同类信息。这些行为就是动物的情绪，研究表明，昆虫就已经拥有情绪。在哺乳动物中，情绪是和多巴胺、血清素密切相关的。要想保持良好情绪就需要对感觉到的信息进行记忆，并从过去的经验中学习和改进。记忆其实是神经细胞传输通路的强化，相当于信息流动在神经系统"踩"出来的痕迹。只需要两个神经细胞和一个突触，就可以产生简单的短期记忆。通过记忆活动进行分析判断并决定自己的行为就是智力。简单的决策能力只需要六个神经细胞就可以完成。昆虫就已经有明显的智力，鸟类和哺乳动物具有更高级的智力，人类达到了地球生物智力的顶峰，更进一步的智力则依赖于人类的集体智慧和人工智能。

5.4.2　动物的智慧

动物王国里，生存就是要获取食物并避免被捕获。动物们的解决方案也是千变万化，出人意料。

一、动物的觅食智慧

动物的觅食行为包括所有搜寻、追逐、捕捉、吞咽等系列行为。摄食不仅维持生长发育、组织更新等自身生理活动，而且保证产卵、泌乳等繁殖行为。动物常常以各种各样的食物为食，有利于减少物种之间的竞争。觅食的智慧包括守株待兔、集体狩猎、使用工具、自建农场、放牧等各种方式。

1. 守株待兔

有些动物会选择一个适宜的地点耐心等待猎物到来。例如，海葵固着在狩猎点，猎物就会不断地闯入它的触手冠成为它的食物。有的动物会主动埋伏在猎物经常出没的地点，看到猎物再发起攻击。例如，地蛛蹲伏在洞穴的上部，洞口有一个可以开启的盖。当有猎物从附近走过，它就会猝不及防地从洞穴冲出去将其捕获并迅速退回到洞穴中。蟹蛛常常潜藏在花朵中窥视着各种采花蜜、花粉的昆虫，并出其不意地发动攻击。此外，还有很多种蜘蛛把网结在猎物经常来往的地方，等待它们自投罗网。结网能力确实带来生存优势，以至于亲缘关系较远的很多蜘蛛都独立地获得了这种能力。甚至一些其他节肢动物也发展出用网捕食的行为，例如，足丝蚁就因前足跗节能分泌丝织网而得名，石蚕也会织网捕食。借助诱饵来吸引猎物也是常用策略，深海中很多鱼都用发光器官引诱分散在各处的猎物。例如，完全夜行性的鱼类眼下方生有专门的发光器官，当猎物寻光而来就成为一顿美餐。

2. 集体狩猎

动物觅食合作行为的进化通常与捕捉比自己更大的猎物有关。虽说大型猎物极具危险性，但丰富的蛋白质资源是最大的诱惑。社会性强的蜘蛛会齐心协力编织一个面积可达几平方米的共用蛛网，共同攻击捕获的大型昆虫并集体分食。哺乳动物中很多动物也具有集体狩猎的技巧，并能捕获更大的动物。例如，狮子的体重为 100～180kg，其最大猎物的体重为 900kg；鬣狗的体重为 45～60kg，其最大猎物的体重为 300kg；狼的体重为 35～45kg，其最大猎物的体重为 370kg。

3. 使用工具

黑猩猩会用一个小棍或者草茎作为钓竿探入白蚁洞穴，当兵蚁爬满草茎再拉出来放进嘴里，就像钓蚂蚁。棕色僧帽猴撬开棕榈树干果的办法改变了我们对动物的认识。它们首先将果实削皮，然后放在太阳底下晒一周，最后用石头把干果砸碎。年轻的棕色僧帽猴会持续观察并模仿年长者的行为，需要花费 8 年时间才能成为一个合格的碎干果大师。

4. 自建农场

早在人类出现之前几百万年，昆虫就开始种植真菌了。在亚马孙的热带丛林中，就有这样一种叫作"切叶蚁"的蚂蚁。它们并不直接吃树叶，而是将叶子切成一个个小片然后带到蚁穴进行发酵，最后取食在上面长出来的真菌（图5-9）。发表于《英国皇家学会学报 B》的一项研究中，研究人员分析了 119 种现代蚂蚁的 DNA。它们来自不同的栖息地，有着不同的行为模式。其中，低级的植菌蚂蚁仍然延续着祖先的农业模式，在相对简单的巢穴里种植野生的真菌。而高级的植菌蚂蚁通常种植被驯化的真菌，这些被驯化的真菌无法与野生真菌杂交，也无法在蚁穴外生存。

图5-9　切叶蚁（任露泉等，2016）

5. 放牧

蚂蚁常常保护蚜虫，将吃蚜虫的瓢虫驱赶开甚至杀死。当蚜虫缺乏食物时，蚂蚁会将蚜虫搬到有食物的地方，就像人类为牛羊寻找水草丰茂的牧场一样。蚜虫善于吮吸植物的汁液，但消化这种汁液的效率没有吮吸的效率高，因此它们会排泄出含有糖分、黏稠、透明的"蜜露"。这种物质是蚂蚁的美味佳肴，如图 5-10 所示。同时，蚂蚁也会按摩蚜虫以促进蜜露生产。除了蚜虫，蚂蚁还放牧其他"牲畜"，如介壳虫、木虱、蝉和一些鳞翅目的幼虫。这和我们人类放牧，以获取马、牛、羊奶是不是异曲同工呢？

图 5-10 蚂蚁吸食蚜虫蜜露
（任露泉等，2016）

二、动物的生存智慧

植物会变态成昆虫的模样吸引授粉，而动物模仿起植物和周围的环境来绝对是有过之而无不及。为了避免被天敌和猎物发现，动物进化出各式各样的形态。木叶虫具有惊人的难以想象的拟态和保护色，无论怎么看都像是一片叶子的长相足以骗过捕食者。当它行走时会来回摇动身体，看起来就像是被风吹起的树叶。更令人不可思议的是，一些叶虫居然在身体边缘"伪造"被咬过的咬痕。竹节虫极似树木的细枝，如果它栖息在草丛或枯枝中不移动，我们很难发现它的踪迹。

三、动物的群体智慧

初级生命智力系统经由群体智慧可以形成更高层次的生命智力系统。正如多细胞生物得益于所有细胞的合作才能创造出丰富多彩的生存方式和生存技术。

社会性动物都有不同程度的群体智慧。群体智慧不以个体智能的高低为前提，因为不用借助个体大脑，仅靠内含于群体自身的行为模式。虽然我们还不能深刻理解其奥妙，但我们也能发现个体和群体之间有一个非常微妙的平衡点，个体在群体中获得的生存机会与个体为群体存在而放弃生存机会，两者之间一定会达成平衡。如果虽有群体，但只有个体得利，却没有个体去维护群体，结果只能是群体自然消亡。反过来，只要求群体存在，无视个体能否存在，最后个体就没有理由组成和维护群体。

1. 蚁群觅食

单只蚂蚁无法找到食物与巢穴之间的最短距离，但群体行动就能够自然形成最短路径。蚂蚁行走时，会释放一种含有信息素的激素。如果存在较短的路径 A 和较长的路径 B 都能到达食物，蚂蚁完全服从随机过程。它们先后出发，随意选择路径。只要蚂蚁的数量足够多，行走的时间足够长，两条路径上蚂蚁留下的信息素肯定会出现差异。从路径 A 走的蚂蚁可以更快到达目的地。所以，通过路径 A 到达的蚂蚁就较多，一路上留下的激素也比较多，信息表达更加强烈。而从路径 B 过来的蚂蚁，时间比较长，单位密度比较低，激素浓度比较低，信息也比较弱。后续的蚂蚁只需要根据信息强弱，自然能找到较短的路径 A 把食物拖回来。受到蚁群群体智慧行为的启发，意大利学者马可·多里戈（Marco Dorigo）于 1992 年在他的博士论文中提出蚁群算法。蚁群算法最初被应用于解决旅行推销员问题（traveling salesman problem，TSP），旨在低耗用系统资源的状态下，通过快速迭代寻找出一条从出发点到目标点的与障碍物无碰撞的最短路径。目前被用于机器人路径规划、物流配送等领域，已成为研究热点之一。

2. 排头大雁

大雁必须编队才能飞越大洋，其中同样涉及群体智慧。成列飞行的雁群称为"雁阵"，多为"人"字形。头雁拍打翅膀产生上升气流，可以为后面的大雁节省71%的体力。头雁还会发出叫声，为队列中弱小者鼓劲。受伤掉队时，会有两只大雁一起降落陪护直到体力恢复重新归队。万一头雁被击中，幸存的大雁会主动来代替。只有这样相互支持的编队，才能节省体力，安全进食，完成长达数千公里的长途迁徙后存活下来。每只大雁既受惠于雁阵，也随时准备承担对雁阵的责任，既能在受伤时得到同伴陪护，也随时准备在同伴受伤时给以陪护。个体在群体中得到照顾，也照顾群体中其他个体。

3. 轮流取暖

北极的寒冬狂风呼啸，企鹅挤到一起抱团取暖。最外面一圈的企鹅背对着风，暴露在严寒中，过一段时间，里面的企鹅会让它们钻进温暖的内圈，换一批企鹅在外面抵挡寒风。如此交替进行，最后所有的企鹅都活了下来。要是任由外圈企鹅被风吹，外圈的企鹅像剥洋葱一样，一批批被冻死，整个群体最后都会死亡。

4. 狼群的社会秩序

狼群的社会秩序进化程度很高，井然有序。一对狼居统治地位，作狼群的首领；比它们稍逊一筹的一对狼作副首领；通常还有一匹狼垫底。发现猎物后，狼群会以迂回包抄的方式把猎物围起来，动静有序，合力捕猎。捕猎成功后，分等级进食。在蒲松龄的《聊斋志异》其中一篇《狼》中可见一斑。即使只有两只狼，它们还采取了一狼假寐诱敌，一狼径去"意将隧入以攻其后也"的战术。狼群令自然界里的庞然大物也不寒而栗。在它们的轮番围攻下，即使百兽之王也难以幸免于难。这样的群体攻击性也为人类提供了借鉴。2014年，澳大利亚学者塞耶达利·米尔贾利利（Seyedali Mirjalili）等人模拟灰狼群体捕食行为，如狼群跟踪、包围、追捕、攻击猎物等过程，实现算法优化，提出一种新型群体智能优化算法——灰狼优化算法（GWO），目前已有不少研究人员将GWO算法应用于特征选择、生物分子序列分析、图像分割等实际问题。

四、社会性昆虫

在所有的进化历史中，社会性昆虫在生态中占有的生态优势是不可忽略的。"真正的"社会性昆虫包括蚂蚁、白蚁，以及组织程度较高的蜜蜂和胡蜂。此类昆虫具备三个共同的特征：同种的个体协力抚育、照顾幼体；繁殖上进行分工，有繁殖能力的个体不从事劳动，劳动任务由基本无生殖能力的个体承担；至少有两个世代生活在一起，共同参与群体的劳动，子代在一段生活时期内协助其亲代。这些社会形态对于人类理解真正有组织的社会演化是非常有效的。

蚂蚁是首屈一指的社会性昆虫。首先，蚂蚁的社会性决定了它们的劳动效率非常高。例如，一只工蚁要筑蚁房以扩展蚁巢，然后把幼虫移到蚁房饲养以产生集群的新成员。如果这只工蚁在上述任务中有任何一步错了，则必要的任务可能会以其他的方式完成，这样集群也可以继续壮大。例如，上述工蚁未完成筑蚁房的任务，另一只姐妹工蚁就会接替它完成。蚂蚁集群中还有许多"巡逻者"。在巡逻时，它们不停地往返于通道和蚁房之间，处理它们碰到的每一个突发事件，完成每一项任务。它们好像工厂的一班工人，应对各种变化，并来回于各组装线之间，以提高整个工作的效率。

其次，蚂蚁的社会性也体现在具有自我牺牲行为。工蚁全部由雌蚁组成，一只工蚁一旦死亡，很快就会有新生工蚁接替它。只要保护好蚁后，并让蚁后能继续产卵，死去一个或少数几个工蚁对未来基因库中的集群数不会有什么影响。重要的不是该集群的总个体数量，而是进入婚飞的处女蚁后和雄蚁的数量，因为后者是建立新集群的起点。道金斯认为，这是因为此行为可以让"和自己身上所拥有的相同基因"更有机会繁衍下去。

5.4.3　动物的繁衍

生存是不同物种间的竞争，繁衍则是同种物种间的竞争。其中，求偶和育雏是保障基因顺利传递的重要环节。求偶环节包括同性争偶和性间选择。为了将自己的基因传递下去，动物也是拼尽全力。

一、求偶大战

求偶行为是动物的一种本能，也是动物繁殖的一个重要环节。求偶的生态学意义是吸引异性并排斥竞争对手。纪录片《求偶游戏》有细致的描述。在繁殖期，雄性印度孔雀为了讨得雌孔雀的欢心，会猛长出超过两米长的鲜艳装饰羽毛。雌性军舰鸟从喉头到胸部只长着雪白的羽毛，而雄性军舰鸟喉头长着颇具特色的红喉垂。一到繁殖期，雄性就将红喉垂鼓得像球那样圆，向雌性示爱。谁的喉垂鼓得越大，谁就越受雌性青睐。雄性长颈象鼻虫为了向雌性展示自己的魅力，长出了不可思议的长脖子。棒眼蝇从蛹中出来就要找到安全的地方，吞下气泡让棒眼间的眼宽增大，以便在未来的求偶比赛中胜出。北美豪猪的求偶就显得出人意料了。雄性北美豪猪在发现雌性并成功驱逐其他竞争对手之后，会高速喷出一股尿液将对方浇湿，起到刺激排卵的作用。

很多昆虫在求偶期间都会靠鸣叫声吸引异性。雄性果蝇在向雌蝇求偶时会靠振动双翅发出鸣叫声，这种特殊鸣叫形式被称为"脉冲鸣叫"，这种鸣叫在求偶期间表现得非常明显。两次脉冲鸣叫之间的间隔时间对雌果蝇的配偶选择起着关键作用。科学家们关于果蝇求偶鸣叫遗传机理的研究表明：脉冲鸣叫受大量不同基因的调控，但其中的每一个基因对鸣叫的表达都只起很小的作用。

雌性的择偶标准之一是选择占有优质领域和资源者。因此，雄性动物也在自己的领地展示自己独特的"艺术品味"。园丁鸟善于建造精美的"新婚洞房"来吸引雌鸟，它们甚至会采集各种有颜色的物品来装饰洞房。据说在距今大约 200 年前，欧洲人乘船抵达澳大利亚和新几内亚岛，第一次在森林里见到这种"凉亭"时，还以为是当地人建造的墓地，或者是供小孩子玩耍的游乐场。研究发现雄性园丁鸟之所以如此建造洞房，是因为当它站在洞房前面时，更容易获得雌鸟的芳心。

在海底，河鲀求偶的惊人行为是修筑海底"麦田怪圈"。雄性河鲀会花上大约 6 周时间，打造出这一相当于它们体型 20 倍的精巧结构，这另一方面还可以减缓水流，以保护河鲀在交配之后产下的卵。尽管底"麦田怪圈"结构十分精美，但科学家表示，河鲀鱼雕刻出来的这些线条和形状很可能主要是用来引导沉积物颗粒。

动物的求偶行为具有特异性，只能引起同种异性后代个体的反应。一方面是诱发对方做出相应的性反应；另一方面是抑制对方的其他反应，如逃跑和攻击反应。求偶的目的是选择最为理想的配偶，因为强壮和健康的个体具有更大的生殖潜力，选择这样的个体作配偶自己也能够留下更多的后代。在此过程中，通常是雄性求偶，但当雌性生殖力大于雄性时，也会发生两性作用的逆转。即由雌性竞争配偶，雄性对雌性选择。例如，海龙、海马中的雄鱼具育儿袋，而一条大雌鱼在一个排卵周期所产下的卵足够装满附近 3 条大雄鱼的育儿袋。由于性比例是 1 : 1，所以育儿袋总是不够用。由此推想，雄鱼一定会对雌鱼配偶有很强的选择性。事实正是如此，雄鱼总是排斥那些小而颜色平淡的雌鱼，喜欢大而鲜艳的雌鱼，因为后者很快便能用卵装满雄鱼的育儿袋。

二、育雏艰辛

产下自己的后代后，有的父母转身而去，有的父母却不辞辛劳地照顾后代，直到后代能够自立。通观整个动物界，大多数无脊椎动物和脊椎动物都是卵生的，胎生的种类只包括全部有胎盘哺乳动物和少数其他类群。育雏行为可以表现在产卵或产仔之后，也可能只表现在卵受精或产卵之前。为了让自己基因传递下去，就要保证幼体顺利长到成年。育雏工作主要有三种方式：双亲共同承担；单独由雌性承担；单独由雄性承担。在育雏过程中，一些动物所展示出来的智慧令人惊叹。

1．为孩子准备食物

原始的亲代抚育形式只是简单地把卵产在安全隐蔽的地点，更进一步则是为新孵出的幼虫储备必要的食物。雌沙蜂先猎取一只昆虫将其麻醉后带回事先已挖好的洞穴中，然后在猎物体内产一粒卵，最后用小石子把洞口封堵。当幼虫孵出之后，就以猎物为食。

2．为孩子更换环境

雌性草莓箭毒蛙为了自己的蝌蚪免受池田干涸的威胁，不辞劳苦将它们一只只背上凤梨树冠上的积水中，并以其未受精的卵喂食。直到蝌蚪长出腿。

3．直接生育

在繁殖期内，雌蟾背部的皮肤变得非常厚实柔软，并形成一个个像蜂窝一样的穴，小穴数目多达几十甚至上百个。在水中的受精卵由殷勤的雄蟾用后肢夹着，一个个地放在雌蟾背上的小穴里，并负责"封好"。偶有跌落到水底的卵，这些卵不能正常发育。两个月后，幼蛙会戳破覆盖其上的皮肤出生。这种卵不经蝌蚪阶段而直接孵化成小蛙的生育行为，被称为"直接生育"。

4．孵育寄生

有的物种无法自己孵化喂养，就帮孩子找个代理妈妈。例如，杜鹃就因借别人的窝来孵化自己的孩子而臭名昭著。通常，这些被迫替他人养儿育女的动物需要花费更多时间和精力，自己的子女往往还会吃亏。杜鹃有许多要花招的手段，如让卵的颜色接近养父母的卵，且在寄主巢中产卵时速度很快、效率极高。而科学家在一项新研究中发现，杜鹃还有另一种骗人的伎俩。这项由剑桥大学鸟类学家珍妮·约克（Jenny York）和尼古拉斯·戴维斯（Nicholas Davies）开展的研究显示，雌性杜鹃在芦苇莺巢中产卵后不久，便会模仿芦苇莺的天敌食雀鹰的叫声。芦苇莺听到叫声不敢轻易返回巢中，杜鹃便可以停留更长时间增加成功率。研究结果表明，杜鹃的叫声因性别而异，这也为其借巢孵卵的习性提供了便利。

5．模范父亲

通常雌性在育雏过程中付出的辛苦最多，而海龙和海马则是由雄性生育后代。雌海马把卵子释放到育子囊里，雄性负责给这些卵子受精。雄海马会一直把受精卵放在育子囊里，直到它们发育成形，才把它们释放到海水里。

6．姐姐抚养弟、妹

像蚂蚁、胡蜂和蜜蜂这些比较高等的社会性昆虫，亲代并不直接喂养幼虫。它们能够抑制第一批幼虫的性发育，使它们能够帮助母亲喂养第二批幼虫，这就导致在社会中出现了永久性的非生育等级。

5.5　生物多样性原因探索

如此多的生命在地球绽放，我们不禁好奇，这么多物种是如何产生的呢？人类又是如何研究和探索生物多样性的呢？

5.5.1　生命进化过程

经过长期的求索，人类大致了解了生命的进化过程，并初步描绘了生命进化图景。在地球上，无机物形成生物小分子，生物小分子聚合成生物大分子，生物大分子自组织成多分子体系，直到产生具有原始复制功能的生命雏形，再进一步进化成具有新陈代谢功能的原核单细胞。原核生物蓝藻在海洋中大量繁殖，利用光合作用持续释放氧气形成富氧气环境，喜氧的真核生命登上地球生命史舞台。富氧环境下代谢功能的增强和有性繁殖导致遗传变异加速，促使生物多样性获得了迅速发展。真核生物由单细胞向多细胞进化，开启了生命的繁盛时代。埃迪卡拉动物群中，身体扁平呈辐射状排列的软躯体生命昙花一现。寒武纪生命大爆发中，从低等的海绵动物到高等的脊椎动物纷纷出现，它们成为现代海洋生物的祖先。富氧环境促使各种生物身体机能良好发育，身体两侧结构对称，骨骼、眼睛、脊索、口器和触手等结构逐渐形成。它们不停向海洋各个角落扩散，构筑起海洋生态系统雏形，并逐渐形成复杂的生物链。古生代海洋中，鱼类也成为海洋脊椎动物中的主角，使得海洋中的生存竞争空前激烈。早古生代末期，大陆面积扩大，生物界开始大规模的登陆运动。维管植物、无脊椎动物和脊椎动物纷纷登上大陆，寻找更大的生存空间。两栖类的肉鳍鱼从泥盆纪晚期最早登上大陆，成为陆生淡水环境中的爬行动物。石炭纪羊膜卵的出现，帮助爬行动物彻底告别对水的依赖，它们逐渐踏入大陆深处。二叠纪的生物大灭绝，为爬行动物的繁盛提供更广阔的生存空间。中生代后期，恐龙成为陆地真正的霸主。鱼龙、蛇颈龙等海生大型动物统治了海洋，翼龙霸占了天空。身披羽毛的小型兽脚类恐龙进化成四翼恐龙，之后又逐渐成两翼鸟类，最终逃脱了白垩纪大灭绝的厄运。植物界出现了开花的被子植物，将大自然装扮得五彩缤纷。中生代结束后，地球生命进化历史进入新生代。南极大冰盖形成，地球进入冰河世纪。哺乳动物取代爬行动物成为新霸主，包括陆地上的巨型犀牛、猛犸象，海洋中的巨型鲸类，甚至天空中的蝙蝠。新生代后期，人类出现。

从这个生命历程来看，生命的进化似乎呈现出从简单到复杂、从低组织水平到高组织水平的进化方向。但是，当科学家对新发现的古生物化石研究之后，却提出了不同意见。首先，有些生物在整个生命进化过程中始终保持原状。例如，在地层中发现的 35 亿年前的细菌化石与今天的细菌没什么两样。其次，许多生物都是在短暂的突发期出现，然后在很长时间里保持相对稳定。最后，大规模生物绝灭等类似的外加强制力，可以瞬间瓦解掉顺序进化模式。这些现象也促使人们持续思考：进化究竟是渐进的还是跳跃的？是连续的还是间断的？是定向的还是不定向的？是可预测的还是不可预测的？

5.5.2　进化论学说

长期以来，人类一直对于生命世界充满好奇。从狩猎时期就开始对动植物有一定的了解，农业文明更是开启了对动植物的驯化。动植物的遗传和自然变异也持续吸引着人类探索的目光。文艺复兴开启现代科学的发展，人们开始用观察和实验的方法研究物理世界，也用同样的方法理解动植物。欧洲的探险探索活动不乏博物学家们的参与，他们收集和发现的动植物拓展人们对生物多样性的认知。固守一隅的人们逐渐认识到，不同的环境中可以有不同的生命形式。

1798 年，英国经济学家托马斯·罗伯特·马尔萨斯（Thomas Robert Malthus）在《人口论》中提出，人口按几何级数（1，2，4，8，16，…）增长，而生产资料按算术级数（1，2，

3, 4, …）增长，所以生产资料增长总是赶不上人口增长。1800 年，法国科学家让 - 巴蒂斯特·拉马克（Jean-Baptiste Lamarck）在《动物哲学》中阐明自己的进化论思想：用进废退和获得性遗传。首先，物种是可变的。其次，生物变异的基本原因是外界条件的影响。应用自己的理论，拉马克详细解释了为什么长颈鹿的前肢比后肢长并且脖颈比例的哺乳动物长。他认为，长颈鹿原本脖子没这么长。但由于生活在非洲干旱地带，低处的叶子早被吃光。为了生存，长颈鹿必须用力伸长前肢和脖颈才能吃到高处的树叶。逐渐，长颈鹿产生相应的变异，并使自己的后代获得遗传性改变。简单生命可以不断自发地从无机物中产生出来，这种思想在当时影响了很多学者。拉马克也在此基础上提出"平行进化"假说，认为简单生命是自发产生的，并沿着各自的路线分别向较为复杂的生命渐变。德国生物学家奥古斯特·魏斯曼并不认同。他认为获得性的性状并不能遗传，他还通过实验验证自己的想法。用小鼠作为研究对象，他割了 21 代小鼠的尾巴，结果 22 代小鼠仍然有尾巴。那么这个实验能证明拉马克错了吗？有学者指出，割掉小鼠尾巴这种机械性伤残并不能让小鼠产生拉马克所说的变异，因此魏斯曼的实验无效。拉马克进化理论确实有其合理的内核。首先，物种确实是可变的。其次，"用进废退"确实可以解释一些现象，例如，鼹鼠生活在地下不用眼睛，久而久之眼睛就退化了；盲鱼生活在几乎没有光线的洞穴，逐渐眼睛也退化了。环境对生物体的影响之大确实是超出了人类的想象。

1825 年，法国古生物学者乔治·居维叶（Georges Cuvier）通过对岩层断代的方法显示生命随时间的变化，发现物种在地层中都是以突发性方式出现的，没有任何痕迹显示进化的过程。1830 年，英国地质学家查理斯·赖尔（Charles Lyell）在《地质学原理》中提出，地球在逐渐地发生变化，所以生活在地球上的生物也会不断发生变化。英国博物学家阿尔弗雷德·拉塞尔·华莱士（Alfred Russel Wallace）在他的东南亚之旅中，收集了数量巨大的标本。在给达尔文的信中，他提出了简单的自然进化论思想。在他创立的沙捞越定律中，进化被描述为一棵长着不同枝干的树。

我们知道，各学科的研究成果互相激荡就会产生新的思想。毕业于剑桥大学神学院的查尔斯·罗伯特·达尔文对生命现象更感兴趣。拉马克、赖尔、马尔萨斯和华莱士的思想理论在达尔文脑海中反复酝酿，成为他提出自然选择进化论的基石。1831 年，他受邀参加猎犬号南美洲五年的航行，开启了自然探索之旅。在加拉帕戈斯群岛，达尔文被岛上独特的物种所震撼，并对物种和环境之间的关系充满好奇。1838 年，达尔文回到英国，开始思考物种进化的自然机制，并在前人基础上提出自然选择进化论。其学说基本要点如下：第一，遗传是生物进化的重要因素和普遍特征，是物种稳定存在的保证；第二，生物都普遍存在着变异，变异的随机性是自然选择的前提；第三，生物都具有生殖过剩倾向；第四，生存斗争，物种之所以不会数量大增，乃是由于生存斗争，包括种内斗争、种间斗争和环境斗争；第五，适者生存，不同的个体在形态、生理等方面存在着不同的变异，凡是生存下来的都具有适应性的变异，这就是适应性的起源。那么自然选择的最终结果是什么呢？达尔文认为是万物共祖的生命之树的诞生，是不断发展更替的生命之树的繁衍，这是进化论的核心。

1908 年，英国数学家戈弗雷·哈罗德·哈迪（Godfrey Harold Hardy）和德国医生威廉·温伯格（Wilhelm Weinberg）提出"哈迪 - 温伯格"定律。该定律表明，理想状态下各等位基因的频率在遗传中是稳定不变，保持着基因平衡。1930 年，英国生物统计学家罗纳德·伊尔默·费希尔（Ronald Aylmer Fisher）在《自然选择的遗传理论》中用数学模型研究了适应同群体增长速度和群体基因频率变化之间的关系，提出雌雄双方的生物性状互相促进的进化理论。英国基因科学家约翰·伯顿·桑德森·霍尔丹（John Burdon Sanderson

Haldane）在《进化的原因》中阐述了自然选择下基因频率变化的理论。费希尔和霍尔丹的研究结果表明，即使是轻微的选择差异都会产生进化性变化。与此同时，俄罗斯遗传学家和鳞翅目动物学家谢尔盖·切特韦里科夫（Sergei Chetverikov）提出果蝇自然群体中存在很高的隐性等位基因的遗传变异，其效应会在近亲繁殖时显现出来，当自然环境变化时有可能被自然选择保留下来。1937 年，俄裔美国学者特奥多修斯·杜布赞斯基（Theodosius Dobzhansky）撰写了《遗传学与物种起源》，它以自然选择学说、群体遗传学及生物学和其他学科的新成就来论证生物的进化和发展，成为"现代综合进化论"的创始人。

之后，不同国家和各个领域的研究者纷纷为现代综合进化论添砖加瓦。德国生物学家恩斯特·迈尔（Ernst Mayr）曾对新几内亚山区、所罗门群岛进行实地考察。他出版的《系统学与物种起源》讨论了物种的本质、起源和地理分布。美国古生物学家乔治·盖洛德·辛普森（George Gaylord Simpson）在《进化的时空与状态》中论述华莱士看到的变化格局与群体遗传学的理论一致。1950 年，G. 莱德亚德·斯特宾斯（G. Ledyard Stebbins）出版的《植物的变异与进化》将植物学纳入现代综合进化论。现代综合进化论仍然认为自然选择是生物进化动力，其理论主要集中在两个方面。首先，共享一个基因库的群体（种群）是生物进化的基本单位，因而进化机制研究应属于群体遗传学的范围。其次，物种形成和生物进化的机制应包括突变、自然选择和隔离三个方面。其中，突变是进化的原料，自然选择保留并积累那些适应性变异，再通过空间性的地理隔离或遗传性的生殖隔离，阻止各群体间的基因交流，最终形成了新物种。

在现代综合进化论提出的年代，人们无法直接观察到遗传变异而不能直接进行研究。随着分子生物学的兴起，人们开始从分子水平上去揭示生命的本质和规律。1968 年，日本学者木村资生根据核酸、蛋白质中的核苷酸及氨基酸的置换速率，以及这些置换所造成的核酸及蛋白质分子的改变并不影响生物大分子的功能等事实提出"分子进化中性学说"。美国学者杰克·L. 金（Jack L. King）和托马斯·H. 朱克斯（Thomas H. Jukes）等人也认同并支持这一学说。他们认为，并非所有种群中保留下来的突变都由自然选择所形成；大多数突变是中性或接近中性，不妨碍种群的生存与繁衍。分子进化中性学说主要观点如下：首先，基因突变是无所谓"好"与"坏"的"中性突变"。其次，这种突变不受自然选择的作用，只是通过在群体中的"遗传漂变"被固定和积累，使群体的基因频率发生改变，从而导致种群分化，直至形成新的物种。最后，分子进化的速率取决于氨基酸或核苷酸大分子的种类。不同种类的大分子氨基酸或核苷酸的替换速率不同，但相同种类的大分子，其替换速率则相同。鉴于此，可通过比较不同物种同源蛋白质的氨基酸或其 DNA 序列的差异推测分子变异的代换速率，从而确定物种发生进化的时间，称为"分子钟"。

分子进化中性学说强调机会和随机进化，认为进化是可遗传的碱基改变。但是，面对中性学说无法解释生物形态、行为等进化问题，木村资生也承认它们是自然选择的结果，但却认为这是次要的进化因素。虽然，分子进化中性学说认为，生物大多数突变是中性的或效果是中性的，但选择中性的突变、分子协进化及分子进化保守性现象正是选择在起作用。

自然选择学说、现代综合进化论和分子进化中性学说各有区别。首先，它们研究的层次不同。自然选择学说和现代综合进化论是在个体和种群水平上研究进化，而中性学说则是在分子水平上研究进化。它们各自拥有的相对价值不可替代。其次，对进化的衡量尺度不同。自然选择学说和现代综合进化论是以表型和基因库改变量为进化的度量，中性学说是以分子的结构改变作为进化改变的度量。中性学说是解释分子进化现象的一种理论，虽然它可以很好地解释分子多态性起源，但未能解释表型的适应性进化。最后，三种进化学说得出的结论彼此间无法构成规律关系，但彼此可相互借鉴、修正、发展。

分子生物学开拓了新的研究领域。《达尔文所不知道的事》纪录片中就介绍了很多用基因验证达尔文自然选择的实例。例如，在皮纳卡特沙漠，棕色岩石区域岩小囊鼠毛色是与周围颜色一致的浅棕色，而同一沙漠火山喷发区黑岩石附近的岩小囊鼠毛色是与周围颜色一致的深棕色。达尔文自然选择学说认为自然选择决定了老鼠的颜色，但究竟小鼠体内发生了什么？美国亚利桑那大学的遗传学家迈克尔·纳克曼（Michael Nachman）通过基因序列比较找到了突变的基因，从分子角度验证了自然选择。例如，四肢是怎么产生的？其实鱼类中已经有相关的基因，通过基因突变打开了发育成四肢的开关，爬行动物就统治了世界。我们通常认为物种进化是个缓慢的过程，但分子生物学颠覆了我们的认知。2013 年，研究人员在实验室设定了杂乱的生活环境，并捕捉了一些野生土壤螨类，结果发现它们能迅速地适应生活环境。仅仅经过五代，这些野生螨就从基因层面进化出了新的特质，扭转了快要灭绝的势头。实际上，进化速度往往与生态变化联系在一起。瑞典生物学家托马斯·卡梅伦（Thomas Cameron）表示："那些具有基因选择性的螨类生长速度最为缓慢，但却拥有极强的繁殖力。因此，我们推测，从长期角度来看，该物种从衰退转变为兴盛的原因是环境对强繁殖力个体的自然选择作用，当然还包括对子代强适应力的选择作用。"

进化论强调"为什么"，分子生物学强调"如何"，二者相结合可能会产生新的综合理论。分子结构的保守性强调了所有生命的共同起源，通过聚合酶链反应（polymerase chain reaction，PCR）这样的技术可以采集自然界任何生物的样本进行研究。物种的丰富资源使我们有可能研究物种内进化的过程，并建立不同物种和共同祖先之间的发育树。

5.6　生物的人工选择

自然界中现存的生物，都是自然选择的结果。自然选择是个无意识的过程。但自人类出现，自然界的生物都不免和人类发生交集。人类对自然生物进行了新一轮的选择，有的种类越来越丰富，有的则逐渐减少甚至灭绝。

5.6.1　植物的人工选择

人类一直和植物有着千丝万缕的联系。早期人类很可能通过观察患病动物通过吃某种特定植物而治愈疾病的现象，从而获得用植物做药的经验。我国三皇之一神农氏就遍尝百草，被封为药王神。进入农耕时代后，人类依靠土地而定居下来，采用农耕技术种庄稼来养活自己。2010 年，中国社会科学院考古研究所研究员赵志军博士在接受媒体采访时说，世界四大农业起源中心区包括西亚农业起源中心区、中国农业起源中心区、中南美洲农业起源中心区和非洲农业起源中心区。西亚农业起源中心区起源的农作物有小麦、大麦、黑麦、豆类等；中国农业起源中心区起源的农作物包括水稻、谷子和糜子、大豆、荞麦等；中南美洲农业起源中心区起源的农作物有玉米、花生、马铃薯、红薯、棉花、南瓜、西葫芦、辣椒及多种豆类；非洲农业起源中心区起源的农作物有高粱、两种非洲小米。赵志军称，根据现有考古资料，农作物由中国传往欧洲比由西方传往中国要早几千年，最突出的例证便是起源于中国的糜子，距今 7000～8000 年即传入欧洲。马铃薯是今天中国人餐桌上最常见的食物之一。然而，我国食用马铃薯的历史却相对短暂，直至地理大发现、新航路开辟后，它才逐渐进入我们的食谱中。

一、马铃薯的发现和种植历程

"马铃薯"因酷似马铃铛而得名，此称呼最早见于康熙年间的《松溪县志·食货志》。追根溯源，马铃薯原产于南美洲安第斯山区，其人工栽培史最早可追溯到公元前 8000 年到 5000 年的秘鲁南部地区。安第斯山脉海拔 3800m 之上的的的喀喀湖区可能是最早栽培马铃薯的地方。在距今大约 7000 年前，一支印第安部落由东部迁徙到高寒的安第斯山脉，在的的喀喀湖区附近安营扎寨。他们以狩猎和采集为生，最早发现并开始食用野生的马铃薯。印第安人还逐渐发现了马铃薯的一个新奇的秘密，可以无性繁殖。只要把带有芽眼或已经发了芽的马铃薯种下，就可以长出新的植株，然后开花结果，最后长出一堆马铃薯。就像我们俗语所说：种瓜得瓜，种豆得豆。印第安人领悟到：种马铃薯，得马铃薯。于是，印第安人结束了像原始人一样采集果实、追逐猎物的生活，变成了第一代农民。他们开始选择将个头大的、味道好的马铃薯进行种植，收货更大更美味的马铃薯。也可以说，马铃薯正好满足了人类的食欲，开启了它在世界范围内基因散播的征途。

当第一批欧洲探险家到达秘鲁的时候，发现当地人种植一种名为"papa"的奇特地下果实，"煮熟后变得柔软，吃起来如同炒栗子一样，外面包着一层不太厚的皮"。其实，这就是今天为人熟知的马铃薯。明末清初，随着地理大发现时代的到来，马铃薯也进入了中国。马铃薯适应性较强、耐旱耐瘠，缓解了我国百姓吃饭难的问题。

目前，马铃薯是世界上最重要的几种粮食作物之一。全世界有 120 多个国家种植马铃薯，有超过 10 亿人将其作为日常食物。2005 年 11 月，在联合国粮食及农业组织大会上，秘鲁常驻代表提出将世界关注重点转移到马铃薯对粮食安全以及增强发展中国家对于马铃薯种植的重要性的提议，此提议在当年获得通过。联合国宣布认定 2008 年为国际马铃薯年。2010 年，马铃薯的世界产量已经达到了 324 181 889t。我国是马铃薯世界第一产量大国，将近 7500 万 t。中国马铃薯的主产区是西南山区、西北、内蒙古和东北地区。其中以西南山区的播种面积最大，约占全国总面积的三分之一。黑龙江省是中国最大的马铃薯种植基地。

二、马铃薯的人工选择

尽管马铃薯植株会产生种子，种植者通常还是种植马铃薯的块茎。马铃薯的种子会产生很大的基因变异，但是马铃薯的块茎会克隆出一个与母体植株相同的个体。种植者通过抛弃或保留新的品种来控制马铃薯的演变方向。几个世纪以来，在开发科学的培育工程以前，种植者选择那些高产、高品质和防虫的变异品种。目前，南美市场的马铃薯包括数以百计的品种。在北美有一个绝对占优品种，但种植者还培养出了约 100 种其他的品种。在欧洲，西欧的私营部门和东欧的公共部门也培养出了数以百计的花色品种。世界上其他国家主要从这三大洲进口其他品种的马铃薯。为什么会有如此大量的马铃薯品种呢？一个原因是马铃薯拥有种类繁多的基因。

转基因马铃薯是通过遗传工程改变植物种子中的 DNA，然后把这些修改过的再复合基因转移到另一些植物种子内，从而获得在自然界中无法自然获得的植物物种。目前的转基因马铃薯可以分为经济类、医药类、工业类等几种不同类型。经济类以抗虫害转基因马铃薯新品种研发为主，如美国孟山都公司培育出一种抗虫害转基因马铃薯新品种。该名为"新叶"的马铃薯新品种经过遗传工程处理，植入了特定的基因材料，会生成苏云金杆菌，杀伤马铃薯最主要的害虫马铃薯瓢虫。医药方面有美国科学家研发的含乙肝疫苗的转基因马铃薯、德国科学家研发的可预防宫颈癌的马铃薯、俄罗斯科学家研发的用于培育抗肝炎疫苗的马铃薯。法国科学家甚至开发成功一种在煮熟和切碎后会产生甜味的转基因马铃薯。德国弗劳恩霍夫学会 2009 年 8 月发表公报说他们培育出了一种只含有支链淀粉的超级马铃薯，可望为以支链淀粉为原料的相关生产节省生产成本。

2011 年 7 月 10 日，以中国华大基因研究所为首的 26 家中外科研机构联合在《自然》杂志上在线发表了题为"块茎作物马铃薯的基因组测序及分析"（Genome sequence and analysis of the tuber crop potato）的研究论文，该研究为马铃薯的遗传学研究及分子育种提供了非常有价值的资料。

总之，人类选择马铃薯，马铃薯在人类帮助下形成更多品种。

5.6.2 动物的人工选择

人类也与各种动物之间建立了共同依存的关系。四大农业起源地中，西亚农业起源中心区驯化出山羊、绵羊、牛；中南美洲农业起源中心区驯化出驼羊、荷兰猪；非洲农业起源中心区驯化出毛驴；中国农业起源中心区则驯化出家猪、鸡、家犬。有研究表明，家犬是第一种由智人驯化的动物，早在农业革命前已经发生。虽然专家对于确切的年代还有不同意见，但已有证据显示，大约 15 000 年前就已经有了家犬，而它们实际加入人类生活的时间还可能再往前推数千年。

家犬除了能狩猎、能战斗，还能作为警报系统，警告有野兽或人类入侵。更能满足人类需求、更能体贴人类情感的家犬，就能得到更多的照顾和食物，于是也更容易生存下来。经过这样长达 15 000 年的相处，人和家犬之间的理解和情感远超过人和其他动物的关系。

一、家犬的进化史

在动物分类学上，家犬属于食肉目。关于家犬的进化，已发展很多不同的理论，狼、狐和豺都曾被认为是家犬的直接祖先。在 19 世纪，家犬品种的多样化导致了连达尔文等人都赞同其野生祖先不止一种。也正是因为家犬的多样性和与人类的特殊关系，现代生物学分类命名奠基人、著名瑞典生物学家卡尔·冯·林奈（Carl von Linné）把家犬划为一个独立的犬科物种。借助于遗传学技术，研究人员发现家犬和灰狼的亲缘关系最为密切，表明灰狼是其直系野生祖先。人们发现，无论是在野外自然条件还是在人为圈养条件，家犬和灰狼完全可以杂交产生后代。例如，著名的军犬捷克狼犬就是德国牧羊犬和欧洲灰狼杂交选育产生的。鉴于此，1993 年，美国史密森学会与美国哺乳动物学会重新分类，将家犬划为灰狼的一个亚种。

家犬的进化过程可以划分成两个主要阶段。第一阶段是史前人类把灰狼驯化为早期家犬，该阶段持续了很长时间。我国乡村地区的"土狗"就比较接近这种原始的早期家犬。驯化的第二阶段是中世纪以来的几百年时间。这期间，人类根据自身需求和审美把早期家犬培育成形态多样化、行为各异的品种，这一过程被称为家犬品系化。

众所周知，灰狼是一种凶残的动物，而家犬却是人类温顺友好的伙伴。灰狼如何进化为家犬呢？目前还是一个谜题，较合理的解释是拾荒者假说。该假说的核心是灰狼的自我驯化。为了更容易获得狩猎采集为生的人类的残渣剩饭，一些灰狼长期在人类居住点附近徘徊。它们展现出温驯的品质，并得到人类的接纳。逐渐地，灰狼和人类共同生活在一起，并成为狩猎活动中的重要助手。

二、家犬的人工选择

灰狼进化成家犬之初，人类只是使其执行狩猎和看守家园的任务。工业革命形成更加精细的生产分工，逐渐出现了专门从事家犬遗传育种与繁殖的职业。家犬繁殖方向朝工作和观赏两个主要品系发展。一方面按照家犬不同的职责加以区分，并以此为目标进行人工选择，使其更利于行使如放牧、警戒、狩猎等职能；另一方面仅仅作为伴侣犬或观赏犬融入家庭，因此其外观形态成为人工选择的目标，主要涉及大小、头型、毛色及毛质等。研究结果表明，家犬品种已超过 400 种，数量超过 4 亿只。它们面貌和毛色各不相同，五花八门，千姿百态，几乎使人难以相信是同种动物，但是所有的差别都是人工选择的结果。

加拿大英属哥伦比亚大学心理学教授斯坦利·柯伦（Stanley Coren）联合 208 位各地育犬专家、63 名小型动物兽医师和 14 名研究警卫犬与护卫犬的专家对各种名犬种进行深入观察与研究，并对犬的工作服从性和智商进行排名。排行准则：听到新指令 5 次，就会了解其含义并轻易记住，主人下达时，它们遵守的概率高于 95%，此外，即使主人位于远处，它们也会在听到指令后几秒内就有反应。即使训练它们的人经验不足，它们也可以学习得很好。据研究，智商排名前 12 的分别是：边境牧羊犬、贵宾犬、德国牧羊犬、金毛寻回犬、杜宾犬、喜乐蒂牧羊犬、拉布拉多寻回犬、蝴蝶犬、罗威纳犬、澳大利亚牧羊犬、彭布罗克威尔士柯基和小型雪纳瑞犬。

1819 年，维也纳一个神父训练出了全球首只导盲犬。但人们对于导盲犬的了解，大多数源于第一次世界大战之后。为了帮助在战争中丧失视力、生活难以自理的士兵，德国开办了世界上第一个导盲犬训练学校。之后，导盲犬开始为视力障碍人士服务。目前，全球共有约 4 万只导盲犬，其中美国 1 万多只，英国有约 4000 只，德国有约 1100 只，日本有约 960 只，中国的导盲犬不到 100 只。新浪微博记录了中国第一位女盲人钢琴调律师陈燕和导盲犬珍妮的故事。珍妮是一只黑色的拉布拉多犬，作为导盲犬服役 8 年，和主人陈燕建立了深刻的感情。

5.6.3　微生物的人工选择

人类从未停止探索如何把丰富的微生物源为己所用，早在远古时代，采集的果实或谷物如果有剩余，在储存过程中就会发生变质、腐烂，甚至产生酒精而变成了酒，人们发现了这些变质食物的美味，便有意识重复这样的"发酵"过程。这是人类利用微生物的开始。人类已发明了不同品类的发酵食品，如酸奶、奶酪等发酵乳制品，白酒、米酒、啤酒、葡萄酒等酒类，再比如非常有中国特色的酱、醋、茶等，这些都离不开微生物的重要贡献。

随着城市化进程，人类每天会产生大量的废水。废水的处理是把沉淀、过滤、凝聚等物理、化学处理与生物处理组合成一个系统，而生物处理是其中的主体。生物处理方法主要是利用微生物的生命活动过程，对废水中的污染物质进行转移和转化作用，从而净化废水。根据微生物与氧的关系，可将废水生物处理分为好氧处理和厌氧处理。其中，处理生活污水的好氧活性污泥一般为黄褐色，其中心是能起絮凝作用的微生物所形成的菌胶团。菌胶团上生长着酵母菌、霉菌、放线菌、藻类、原生动物及微型后生动物等，它们能迅速稳定废水中的有机物，具有良好的自我凝集和沉降能力。根据微生物在构筑物中处于悬浮状态或固着状态，可将废水生物处理分为活性污泥法和生物膜法。普通生物滤池的生物膜上自内向外分别生长着不同的微生物，包括生物膜生物、膜面生物以及滤池扫除生物。生物膜生物以菌胶团为主，辅以浮游球衣菌、藻类等，它们主要起净化和降解作用；膜面生物是固着型纤毛虫和游泳型纤毛虫，起促进滤池净化速率、提高滤池整体效率的作用；而滤池扫除生物，包括轮虫、线虫、寡毛类的沙蚕、体虫等，起去除滤池内的污泥、防止污泥积累和堵塞的功能。通过遗传育种甚至基因工程将这些废水生物处理中的优势菌构建成超级菌，使其对某种废水具有强降解能力。

随着人民生活水平提高，城市居民每天产生的垃圾量在增加。以前普遍采用的垃圾处理和处置方法主要有堆肥法、填埋法和焚烧法。其中堆肥法和填埋法为生物处理方法，用以处理可生物降解的有机固体废物。根据堆肥过程中微生物对氧气的要求不同，可将固体废物的堆肥分为好氧堆肥和厌氧堆肥。好氧堆肥是在通气条件下，利用好氧微生物分解大分子有机固体废物为小分子有机物，部分有机物被矿化成无机物。堆肥初期的微生物是中温性的细菌和真菌，它们分解碳水化合物、蛋白质、脂肪并释放热量，使温度上升，达 50℃；然后好热性的细菌、放线菌和真菌分解纤维素和半纤维素，使温度上升到 60℃，真菌停止活动；好热性的细菌和放线菌继续分解纤维素和半纤维素，温度升至 70℃，致病菌和虫卵被杀死，此时，一般的嗜热高温细菌和放线菌也停止活动，堆肥腐熟稳定。其中用到的微生物菌种是经人工筛选培育的多种具有高效生理功能的混合菌种。

人类越来越多地发现并驾驭有益微生物，使它们为人类服务。不过，人类目前能够驾驭的微生物种类还只是很少一部分，尚有大部分未知功能的微生物有待我们去发掘、研究和应用。

5.7　生物与仿生

经过亿万年的进化，自然界给我们提供了无数的生命样本，也时时刻刻给我们生命的启迪。大自然总能找到利用现有材料构筑生命大厦的办法，低碳环保。人类也很早就开始研究和探索自然，向自然学习和实践。目前，仿生学也经历了从孕育到发展到逐渐成熟的发展历程，并在信息革命的催生下，进入全新的发展阶段。它与生命科学、计算机技术、人工智能等相结合，绽放出更璀璨的花朵。仿生学也遵循科学认知规律，实践到认知，再实践再认知。人造产品中逐渐包含生命组件甚至具有完整的生命。例如，美国 3D 生物打印技术公司（Organovo）利用 3D 打印技术，将活细胞组合在一起形成可用的器官结构，成功地打印出全细胞肾组织。2020 年，澳大利亚的研究团队证明，生物 3D 打印技术不仅可以实现自组织肾脏类器官的自动制造，而且能高质量地控制细胞数量、直径和细胞活性。美国的研究团队采用高清晰单细胞打印（high-definition single-cell printing，HD-SCP）进行可控微流分选生物 3D 打印，合成成分和形态受控的类器官模型。HD-SCP 依靠微流控打印头将含有细胞的液滴喷射到空气中，随后由激光激活的分拣系统进行检查，含有所需单细胞的液滴可以打印成细胞阵列、细胞模式或者高清晰度球体（图 5-11）。这些技术不仅能帮助数以

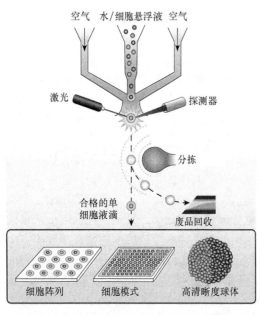

图 5-11　高微型化单细胞打印流程示意图
（Zhang et al.，2020）

百万计的患者恢复健康,更重要的是拓展我们对生命的认知。具有生命活性的仿生制品在功能性、适应性和微型化等方面更具有突出优势,验证了凯文·凯利"机器,正在生物化"的发展趋势。这里从形态仿生、医疗健康仿生和仿生机器人等领域进行介绍。

5.7.1　形态仿生

形态仿生重点强调对生物外部形态与人类审美的需求。其设计理念是在对自然生物体所具有的典型外部形态的认知基础上,形成对产品形态的突破与创新。对设计师来说,仿生设计是塑造产品形态的重要方法之一,能体现设计师对自然的尊重与理解,以及"绿色、生态、系统化"的设计思想。在设计领域,形态仿生有非同凡响的意义与作用,应用在日常生活等各种领域。

人类的生活不外乎"衣食住行",而仿生技术已逐渐渗透到我们生活的方方面面。如果有件可以感知皮肤表面湿度的智能衣服,天热出汗时长袖变为短袖,汗干后又恢复如初,那将多么神奇!南开大学药物化学生物学国家重点实验室刘遵峰教授团队研获了一种绿色环保的纯蚕丝"人工肌肉",可通过感知湿度实现自动伸缩。当暴露在水雾中时,扭转"人工肌肉"纤维实现了完全可逆扭转行程,非常接近于湿度驱动的扭转石墨烯纤维。当相对湿度从20%变为80%时,蚕丝伸缩肌肉的收缩率为70%。研究人员用蚕丝"人工肌肉"编织了一件玩偶大小的智能上衣,当环境湿度增加时,智能上衣的衣袖长度收缩至原长度的一半;湿度下降时又恢复如初。这种水分敏感的纺织品,可以通过改变宏观形状非常有效地实现水分和热量的管理功能,效果如图 5-12 所示。

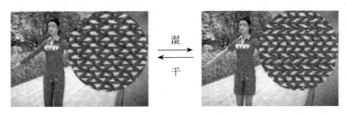

图 5-12　蚕丝"人工肌肉"(引自南开校友,2019. 南开大学团队研获纯蚕丝"人工肌肉".
https://nkuaa.nankai.edu.cn/info/1070/2948.htm)

食物中最重要的是水,但世界上有许多国家和地区严重干旱。因此,研发集水技术、制造集水装置对解决水缺乏具有重要意义。自然界中许多生物能从潮湿空气中收集水滴,从而能在干旱缺水的地区生存,这为人类研发集水装置提供了灵感。清晨,纤弱的蛛网上结满露水,表明它具有极强的集水功能。这一现象,引起许多研究者强烈的好奇心。研究发现,蛛网在干燥环境下,由亲水性的蓬松胀泡(puff)组成,并周期性排列在两根主纤维(main fiber)上。然而,在遇到雾气,纤维吸水润湿后,胀泡结构变成纺锤结(spindle-knot),而贯穿其间的主纤维变为纤细的链接结构(joint)。值得一提的是,纺锤结和链接结构分别由无序交织和有序排列的纳米纤维结构组成,因而形成了表面能量梯度,同时由于曲率梯度还产生拉普拉斯压差,在这两个梯度力的协同驱使下,雾气可以连续不断地凝结而形成小尺度液滴,并从弱亲水链接结构向高亲水纺锤结方向传输,形成较大水滴,悬挂在蜘蛛丝上。受蜘蛛丝集水这一生物现象的启发,香港大学机械工程系王立秋研发了一种大规模高效集水的仿生空腔微纤维,这种空腔微纤维具有良好的机械性能、特异性的表面微结构和优异的耐久性。由于空腔结点结构的设计,大大降低了微纤维自身重量,节省了制备原材料,降低了制备成本,有利于大规模制备和实现大范围水收集。这种空腔微纤维显示出了优异的水收集能力，实验证实，单根纤维的单个结点收集水的体积约为结点本身体积的 495 倍。蛛网集水现象及仿生研究如图 5-13 所示。

生活在非洲纳米布沙漠的一种沙漠甲虫的背部翅膀也具有集水功能。研究发现，这种甲虫背部翅膀上密密麻麻地分布着许多山峰状突起物，突起物顶部光滑，没有其他物质覆盖，具有亲水性；突起物侧斜面和周围底面覆盖着披有蜡质外衣的微米结构，由直径为 10μm 的半球呈规则的六角形排列而成，具有超疏水性，如图 5-14 所示。甲虫翅膀表面这一凸一凹的集水和排水构造，为其在干旱多雾的环境中获取了生存的水资源。大雾来临时，沙漠甲虫身体倒立，雾中微小水珠会凝聚在亲水的突起物上，越凝越大，使得水珠的重量对接触面积的比例越来越大，当毛细管张力固定不住这些水珠时，水珠就会滚落，顺着超疏水部位慢慢流入甲虫口中，从而实现集水功能。沙漠甲虫翅膀表面亲水与疏水区域的结合是其集水的关键，这一发现可以用于机场减雾、集水灌溉及多雾干旱地区集水等。例如，西班牙拉斯帕尔马斯海滨地区的名为"水剧场"的圆形露天剧场，其表面就是模仿甲虫翅膀的表面结构而设计的，能够从空气中获取水并有效蒸馏海水，利用获取的淡水浇灌农作物。又如，仿甲虫结构制备的"露水库"水壶器皿，其背部的脊状结构能够收集露水，器皿的凹线处可以把凝集在上面的水珠收集在一起，并流到底部的圆环容器中，水很容易进入这个圆环容器，通过底部的出水孔把水倒出来；不集水时，还可以用来盛水，如图 5-15 所示。

蛛网集水

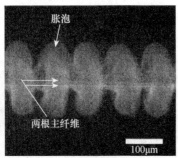
蜘蛛丝结构

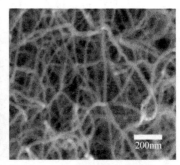
蓬松胀泡结构放大

蜘蛛丝的纺锤结和链接结构

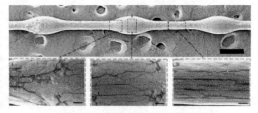
脱水后空腔微纤维的扫描电镜照片

图 5-13 蛛网集水现象及仿生研究（任露泉等，2016）

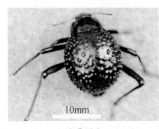
沙漠甲虫

翅膀上的突起

突起物的半球型结构

图 5-14 沙漠甲虫翅膀凸起结构（任露泉等，2016）

仿生建筑方面的例子更是不胜枚举。建筑学中就大量采用仿生技术进行外形设计。例如，印度莲花寺，使用了莲花的形态元素充分体现了佛教的圣洁。2008 年北京奥运会期间，北京国家体育场鸟巢就通过仿生技术惊艳了世界人的眼光。鸟巢的形态如同孕育生命的"巢"和摇篮，寄托着人类对未来的希望。设计者们对这个场馆没有做任何多余的处理，把结构暴露在外，因而自然形成了建筑的外观。生物界的各种蛋壳、贝壳、乌龟壳、海螺壳，以及人的头骨等都是一种曲度均匀、质地轻巧的"薄壳结构"。这种"薄壳结构"的表面虽然很薄，但非常耐压。模仿壳体在外力作用下，内力沿着整个表面扩散和分布的力学特征，"薄壳结构"在建筑工程中早已得到广泛应用，如我国的国家大剧院。仿生建筑如图 5-16 所示。

图 5-15　仿甲虫水壶
（任露泉等，2016）

印度莲花寺

中国国家体育场

中国国家大剧院

图 5-16　仿生建筑（任露泉等，2016）

对于人类的出行，仿生技术也发挥着不可替代的作用。早在 1964 年，日本就制造出了第一列时速达 193km/h 的新干线列车。但它通过隧道时，总会发出震耳欲聋的噪声。研究发现，新干线列车以高速通过狭窄的隧道时，不断推挤前面的空气，形成了一堵"风墙"。它与隧道外面的空气相碰撞时，就会引发声爆产生极大的噪声。同时，这对列车本身也施加了巨大的压力。新干线列车的设计和研发人员对这一问题仔细分析后，意识到新干线列车必须要像跳水运动员入水一样"穿透"隧道。为了获取灵感，他们开始研究善于俯冲的鸟类。他们将翠鸟作为生物模本进行仔细研究后发现，翠鸟呈流线型的长长的喙，能瞬间穿越空气，潜入水中时只激起很小的水花。他们模拟翠鸟的喙，对新干线列车车头进行重新改造，并于 1997 年投入使用，如图 5-17 所示。实践证明，这种列车噪声水平显著下降，而且行驶时阻力减小，能效提高约 209%。

翠鸟入水瞬间

仿生高速列车

图 5-17　模仿翠鸟的仿生高速列车（任露泉等，2016）

随着观测、试验、仿真手段的完善，特别是非生物制造与生物制造的紧密结合，使现代仿生学的模拟广度和深度得到进一步的强化。仿生学已不再是简单地对自然进行"形似"模拟的单元仿生，而是模仿生物多因素及其相互耦合、相互协同作用的原理而进行的多元仿生或耦合仿生，这更近于"神似"仿生。"神似"仿生更注重对生物功能原理与规律的探究，以多元仿生为主，原理模拟为要，特别是将大自然转变成为人类经济与社会发展的智库，去学习、去模拟。仿生学是人类在人与自然关系上几百年来的一次根本性的变革，必将产生重大而深远的影响。

5.7.2　医疗健康仿生

当人类健康需求全面提升，就对医疗健康等领域的技术革新提出强烈需求。不可否认，许多解决人类健康问题的重大医学突破都是通过仿生学实现的。在医药领域，仿生药物和措施更接近于生命本质，可实现更友好地对待人体，帮助人类战胜疾病、延缓衰老，并最终达到延长寿命的目标。仿生药物的制药方式更注重在分子、细胞、组织、器官、系统层次深入认识和理解人的结构、功能和特征，如分子仿生制药和酶催化仿生制药等，不仅有效提高药物质量而且保证用药安全。例如，多重耐药菌是具有多重耐药性的病原菌，多种抗生素对其无效。日本东京大学的研究者以耐受高温环境的嗜热古菌的转运蛋白为模型，发现其能将药物排出细胞，从而让细菌产生抗药性。研究人员将氨基酸连接成环状的肽，成功阻止了嗜热古菌排出抗生素。这一研究为研发新药提供了借鉴，有望开发强有力的仿生抗菌新药。2008 年，浙江大学的唐睿康团队发明了一种给细胞"穿衣服"的方法，如图 5-18 所示。受鸡蛋外层矿化硬壳保护的启发，团队以酵母细胞为模型，把表面涂有聚丙烯酸酯的酵母细胞放入富含磷酸钙的溶液，促使溶液中的磷酸钙在细胞表面有序沉积成均匀的外衣。"穿衣"后的酵母细胞依然保持活性，并进入休眠状态。即使在营养不良等不利环境下，它依然能保持长时间的活性。酸或者超声波的作用就能使它轻易"脱衣"，细胞就能恢复到原来的状态和功能。该技术为细胞的保存和传送开辟了新途径。

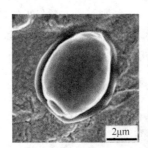

酵母细胞　　　　　　　　　矿化包裹后的酵母细胞

图 5-18　给细胞"穿衣服"的方法（任露泉等，2016）

那么能否采用同样的方法，对难以控制的癌细胞进行某些功能设计？吉林大学第二医院骨科医学中心宋旸等用亲水性的琼脂糖包裹大鼠的乳腺癌细胞（SHZ-88），使其在凝胶内部生长，并收集其上清液作用于人类乳腺癌细胞（MCF-7），发现可以有效抑制 MCF-7 的生长。太原理工大学生物医学工程学院魏延等通过聚电解质诱导，成功在癌细胞表面形成人工的矿物质外壳，研究发现这种外壳可能会有效地限制癌细胞的迁移和侵袭能力。这也为癌症的有效治疗提供新思路。

在医学健康领域，针对身体出现残障情况进行了大量的功能仿生研究。科学家成功地研发了多种假肢，但其完成动作的多样性和灵活性还远远满足不了患者需求，这一问题一直困扰着科技工作者与患者。随着科学技术的飞速发展，关于智能仿生假肢的研究也进展迅速。世界首个走向市场的仿生手是英国研发的仿生假肢 i-Limb。戴上假肢后的英国孩子艾伦（Alan）可以完成单手写字、骑自行车、使用刀叉等生活必需的功能。

2007 年托德·库肯（Todd Kuiken）博士在《柳叶刀》杂志上公布了用大脑操纵机械手臂的仿生技术。通过外科手术，患者断臂残端处的神经被连接到胸部肌肉群上，这样肌肉群就能接收并放大从大脑发出的电子脉冲，然后再传递给仿生手臂上的传感器，以此支配其运动。美国约翰·霍普金斯大学的研究者研发出一种"靶向肌肉重新支配神经"仿生医疗技术，将截肢手术后保存下来的神经同身体内的另一组肌肉连接在一起，然后在胸部肌肉上放置电极。当患者想移动手臂时，大脑发送信号，这些信号先使胸部肌肉收缩，然后发送电子信号给仿生手臂，指导手臂移动。这个过程只需要有自觉的意识就可以完成。同时，瑞士洛桑联邦理工学院的研究者研制的仿生假肢直接通过电极芯片与人类手臂上的两个主要神经系统相连，电极芯片会帮助假肢佩戴者用思维来控制该假肢，同时还会向佩戴者的大脑发送信号。该仿生假肢能够与截肢者很好地"融为一体"，不仅能够随意摆动手指、握拳拿物，而且指尖、拇指、手掌、手腕等处的触觉都非常敏锐，如图 5-19 所示。

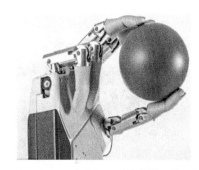

图 5-19　通过电极芯片控制仿生假肢
（任露泉等，2016）

人与动物骨骼在外力载荷作用下能够吸收能量、缓释应力，具有良好的强度和韧性。美国麻省理工学院的研究者在纳米尺度上对胫骨的基本结构进行研究，发现骨骼在微小尺度上硬度具有不均匀性。但这不但不会影响骨骼的韧性，而且更有利于能量的吸收，这为医学领域开发新型仿生骨骼材料提供了借鉴。

在康复领域，原来主要是多自由度的牵引式或悬挂式康复机器人。近年来，我国下肢运动功能障碍残疾人有近 1500 万，因衰老所致步行能力丧失的失能老人近 4000 万，同时每年脑损伤、脊髓损伤新发患者 2000 多万。亟需康复技术人员约 35 万人，但从事康复工作的专业人员还不到 2 万人。因此，增加外骨骼康复机器人来协助进行康复训练意义重大。在康复机器人基础上技术升级的穿戴式康复机器人即外骨骼机器人异军崛起。外骨骼机器人技术是融合传感、控制、信息、移动计算的综合技术，为作为操作者的人提供一种可穿戴的机械机构。外骨骼不仅帮助患者正常行走，甚至还能帮助患者爬楼梯。

在医学仿生领域，基于生物医治、防御、免疫、自修复等功能原理，人类还开发出了许多医疗诊断技术，研制出了许多人体仿生器官与组织，如仿生人造心脏、胰腺、肝脏、肾脏，仿生骨骼、关节、假肢，仿生眼、鼻、舌，仿生细胞、皮肤、肌肉，等等。这些仿生成果代表着医学领域的最新成就，预示着新的医学时代的到来，人类将从中获得更好的健康保障。

5.7.3　仿生机器人

自然界中有许多生物能巧妙地、有目的地主动迅速改变其空间位置，造就了许多不同的运动本领，以提高其生命效能和生活质量。人类模仿生物行走、奔跑、跳跃、游泳、飞行、爬行等运动形式，这些运动形式不仅能应用于体育运动提升人类运动能力，实现更高、更快、更强的体育竞技；而且能以此为灵感设计制造出各式各样的仿生机器人，帮助人类在不同环境不同要求下完成特定的任务。各国科学家们在仿生机器领域各领风骚，有的研发不同种类的个体机器人，有的结合社会性生物特点研发合作机器人。

一、个体仿生机器人

人类通过模仿动物运动形式，发明了能上天入地、潜海，以及能在人类无法活动的地方畅行无阻的仿生机械和仿生机器人，继续拓展人类的活动范围，持续提升人类掌控多维时空的能力，不断满足人类发展需求。犬是与人类关系最为密切的动物。美国研发的"大狗"机器人不仅仅可以爬山涉水，还可以承载较重负荷的货物，如图 5-20 所示。"大狗"机器人的内部安装有一台计算机，可根据环境的变化调整行进姿态。它既可以自行沿着预先设定的简单路线行进，也可以进行远程控制。它的引擎由液压系统驱动，四条腿和动物一样拥有关节，可吸收冲击，每迈出一步就回收部分能量，以此带动下一步。"大狗"的奔跑速度为6.4km/h，最大爬坡度数为 35°，可在废墟、泥地、雪地、水中行走，可负重 154kg。"猎豹"机器人由美国波士顿动力公司研发，如图 5-21 所示。它能够冲刺、急转弯和急刹停止，它的奔跑速度能超过人类。"猎豹"机器人的背部结构是关节型的，能够随着每一个动作灵活地来回移动，提高了步幅和奔跑速度，这与动物的运动原理相差无几。

图 5-20 "大狗"机器人　　　　图 5-21 "猎豹"机器人
（中国电子学会，2017）　　　（中国电子学会，2017）

人类也探索飞行的秘密，并应用到飞行仿生。鸟类翅膀结构主要包括中空的骨骼、肌肉和羽毛。肌肉顺着骨骼生长，表皮外披覆轻柔的羽毛。它们主要是借助扑翼的方式来维持自身的持续飞行。基于此，我国科学家提出了"膜＋杆"柔性和刚性结合法制造扑翼的理念。在第四届中国无人机大会暨展览会上，南京航空航天大学展出了"天鹰"仿生扑翼无人机。它模仿鸟类翅膀运动原理，通过上下扑动为飞行器提供动力，可完成下扑、折叠、上扑和展平四个动作。这样的扑翼为机器鸟同时提供升力和推力，适用于多款仿生扑翼无人机。例如，仿昆虫扑翼类无人机、仿鹰扑翼类无人机、仿蜻蜓类扑翼无人机等。2019 世界机器人大会现场，德国 Festo 公司研发的"Smartbird"鸟类机器人吸引着观众的目光。它模仿自然界的大型鸟类，飞行速度可达 7m/s，重量不足 600g。"Smartbird"可以完美模拟鸟类的飞行状态，甚至令人难辨真伪。它们像正常的鸟类一样依靠翅膀提供飞行动力，双翼不仅可以上下拍动，还可以按照一定的角度进行扭转，甚至连头都可以全角度转动。

人类对生物的游泳动作也充满好奇。水母游泳的姿势非常特别，它降落伞状的身体不停地收缩与舒张，将伞腔内的水压出体外，借此朝相反的方向游动。这种奇特的泳姿给人类灵感。美国海军研究办公室研制了一种"机器水母"，是由生物感应记忆合金制成的细线连接的。当这些金属细线被加热时，就会像肌肉组织一样收缩。它能够像真实水母一样在水中自如游动，并且还可用于监控水面舰船和潜艇、探测化学溢出物，以及监控洄游鱼类的动向。

仿生研究不仅关注大型生物，而且逐渐深入到昆虫领域。受生物运动力学原理启示，人类改善了机械装备运动力学特性，设计出新型仿生高效机械装备和部件等。例如，壁虎脚底刚毛与接触物体产生范德瓦耳斯力，从而使其具有超强吸附能力，能够在垂直的光滑墙面和天花板上自由行走。南京航空航天大学的研究者根据壁虎爬行原理，设计出了行动迅捷灵活的仿生壁虎机器人。它通体由白色铝合金组成，身长除尾巴外有 150mm，宽 50mm 左右，不包含电池的状况下重量只有 250g。它和真壁虎一样有"四肢"，还有一条同样为铝合金材质的"长尾巴"。通过锂电池供电，它可以实现在垂直的平面上爬行，能在天花板、墙缝、玻璃等建筑物表面垂直或倒挂攀爬行走，能够自动辨识障碍物并规避绕行。

欧洲科学家研制出了仿生蟑螂机器人，在其外表敷有一层与真实蟑螂体表化学成分十分类似的涂层，能成功混入蟑螂群体中，用于研究集群生物如何进行"群体决策"。仿生蟑螂机器人被放入真蟑螂群体中，很快就与真蟑螂"打成一片"。

二、合作仿生机器人

德国自动化公司模拟蚂蚁高效的团队管理与合作效应，研发出仿生蚂蚁机器人机动队。这些蚂蚁机器人约有手掌大小，能够像真正的蚂蚁一样为了完成特定任务而自主决定形成有效的合作。仿生蚂蚁的塑料身体部分是 3D 打印制造的，底板连着传感器，蚂蚁的六只脚和钳子是用陶瓷驱动器制作的，只消耗很少的能量就能够快速和准确地弯曲，同时保持自身结构完整，头上的触角可以用来充电。仿生蚂蚁头部有一个立体摄像头帮助它们确定其位置及其需要搬动的物体，底板传感器可以帮助它们感受周围环境。仿生蚂蚁机器人之间能够相互沟通，并且协调它们的动作和运动方向，一个小团体能够共同推动或拉动比自己身体大许多的物体。仿生蚂蚁团队合作如图 5-22 所示。

图 5-22　蚂蚁机器人团队合作（任露泉等，2016）

哈佛大学生物工程研究所的研究员们制作了一种微型机器人"Kilobot"。它高 3.3cm，形状大小类似硬币。它的标配包括一个红外传感器、一个振动式马达和一个小型微处理器。红外传感器用来接收主控台的信息和机器人之间的沟通，当两个机器人间距不超过 10cm 时，它们能够彼此通过红外线进行交流。接收到来自邻近的信息之后，通过内植简单程序的微处理器分析，微型机器人能够执行具体的命令。信息就这样一层一层在机器人之间传导开。具体执行时，振动式马达通过抬起"腿"而完成移动。一群"Kilobot"可能会随机移动，但在以上三个小部件的共同作用下，当主控台让小机器人排成五角星的形状，根据指挥，它们会通过振动的腿移动，进而迅速集合在一起。这些低成本机器人中的计算机算法，可以绘制路线并阻止任何机器人偏离航向，使若干个"Kilobot"联合在一起形成了五角星形状。

5.8　延伸阅读

5.8.1　《生命通史》

朱钦士，四川省成都市人，毕业于北京大学生物学系生物化学专业，后取得荷兰阿姆斯特丹大学生物化学博士学位。研究领域涉及生物能、酶的结构与功能、蛋白质的合成与转运、癌症与染色体、神经递质、基因表达的调控机制以及肝脏解毒系统等。朱钦士所著的《生命通史》从分子和基因角度讲述每一种生命功能进化的历史。从微观角度证明，地球上所有生物都来源于共同的祖先。《生命通史》以生物的各种功能的演化作为主要线索，揭示了能量摄取、信息传递、结构形成、运动、繁殖、感觉、摄食、防卫、意识等各种功能的起源和演化历程。它不仅仅描述了生物体各种功能的演化史，同时更为重要的是呈现了功能演化的深层机制，即包括基因在内的种种分子层面上的不断演化，从"内部"揭示了生物演化的脉络，以及地球上如此复杂多样、缤纷绚丽的生物界在分子层面所具有的惊人的一致性。

5.8.2 《进化》

生命科学名著《进化》一书是尼古拉斯·巴顿等人的著作，它全面、系统地介绍了进化生物学，涵盖了进化生物学的产生和发展的历史，从西方早期的自然神学到达尔文的进化论。主要介绍了进化生物学的重要科学问题和相应的研究领域，如生命的起源、物种形成与生物多样性产生的机制、体制发育的进化、突变和遗传重组、DNA 和蛋白质的变异、生命复杂性状的遗传基础、自然选择在分子水平的作用机制、进化中的冲突与合作、进化中新性状的产生，以及人类起源和进化的历史等。该书的讲述深入浅出并提供了大量实际研究的例证和精美直观的图表，非生物学专业的读者也能看懂。

5.8.3 《生命的法则》

《生命的法则——在塞伦盖蒂草原，看见万物兴衰的奥秘》一书的作者，肖恩·卡罗尔（Sean B. Carroll），美国国家科学院院士、美国艺术与科学院院士、威斯康星大学分子生物学和遗传学教授、本杰明·富兰克林生命科学奖获得者。他在书中写道，虽然看起来，塞伦盖蒂草原成群的斑马和我们人体内的细胞毫不相干，但世间所有的生物背后都有一条隐含的逻辑，即调节生物数量的普遍规律，称为"塞伦盖蒂法则"。该法则可以解释"数量金字塔"：为什么一个地方只有 1 只老虎、50 只鹿，却有 1 万只老鼠和 4 万棵树？从植物到以植物为食的动物，再到以这些动物为食的其他动物，数量总是不断减少。

第 6 章　人类与自然——人类如何创新？

　　人类早在有历史记录之前就已经出现。长久以来，人类一直只是稳定位于食物链的中间位置。虽然能猎杀小动物、采集种种能得到的食物，但同时也会遭到较大型食肉动物猎杀。直到智人崛起，人类才一跃居于食物链顶端。人类不断发明新技术，创造新知识，形成新文化，形成人类文明。因此，人类不仅是生物意义上的人，更是文化意义上的人。

　　本章学习要求：

　　（1）了解人类的发展历程，理解人之为人的关键。

　　（2）理解大脑的结构和功能。

　　（3）思考创新的原动力。

　　（4）创新型国家对个人创新和团队创新的要求。

　　（5）人类在发展过程中对自然的破坏与修复，理解可持续发展观。

第 6 章专题视频

6.1　人 之 为 人

　　人类最初从自然界获取食物、衣着和居所。随后，我们脱离了纯自然的进化，向自然学习，创造出自然没有的东西，成为生命 2.0。现在，自然敞开胸怀，让人类向生命、向人类自己学习。人类开始自己重塑自己，成为生命 3.0。

6.1.1　人类进化

　　既然人和大猩猩出自同一个祖先，为什么几百万年后我们成了人，而它们却依旧停留在深山密林继续风餐露宿？为什么聪明的猩猩能模仿人类或察言观色却学不会说人话？为什么人类能够建立几千年的文明？为什么只有人类登上月球，并逐渐向宇宙进发？是我们的基因足够复杂让我们能够完成如此艰巨的任务吗？人类的基因组相对于其他生命体来说究竟有多大呢？人类遗传信息的基因组包括 30 亿个碱基对，这不仅是人类的传记，也蕴含着生命进化的密码。2003 年人类基因组测序结果表明，人类基因组含有 2 万～2.5 万个编码蛋白质的基因。人类基因组中能编码蛋白质的序列总长度约为 35Mbp，只有人类基因组的 1% 左右。基因在人类基因组中并不是均匀分布的，其中约 20% 的人类基因组是几乎没有基因的"沙漠"地区。当然，也有很多基因密集区，如第 17 号染色体基因密度高达 12.6 个 /Mbp。这些基因中，到底是什么基因导致人类和其他物种不一样呢？我们还是先从人类进化史出发去寻找答案吧。

　　6000 万～3000 万年前，灵长类动物出现并很快开始群体生活。包含友谊、阶层和竞争的集体生活推动了灵长类智力稳步增加。1500 万～1000 万年前，人类、黑猩猩和大猩猩共同祖先体内的 *RNF213* 基因开始迅速进化，通过扩大颈动脉增加了流到大脑的血液。1300 万～700 万年前，人类祖先同黑猩猩祖先相揖别。人类特有基因 *ARHGAP11B* 基因在人类大脑进化中发挥着重要作用。约 700 万年前，*SLC2A4* 和 *SLC2A1* 两基因刺激大脑长得更大。

一段非编码序列 *HACNS1* 迅速进化，在手和前肢的发展中起了重要作用。530 万～240 万年前，*MYH16* 基因突变导致人类下颚肌肉变得羸弱，从而极大地减轻了对颅骨的束缚，使大脑有更大的生长空间，导致人脑为猿脑的三倍。350 万～180 万年前，人类祖先学会用石器屠宰动物，肉食更多，也能获得更多的热量。约 330 万年前，无毛的人类暴露在阳光下皮肤变黑，直到一些现代人类离开了热带地区。320 万～250 万年前，*SRGAP2* 基因突变使人类的脑细胞拥有更多的突起并形成更多的关联。约 280 万年前，出现了可能有更大大脑的能人。160 万～60 万年前，人类失去了气囊，可以产生不同的元音。在南非"奇迹"（Wonderwerk）洞穴发现的约 100 万年前的灰烬和烧骨，表明人类已经掌握了火。约 50 万年前，人类的 *FOXP2* 基因出现变异，让语言能力变强，也让人类的认知能力向前迈进了一步。现代人类的 *FOXP2* 基因突变会导致语言障碍，这表明 *FOXP2* 是学习和使用语言的关键。约 10 万年前，*AMY1* 基因导致人类的唾液中含有一种消化淀粉的淀粉酶。这对于开拓农业、形成定居的村庄以及构筑现代社会都是必不可少的。

对于人类进化来讲，科学家们最感兴趣的也最方便研究的是两条 DNA，它们分别是单纯来自母系的线粒体 DNA 和单纯来自父系的 Y 染色体 DNA。这两个 DNA 的变化相对较快，来源也非常清晰。科学家们首先测定了不同地域人群的线粒体 DNA，随后又测定了不同地域人群的 Y 染色体 DNA，两个结果都指向了同一个结论：现代的人类的确拥有共同的祖先，而这个祖先在很久以前生活在非洲。

人类的形成不仅由 DNA 进化决定，更多在于文化演化。语言的出现使人类有了世代分享和存储信息的能力，从而确保了下一代人能在世界上更好地生存。逐渐地，人类以"文化"把自己同动物区别开来。动物以本能的方式生存，只能现成地利用地球资源。当环境发生变化时，动物以自身的变化去适应环境。人以文化的方式生存，用劳动改变环境以使自然界满足自己的需要，包括适应和使之适应这两个方面。逐渐地，文化的发展导致了创造力的诞生。这种能力的出现不是自然选择的结果，而是文化的产物。世界上迄今最古老的红色手印岩画，可能是尼安德特人在 4 万多年前所作。约 2 万年前，我国江西仙人洞的先祖首次制造出陶罐。

西汉文学家刘向是我国历史上最早使用"文化"二字的。他在《说苑·指武》中说："圣人之治天下也，先文德而后武力。凡武之兴，为不服也，文化不改，然后加诛。夫下愚不移，纯德之所不能化，而后武力加焉。"这里的文化主要指人的道德伦常，是与武力镇压相对应的教化。我国近代学者梁漱溟在《东西文化及其哲学》中提出，文化乃是"生活的样法"。蔡元培在《何谓文化》一文中提出，"文化是人生发展的状况"。梁启超在《什么是文化》中提出，"文化者，人类心能所开释出来之有价值的共业也。"在拉丁语中，文化（cultura）词义是"耕种""栽培"，文明（civitas）的意思是"公民的""有组织的"，主要是指社会生活的规则和公民道德等，这样容易把文明看作是文化的同义词。在中国古代典籍中，"文明"一词早于"文化"。例如，《尚书·舜典》："睿哲文明，温恭允塞。"《易经·乾卦》："见龙在田，天下文明。"《易经·大有卦》："其德刚健而文明，应乎天而时行，是以元亨。"人们把它解释为："经天纬地曰文，照临四方曰明。"这里文明是指社会昌明和社会上光明美好的事物。它同后来"文化"是"文德教化"也有相似的含义。人类产生于自然，创造了文化，创造了文明，构筑了人类世界的历史，真正成为"人"。

目前，人类活动已成为地球上生物圈的主导因素，工业化的冲击和其他人类的活动都会在地球上留下永久印记。化石和生物质燃烧的炭黑被封存在冰川中；化肥中的化学物质残留在土壤中；塑料污染了土壤和水体；人类第一次使用核武器在地表沉积物中留下放射性痕迹等。地球地质年表分为宙、代、纪和世，其中世代表数万年的时间，全新世开始于约 11 700 年前。2000 年，为了强调今天的人类在地质和生态中的核心作用，诺贝尔化学奖得主保罗·约瑟夫·克鲁岑（Paul Jozef Crutzen）提出了人类世的概念。如果被地质学家们正式认定了，全新世就会结束，开始人类世。

6.1.2　仿人机器人

人类不仅对自然界的其他生物进行仿生，而且逐渐将目光聚焦在人类自身。随着科技的发展，各种工业机器人提高了生产效率，降低了劳动强度。但随之而来的是各国纷纷进入老龄化社会，不仅需要各种医疗保健机器人满足身体健康，更需要各种社交、互动机器人满足老年人的情感需求。

其实人类很早就在探索自身运动技能。人类对生命的认知曾经有一个时期是"生命机械论"，与此观念相适应，很多用机械模仿生命的作品问世。16 世纪 60 年代初，西班牙国王费利佩二世委托钟表匠朱纳洛·图里亚诺（Juanelo Turriano）制作了一个栩栩如生的"机械修道士"，全部用机械结构组成，驱动的发条装置隐藏在修道士的长袍里。它不仅可以移动，而且眼睛、嘴唇和头部都可以活动。17 世纪 70 年代末，瑞士发明家皮埃尔·贾桂 - 道兹（Pierre Jaquet-Droz）发明了一系列的自动机。其中"机械作家"是一名坐在书桌前的小男孩，由大约 6000 个零件协同工作。上紧背后的发条，它就会抬起右臂，将手中的鹅毛笔伸到桌子右侧的墨水壶中蘸一下，然后在白纸上缓缓写出几行词句。它写出的词句最多可以包含 40 多个字母。19 世纪，日本制造了可以端茶的木偶机械人 Karakuri，它在剧院或者大户人家为客人端茶。当托盘里的杯子倒满茶后，它会移动到客人面前，等客人取走了茶杯便离开。其头顶的发条为驱动装置。1939 年，纽约世界博览会展示了身高 2.1 米的金属人 ELEKTRO。它采用电动机和齿轮系统走路、挥动手臂、转动头部、数手指，甚至可以说话，词汇量达到了 700 个单词。上述机器人完全靠机械设计实现功能，可以称之为"机械人"。

随着科学技术的进一步发展，各种与机器人相关的科幻小说深入人心。机器人的形象也以动漫、电影等形式展现在我们面前。但要将科幻变为现实，还需要一些关键性技术。20 世纪，电子科技的迅速发展引发了一场真正意义上的机器人革命。许多受科幻小说启发的科学家创造出了更复杂的机器人。虽然人工智能的研究与应用仍然是一项复杂的挑战，但真正的机器人已经开始崛起。

一、社交仿人机器人

2015 年，法国 Aldebaran Robotics 公司和日本软银集团研发的社交机器人 Pepper 可以与人类互动并帮助人类。Pepper 头上有 4 个定向麦克风，不仅可以识别声音来自哪里，而且可以识别人类声音中的情绪。它还可以通过 2 个扬声器与人类交谈。2 个高清摄像头分别位于嘴巴和额头，1 个 3D 传感器装在眼睛里，帮助识别运动物体，以及人脸上的情绪。它的手柔软而灵活，手指上覆盖有橡胶，可以与小孩子牵手互动。不仅如此，它的颈部、肩部、肘部、腰部都有关节系统，允许它完成点头、举起手臂、转动肩膀、扭动手腕等与人类相似的活动。3 个全向轮使它能够向前、向后和旋转。安装在 Pepper 胸部的平板电脑可用于显示所需的任何信息，也可以用来收集它与人交流的信息。总之，Pepper 的设计理念是人形伴侣，人们在和它互动时会觉得它和真人一样。

中央广播电视总台推出的大型工业纪录片《强国基石》第四集《蝶变》中介绍了我国第

一台可商业化的仿人机器人 Walker，它全身拥有 39 个自由度。仅仅是拿起水杯倒水的动作就需要用到实现了 7 个自由度的机械臂。它具有下棋、按摩等家庭陪伴和服务功能。

二、认知仿人机器人

人类也希望通过仿生技术和机器人技术再现人的认知过程。意大利的 iCub 就是可以像人类一样学习的认知机器。iCub 的眼睛由 2 个独立移动摄像头组成，每秒可以捕获 15 幅图像，并发送给控制器进行处理。它手部和指尖上的传感器可实现触摸感知。中央控制器控制机器人身体上的各种电动机带动各关节和手指完成各种动作。iCub 可通过视觉、听觉和触觉传感器获得的信息进行学习，从而确定物体的边缘和形状、记住遇到的物体、识别和理解对象、识别人脸并记住互动情况，甚至还能建立与对象进行互动的最佳方法。

三、表情仿人机器人

有一个机器人被首次授予沙特阿拉伯国籍国家公民身份，"她"就是著名的表情机器人 Sophia。她由香港 Hanson Robotics 公司研发，在沙特阿拉伯的未来投资计划会议上接受了美国消费者新闻与商业频道（CNBC）安德鲁·罗斯·索金（Andrew Ross Sorkin）的采访。在接受采访时她与主持人对答如流，并以自信、机智、幽默控场。Sophia 背后是支持她的各种技术。人工智能、计算机算法和摄像头共同帮助 Sophia 选择面部表情和对话内容。首先，图像识别算法检测到一个可识别的面部，这会触发另一个算法来提供预先写入的语句以供使用。Sophia 选择一句话来说，并等待对方的第一反应。在分析对方的信息之前，转录算法会将其转换为文本信息，从而帮助她选择最匹配的选项并继续进行对话。

除此之外还有演说家机器人、小丑机器人、演奏机器人、迎宾机器人等各种不同类型的仿人机器人。

6.2　人脑与认知

灵长类的大脑出现于渐新世，在中新世进化成猿类大脑，现代形式的人脑不过存在了约 10 万年。人脑如何认知？意识从何产生？如何才能创新？需要人类以自己为学习对象，探索人脑的奥秘。

6.2.1　人脑演化

在生物演化史上，细胞分化出现神经细胞，神经细胞很快就聚集成神经系统，并逐渐由分散式神经网络，转变成集中式神经网络。而且它们也越来越往身体中央较安全的地方靠拢，并形成脊索。由于生物在运动时，通常会以身体的某一端作为前进端。因此前进端的信息对于运动、猎食、躲避、寻找配偶等行为就显得格外重要。生物前进端的脊索逐渐发育出感光系统、嗅觉系统和内在定位系统，以及处理这些信息的特化神经网络。可以说这些系统可以感知现在，预知未来。于是最原始的脑出现了，包括前脑、中脑和后脑。前脑负责处理嗅觉和视觉，后脑负责处理来自头部的触觉和味觉、内脏感觉、平衡感及听觉。中脑则负责整合感觉信息以进行转向和逃跑等运动控制。两栖动物的前脑已经发展成为两半球，爬行动物出现了大脑皮质。中枢神经系统发展出来后，前脑中的下视丘和脑下垂体控制内分泌系统，交感神经和副交感神经支配体内的各种消化、循环、呼吸等系统。哺乳类动物之前的大脑只有原脑皮质，包含了最古老的旧皮质和次古老的古皮质。这些比较古老的大脑皮质，都只有三层神经细胞结构。哺乳动物不仅嗅觉与触觉异常发达，通过计算机断层扫描发现其大脑中已经有新皮质。新皮质具有六层神经细胞结构，负责分析各种感官信息，从而帮助生物做出更灵活的行为和反应。灵长类的祖先需通过视觉来判定三维空间中的深度，因此视觉再度成为举足轻重的感官能力，视觉皮质在灵长类大脑新皮质的比重上升到了 50% 以上。"社会脑假说"理论认为，在群体化与社会化的压力之下，灵长类祖先的大脑不断地适应、调整与进化，高阶的智能应运而生，认知能力也变得越来越强大。例如，哺乳动物中，负鼠、兔、猫、恒河猴和黑猩猩这 5 种哺乳动物的大脑尺寸就呈增长趋势，甚至小脑也有类似的增长趋势。

在人脑的进化过程中，基因突变是第一推手。其中，*RNF213* 的基因正向突变解决了大脑血流量不足问题；葡萄糖转运子的 *SLC2A1* 基因突变使大脑可以从血液中有效获取能量；*ASPM*、*HAR1* 和 *ARHGAP11B* 基因综合解决了人类大脑扩增及皮质高度折叠问题；咀嚼肌群当中的 *MYH16* 基因突变解决了头颅肌肉限制大脑增大问题；与神经迁徙和神经分化等功能有关的 *SRGAP2* 基因突变解决了神经网络联结不足问题；与语言能力相关的 *FOXP2* 基因变异突破了智慧不足问题。于是在六道基因突变的"援助"之下，大脑突破难关，一步步迈向了智慧的巅峰。DNA 之父詹姆斯·沃森认为："大脑是最新、最伟大的生物前沿领域，是我们在宇宙中发现的最复杂的东西。"过去我们只能通过磁共振成像（MRI）等脑成像技术观察大脑，现在我们可以采用光遗传学技术打开或关闭神经元。不仅如此，我们还能通过丙烯酰胺交联替换脂质透明硬化成像/免疫染色/原位杂交兼容组织水凝胶（clear lipid-exchanged acrylamide-hybridized rigid imaging/immunostaining/in situ hybridization-compatible tissue-hYdrogel，CLARITY）技术提供完整无损的神经网络 3D 图像，包括精细回路和分子连接。光遗传学之父、斯坦福大学卡尔·戴瑟罗斯（Karl Deisseroth）教授甚至将光遗传学和CLARITY 结合起来，既能发现行为如何来自于整个大脑电路的活动模式，又不会忽略单个神经元。我们逐渐开始确定人脑几千种不同类型的神经细胞功能，开始研究情绪、记忆和意识来源。

人类深深着迷于人脑这个自然界的伟大产物，无数科学家投入毕生精力研究和探索脑结构、脑功能和脑工作机制。虽然成像技术让我们可以一窥大脑工作的过程，研究取得了一些基本共识，但要真正理解人脑还有很长的路要走。

6.2.2   人脑结构

结构决定功能是生物学的核心原则。为什么人类的大脑能够进行学习、记忆、思考、解决问题、创新等各功能呢？脑科学、认知科学、神经生理学和脑成像等领域都对大脑结构进行着持续深入的探索。

早在 19 世纪，颅相学家就宣称大脑有 35 个左右的特异性功能。这些功能被认为由特异性的脑区负责，包括从最基本的认知功能如语言和颜色知觉到意识。"定位主义"相信，不同的大脑功能存在于不同的分区。法国生理学家皮埃尔·弗卢朗（Pierre Flourens）通过研究鸟类动物，发现特定脑区的损伤并不引起特定的行为缺陷。不论他在鸟脑的哪个部位造成损伤，鸟都可以恢复。他发展了后来被称为"聚集场理论"的观点，即大脑作为一个整体参与行为。英国神经学家约翰·休林斯·杰克逊（John Hughlings Jackson）通过对脑损伤病人的观察，得出大脑的许多区域都参与到一项行为中。德国生理学家古斯塔夫·弗里齐（Gustav Fritsch）和爱德华·希齐希（Eduard Hitzig）用电刺激犬脑的不同部位，并观察到这种刺激在犬身上产生了特征性的动作。这项发现促使神经解剖学家对大脑皮质及其细胞组织进行更

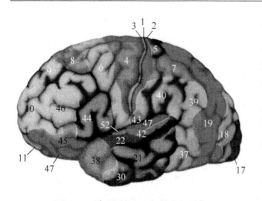

图 6-1 大脑的 52 个特征区域
（Gazzaniga et al.，2011）

深入的研究。在此引导下，德国神经解剖学家们开始使用显微技术观察不同脑区的细胞类型，以这种方法来分析大脑。德国神经科医生科比尼安·布罗德曼（Korbinian Brodmann）分析了皮质的细胞组织，并划分了 52 个特征不同的区域，称为布罗德曼分区，如图 6-1 所示。意大利神经学家卡米洛·高尔基（Camillo Golgi）发明了一种向单个神经元注入银的染色法，并认为大脑是个共用一个细胞膜的合胞体。西班牙解剖学家圣地亚哥·拉蒙 - 卡哈尔（Santiago Ramón y Cajal）使用高尔基染色法发现神经元是分立的个体，而且神经元内的电传导是只能从树突传到轴突的单向传导。科学家们终于相信，神经区域组成的网络和它们之间的相互作用才是人类表现出的整体、综合行为的原因。现代神经解剖学采用脑科学、神经生理学的研究技术，用解剖分析法、无创伤性脑成像技术，即功能性磁共振成像（fMRI）、核磁共振成像（NMRI）、微机化电极、脑电图（EEG）和脑磁图（MEG）等技术逐步勾勒出大脑的整体形貌和具体细节。

由于研究方式不同，对大脑的命名和描述也不相同。目前的分区方式有解剖学分区、细胞结构分区、功能分区等不同方式。美国国立精神卫生研究所大脑研究和行为实验室主任保罗·麦克林（Paul MacLean）赞成把具有三个不同结构的大脑命名为"三重脑"。它由基础脑、边缘系统和大脑组成，分别对应演化阶段中的"爬虫脑""古哺乳动物脑""新哺乳动物脑"。尽管我们关注不同脑区的主要功能，但实际上所有的认知功能都不是由单一的脑区完成的。

一、脑干、小脑和基底核

脑干、小脑和基底核是人脑中发育最早也是埋藏最深的区域，因其形状犹如爬虫的全脑，常常被喻为"爬虫脑"或"本能脑"。它们 24h 不停歇地工作，并且反应迅速。人体中 12 条体感神经中的 11 条直接与脑干相连，只有嗅觉神经直接与边缘系统相连。重要的生命机能如心跳、出汗、体温、消化等都由脑干监测与控制。

小脑约占脑总体积的 10%，其神经元与运动协调相关。小脑监测肌肉中神经末梢的活动，主要负责完成复杂的运动任务。研究表明，小脑还是协助认知处理的结构体，能协调和微调人们的思维、情绪、感觉和记忆。由于小脑连接脑中执行心理或感觉任务的区域，能够自然引发所需的必要技能。这样，大脑中的意识部位就能关注其他的心理活动，扩大了认知范围。

基底核是位于大脑皮质底下一群运动神经核的统称，与大脑皮质、丘脑和脑干相连。包括纹状体、苍白球、黑质和丘脑下核。其主要功能为自主运动的控制、整合调节细致的意识活动和运动反应。它同时还参与记忆、情感和奖励学习等高级认知功能。

二、边缘系统

脑干之上与小脑之下的地方聚集着一些结构体，一般统称为边缘系统。它也被喻为"古哺乳动物脑"或"情感脑"。当小型哺乳动物出现时，边缘系统开始进化。它与脑干、躯体共同合作，不仅能够驱动身体，还形成了主观情绪、记忆和社会关系，反应较快。边缘系统的所有组成部分与人脑中许多其他区域其实都存在着紧密的互动关系。由于边缘系统处在小脑与脑干之间，因此为情绪与理智开辟了相互影响的场所。像愤怒、恐惧这些原始的情绪，以及逃离危险或挺身而战的本能反应，都是由边缘系统决定的。有趣的是，我们感受到的恐惧类型暗示着这一系统的年龄。虽然被蜘蛛咬伤不会致命，但很多人看到蜘蛛会下意识地惊叫或逃跑。这是因为几百万年前，蜘蛛对人类来说确实是一种致命的威胁。边缘系统中的四个结构体对学习与记忆来说十分重要，它们分别是丘脑、下丘脑、海马和杏仁核。

丘脑是眼睛、耳朵、舌头和皮肤的刺激进入大脑的第一站。它就像一位接线员，收集到来自特定感官的信息后，就沿着特殊的神经纤维发射信号，把正确的信号和大脑布满褶皱的皮质上正确的区域连接到一起。除嗅觉外，所有通过感官接收的信息都先直达丘脑，然后由此传递到人脑的其他部位进行加工处理。大脑和小脑也把信息传递给丘脑，使之从事包括记忆在内的许多认知活动。

丘脑下面的结构体即为下丘脑，它监测体内的各个系统以维持身体的正常状态。下丘脑通过控制各种激素的释放量来调节身体机能，如睡眠、体温、饮食等。如果人体内分泌系统失调，就难以集中精神进行认知处理。

靠近边缘系统底部的结构体因其形状被称作"海马"，对巩固学习成果起着关键作用，它能将操作记忆中的信息通过电信号转换成长时记忆中的信息，这一过程可能要数日或数月才能完成。海马一刻不停地核对转送到操作记忆中的信息，并将此种信息与已存储的信息做出比较，这一过程对推陈出新必不可少。研究表明，成人脑中的海马仍具产生新神经元的能力，这种神经生成的形式对学习和记忆有重大的影响。许多研究同样显示神经生成的能力可通过日常饮食和身体锻炼而增强，会因长期失眠而削弱。经由脑垂体，海马可以传送并接收全身各处的激素。当我们感到紧张时，会分泌激素刺激肾上腺释放皮质醇，让我们处于高度警觉状态，应对挑战。

附在海马一端的结构体称为"杏仁核"，对情绪，尤其是恐惧起着重要作用。它可以激发及时的求生反应，调节个体对所处环境的反应，从而使个体做出生死攸关的抉择。例如，看到盘绕的物体，杏仁核会激发我们对蛇的恐惧反应。如果其并不是蛇，我们因恐惧逃走总是没有坏处的。如果是蛇，逃生的概率绝对增大。这种情绪状态可以在没有意识的参与下产生，从而帮助我们逃生。

恐惧、愤怒、同理心、信任和感激等许多哺乳动物所具有的基本情绪，都是在严酷的生存竞争中积累下来并通过自然选择内化为神经机制的禀赋。这些禀赋对于我们人类来说，仍然具有不可或缺的重要意义。但在现代社会，情绪也会被误用，使我们的生活出现问题，这就需要我们的新皮质进行情绪调节。

三、大脑

人类的大脑是由大约 1000 亿个神经元细胞组成的核桃状物质，重量约为 1.5kg。每一个脑细胞通过专门化的突触与大约 1 万个脑细胞接触，细胞纤维超过 10 万 km 长。因为大脑是伴随哺乳动物尤其是人类而发展的，常被喻为"新哺乳动物脑"。荷兰神经科学研究所第一任所长，科尼利厄斯·乌博·阿里恩斯·卡帕斯（Cornelius Ubbo Ariëns Kappers）教授计算出人类的神经元传导速度可以达到每秒 100m。这仅仅是神经元的专门化特征之一，它提供了巨大的进化优势。大脑的表面灰白色凹凸不平的皱纹，称为大脑皮质。它能够复制、甚至可能改变或控制大脑其他两个较为原始区域的功能，支持人类进行认知、思考、想象、重组以及创造等最为复杂的精神活动。大脑皮质陷下去较深的地方称为"裂",较浅的地方称作"沟",隆起的地方称作"回"。一条从脑前到脑后的浅沟将大脑从中隔开,分成左右对称的两个"大脑半球"。人类身体左侧的神经跨向右半球,而身体右侧的神经则跨向左半球。一条由 2 亿多个神经纤维组成的"粗缆",称作"胼胝体",将大脑左右半球连接起来,使它们能互通信息,协调活动。

神经科学家和心理学家广泛认同"赫布假设",即"神经元是大脑新皮质学习的基本单元"。但美国神经科学家弗农·蒙卡斯尔(Vernon Mountcastle)对大脑皮质理论提出了自己的见解。他发现,大脑中有 300 亿个神经元,它们参与学习、感知的基本单元是皮质柱,即神经元的集合。每个皮质柱大约包含 100 个神经元。而这样的皮质柱,被未来学家雷·库兹韦尔(Ray Kurzweil)称为"模式"。在库兹韦尔看来,奥秘就在这些从生理学上看是"皮质柱",从心理学上看是"模式"的神经元集合当中。

6.2.3　人脑发育

我们知道,人脑内有约 1000 亿个相互连接的神经元,每个神经元平均有 1 万个连接或突触,因此大脑可能的激活状态多达 10 的百万次以上。事实上,这么复杂的脑从受精卵起就开始发育了,其完整构建则历经 25 年之久。

对胚胎组织进行细胞标记可以追踪到非人灵长类动物神经发育的时间进程。受精结束后,多细胞囊胚已经开始特化。囊胚包括外胚层、中胚层和内胚层。囊胚发展过程中,外胚层包围在整个胚胎外面,此时胚胎的中胚层和内胚层分别分布在背侧和腹端,之后将经历神经胚形成。在这一发展阶段,外胚层的背侧细胞将形成神经板。随着神经板内陷,神经系统继续发育。此时,神经褶已经通过形成神经沟创造出一条对称轴。随着神经沟不断加深,神经褶处的细胞最终汇聚并且融合形成贯通胚胎前后的神经管。此后,外胚层中邻近的非神经系统部分重新融合,将神经管封闭在包围着胚胎的外胚层罩。神经管的两端最初是开敞的,最终将会闭合。当前端的神经孔闭合的时候,此室腔将形成由前脑、中脑和后脑三个脑泡组成的最初脑(图 6-2)。从这一阶段开始,在神经管前端生长和弯曲的过程中,脑的大体特征开始形成,大脑皮质出现了,如图 6-3 所示。在正常发育过程中,胚胎前脑背部中线和头端的成型中心分泌骨形态发生蛋白(bone morphogenetic protein,BMP)和成纤维细胞生长因子 8(fibroblast growth factor 8,FGF8)等因子,使这些蛋白质分别沿背腹轴和前后轴形成浓度梯度,进而影响多种转录因子在神经前期细胞中的表达量,最终把大脑皮质分化成不同的功能区域。

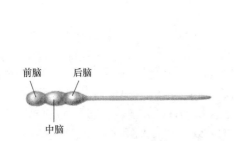

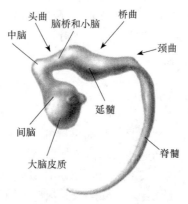

图 6-2　最初脑(Gazzaniga et al., 2011)　图 6-3　大脑皮质出现(Gazzaniga et al., 2011)

　　脑结构最终的三维关系是在大脑皮质不断扩张和折叠的基础上形成的，大脑从下向上逐渐形成。研究表明，人类大脑的不同区域成熟的时间各异。首先发育成熟的是脑干，胎儿也有了感觉和意识。胎儿出生时，边缘系统也已经发育成熟，但大脑皮质神经元之间还缺乏广泛的连接。由于胎儿的脑细胞具有"一次性完成"的增殖特点，所以胎儿期就奠定了我们大脑的基本结构。

　　人类在出生时，大脑明显尚未"完工"。他们在一年多的时间无法行走，两年多无法表达完整的想法，十几年无法自食其力。没有成人的帮助，婴儿完全无法生存。出生后的婴儿用不成熟的大脑皮质和世界互动，经历刺激与神经元放电。经历刺激髓鞘，重塑大脑本身的结构。当神经元一起放电时，神经中的基因会被激活并"表达"自己。基因表达意味着产生某种蛋白质，这种蛋白质促成了新的突触连接的建立和加强。每一秒，婴儿的大脑里都会形成多达 200 万个新连接。两岁的婴儿拥有超过 100 万亿个突触，是成年人的两倍。这时候，连接的数量达到了高峰，远远超过自身所需。于是，神经的"修剪"策略开始生效。随着孩子不断成长，50% 的突触都会被剪掉。哪些突触会留下，哪些会被剪掉呢？如果一个突触成功加入了某神经回路中，它就得到强化；反之，就会遭到弱化，最终被剪除。也就是"用进废退"的原则。

　　青少年时期是重要的神经重组和改变的时期。前额叶皮质长出新的细胞和新的连接，为大脑塑型创造新通路。这一轮过度生长之后，则是持续大约 10 年的修剪。修剪过程贯穿整个青少年时期，修剪的结果是，前额叶皮质的体积每年大约缩小 1%。由于这些巨变发生在大脑进行高级推理和冲动控制的区域，青春期会出现显著的认知变化。背外侧前额叶皮质是重要的控制冲动的区域，也是最晚成熟的区域之一，20 岁时才进入成熟状态。

　　25 岁时，大脑童年期和青春期的转化终于结束。但在成年期，大脑还会继续改变，持续可塑。1998 年，美国和瑞典的神经科学家发现，成年人的大脑中每天都会产生数千个新生的神经元。进一步的研究表明，这些新生的神经元往往是受到外界环境和信息的刺激才生长出来的。如果这些刺激不再持续下去，经过一段时间以后，这些神经元就会慢慢地凋零、死亡。而不断加以适当的刺激，则会让这些新生的神经元始终保持其生化活力，并最终成为我们大脑的新成员。更多的神经元虽然不会改变人类大脑的基本属性，但却会在微观层次上对我们的行为产生许多有益的帮助。例如，在小提琴家的大脑中可以观察到，控制手指的大脑区域在大小与活跃水平上都有明显增加。

　　锻炼身体可以塑造肌肉，而学习也可以塑造大脑。难怪现代神经科学之父圣地亚哥·拉蒙 - 卡哈尔说："任何人只要想做，都能够塑造自己的大脑。"美国国家神经系统疾病与卒中研究所约旦·格拉夫曼（Jordan Grafman）也认为，只要给予帮助，大脑可以终其一生都不断地发展和改变。

6.2.4　脑与情绪

　　我们都知道著名的"踢猫效应"，说的是一种因为坏情绪的传染而导致的恶性循环。其实，在面对压力的时候，有些人可以很好地调整自己的情绪，甚至还可以从一些压力情境中受益。"塞翁失马，焉知非福"就是典型的化逆境为优势的心态。那么为什么面对生活中的同样的境遇，每个人的情绪反应各不相同？能否控制情绪使我们达到更好的状态？

　　1872 年，达尔文专门写了《人与动物的情绪表达》来讨论情绪，强调了情绪的不同迹象。19 世纪法国解剖学家杜兴·德布伦（Duchenne de Boulogne）在《人类面相机制》中提出，当人们真正因为感到快乐而微笑的时候，除了嘴部和颊部肌肉会动之外，眼部肌肉也会动。威廉·詹姆斯在《心理学原理》中提出情绪是对身体变化的感知。保罗·艾克曼（Paul Ekman）为构成面部情绪符号的各种肌肉运动提出了一个非常详细的编码系统。现代人类的每一种面部表情，都可以分解为这 44 种运动的某种组合。结合杜兴的研究，保罗进一步提出"杜兴微笑"，依据眼部肌肉与颧部肌肉的运动对微笑进行编码。积极心理学和情绪神经科学都致力于提高人类的情绪管理能力，从而获得更高的幸福感。

认知神经科学关注对不同情绪起作用的脑区，如眶额皮质、杏仁核、扣带前回、下丘脑、基底神经节、脑岛等。功能脑成像技术为我们分辨各种不同情绪的神经基础提供了极大的帮助。研究者给被试者呈现不同的面部表情或其他情绪刺激，然后分析被试者对应各种情绪时大脑哪些区域会有特异性激活。研究结果表明，眶额皮质参与愤怒情绪加工；左侧杏仁核和右侧颞极的激活都与悲伤表情的强度相关；前脑岛主导厌恶情绪的检测和体验；扣带前回是一般情绪回路的核心成分；基底神经节中伏隔核区的神经元能够释放与捕捉多巴胺和内源性阿片 2 种神经递质，它和前额叶皮质构成了大脑的奖赏回路，与愉悦的情绪相关，等等。认知科学亟待解决的关键问题是：大脑的不同区域是如何相互作用来促进情绪的检测和体验的。

DNA 早在胎儿期就为我们塑造好了大脑回路，每个人的情绪反应在类型、强度和持续时间上都各不相同。情绪神经科学将人们对生活经验做出反应的某种持续不变的方式定义为"情绪风格"。需要明确的是，没有一种所谓理想的情绪风格。人类文明的繁荣有赖于各种不同情绪风格的人，包括那些情绪风格比较极端的人。但我们的后天经历和学习还是能让我们的情绪风格发生改变。这也与《诗经·淇奥》中所说的"有匪君子，如切如磋，如琢如磨"相契合。研究表明，情绪风格由特定的大脑回路控制，采用信号平均器测量外部声、光等刺激引起脑电活动的微小变化来进行客观度量。美国心理学教授理查德·戴维森（Richard Davidson）给 10 个月大的婴儿戴上微型电极帽，让他观看一位女演员哭和笑的视频。结果发现，左脑活动对应积极情绪，右脑活动对应消极情绪。这表明，复杂的情绪活动不发生在脑干和边缘系统中，而是在前额叶皮质中发生的。

戴维森提出用 6 个维度来描述各式各样的情绪反应，分别是情绪调整风格、生活态度风格、社交直觉风格、自我觉察风格、情境敏感风格和专注力风格。这 6 个维度有无数种组合，使情绪风格可以千变万化，但总能找到情绪风格中的固定点。情绪风格决定了我们如何感知周遭世界并对其做出反应，如何与他人相处，能否跨越生活中的困难，能否获得幸福。

那么这些情绪风格和人脑哪些部位相关？我们能否通过训练改变我们相应的大脑结构？我们能否有意识地改变情绪风格 6 个维度中的固定点？我们能否随心所欲地将自己的固定点在各个维度上任意进行调整？研究表明，一定程度上是可能实现的，一些具体的心理训练也能够改变情绪风格维度上的固定点。

6.2.5　脑与意识

观察大脑内部，我们看到了神经元、突触、化学递质和电活动，看到了数十亿活跃的细胞。但是意识在哪里？不可否认，意识是现代神经科学中最令人困惑的难题之一。我们的精神体验和实体大脑之间到底有着什么样的关系呢？我们的大脑被密封在黑暗无声的颅骨中，视觉、听觉、触觉、嗅觉等感觉器官将检测到的各种各样的信息源转化为电化学信号，经过神经元构成的神经网络传递给大脑。每个神经元都嵌在其他细胞的网络当中，简单地对信号做着回应。但当 1000 亿个神经元聚集到一起，以正确的方式互动，意识就涌现了。

但意识究竟是如何涌现的？你能清楚地意识到自己是怎么认字的吗？严谨的认知研究者都不相信人能完全意识到非常简单的心理过程。但我们很想知道，人类对自己复杂的心理过程究竟达到怎样的意识水平。当然，不同认知心理学家们有着不同的看法。第一种观点认为，人对自己复杂的心理过程有很好的访问能力。赫伯特·西蒙通过国际象棋问题考察人的意识，发现人对自己复杂的信息加工过程有很强的意识能力。第二种观点是，人们对自己复杂的心理没有很好的访问能力。根据美国心理学教授理查德·E.尼斯贝特（Richard E. Nisbett）和蒂莫西·D.威尔逊（Timothy D. Wilson）的看法，我们只能对思维过程产生一种模糊的意识。例如，如何决定买这件衣服而不买另一件？如何决定买这辆车而不是另一辆？我们恐怕只有模糊的观念或者是直觉。按这种观点，我们相信自己知道如何决策，但这种相信很可能是有缺陷的。心理学实验中，测试者被告知不能去想象屋子里有一头粉红色的大象。实验结果发现，一旦脑子里有了这个信号，就很难不想。因此，第二种观点的实质是，我们对于思维过程的意识访问乃至意识控制能力是微不足道的。

一、真的看见了吗？

仔细盯着图 6-4 中心的十字看，几秒钟后灰点应该会消失，然后随机出现。它是由瑞士物理学家伊格纳茨·保罗·维塔尔·特克斯勒（Ignaz Paul Vital Troxler）发现的"特克斯勒消逝效应"视错觉图。视觉效果表明，即使客观的刺激保持不变，人们对其主观理解却一直在变化。意识是主观的，这个意义深远的发现构成了现代意识科学的基础。这种视错觉现象为科学家追踪大脑中的意识和无意识提供了实验途径。发现 DNA 螺旋的克里克和神经生物学家克里斯托夫·科赫（Christof Koch）共同意识到，一个重要课题出现了。他们开启了实验方法进行研究：首先，在看见灰点的时候测量大脑不同区域的

图 6-4　特克斯勒消逝效应（迪昂，2018）

神经元放电的情况，做记录；然后，在看不见灰点的时候同样测量记录；最后，将二者神经元放电记录做对比，考察其中的奥秘。这种研究方法具备三个特征，使得意识知觉的测试实验成为可能。首先，视错觉不涉及意识的复杂概念，仅仅涉及简单的看得见或者看不见。其次，有许多这样的错觉项目可以用来研究，如通过技术手段让文字、图片、声音消失。最后，这种错觉有明显的主观性，只有自己才能分辨那个点在何时何地从你脑中消失了，但是测试结果能够重复，所有看过图片的人都报告了同样的感受。毋庸置疑，在我们的意识中确实发生了某些真实、独特而又令人着迷的事情，让我们心驰神往。

二、意识有选择吗？

在特定的时间，周围环境中有大量的刺激到达我们的感受器官，但意识只接收其中很小的一部分。很多人都会有这样的体验，专心阅读时会达到忘我的境界。仿佛自己周围的环境和自身都不存在了，只有意识和书本交流。当专心状态被打断，环境声音和知觉才能进入意识。它们都在前意识中，可以被通达却没有通达。然而，一旦意识通达使这些信息进入你的注意，瞬间你就能够让语言系统和记忆、注意、意图和计划等其他过程来运用这

些信息。从前意识状态切换到意识状态，瞬间让一条信息进入我们的注意，其中到底发生了什么？

科学家们综合功能性磁共振成像、脑磁图，以及在人脑中植入电极等方式，试图弄清意识的基础。实验发现，当人意识到一张图片、一个单词、一个数字或者一种声音后，脑的几个标志性的区域活动发生了显著的变化。这些标志相对很稳定，而且能够从多种视觉、听觉、触觉等意识刺激中观测到，被称为意识标志。那么哪些回路与意识的传播功能有关呢？研究认为，一组在大脑皮质上纵横交错并将皮质连为一个整体的特殊神经元负责传递意识信息。当足够多的脑区一致认为刚收到的感觉信息很重要时，它们就会同步形成一个大尺度的全脑交流系统。一大片神经网络瞬间被高度激活，而这种激活的本质则解释了意识标志的存在。

三、一心不可二用？

当今社会，科技发展使得电子设备越来越普及，智能手机和笔记本电脑是大学生标配，信息无处不在。大学生似乎已经适应了这些信息量大且急速切换的画面。但是，大脑在同一时间内仍只能关注一项认知活动。有人可能会问，那为啥我们能边散步边嚼口香糖呢？这是因为它们是两项不需认知投入的身体活动。人为生存而发展起来的遗传特性，就是大脑在一时只注意一事，以便确定此事是否威胁到生命。如果同时注意几个事情，势必削弱注意力，降低判断威胁的能力。这就是我们俗话说的"一心不可二用"。

当然我们也会说"一心多用"，这是指不同任务切换，顺序完成任务或是交替完成任务。但是研究表明，每当大脑从关注一件事转到另一件事后再重新回到第一件事时，就会产生认知损耗。例如，身为工科大学生的你正在做一份高数作业，把注意力放在理解"极限"问题上刚刚花了10min。此时脑中的思维区正在冥思苦想，大部分操作记忆的能量用在处理有关信息上。突然，一个非常重要的电话打来。如果你花了6min接听电话，这段时间内大脑中操作记忆所处理的"极限"知识就开始隐退，由通话内容取代。当你再做作业时，有关"极限"问题的所有信息大部分已经消失了，只能重新开始思考。研究表明，任务切换会导致多花50%的时间来完成任务，而且多犯50%的错误。图6-5表明了边做作业边接电话情况下操作记忆能量的变化，图中实线代表用来完成作业所需的操作记忆能量，虚线代表接一次电话所需的能量。当做作业被接电话打断后，用于作业的记忆能量就衰减，而用于接电话的能量就增强。这也表明，以任务切换为常态的生活状态，或许会影响人们聚精会神的能力。

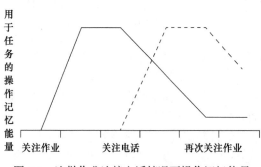

图6-5 边做作业边接电话情况下操作记忆能量的变化

四、意识还是无意识？

历史上，意识和无意识视觉之间第一个有成果的比较来自"双目竞争"研究。当两只眼看到的图像不一样时，我们的大脑中就出现了这个有意思的"拔河比赛"。意识其实完全不知道我们有两只眼睛，每只眼睛接收到的外界图像都略有不同，但大脑让我们看到一个稳定的三维世界。大脑甚至能利用两眼之间的距离所带来的两张图像间的区别，却隐藏了背后复杂的运算。

英国科学家查尔斯·惠斯通（Charles Wheatstone）首先发现大脑利用这种区别来定位物体的深度，赋予我们逼真的三维感觉。如果两只眼睛接收到完全不同的图像会发生什么？比如说一只眼睛看到人脸，而另一只眼睛看到的是房子。人们会看到这两张图片仍然被融合在一起还是会同时看到这两个完全无关的场景？

为了寻求答案，惠斯通制作了立视镜。他将两面镜子分别放在左右眼前方，这样就能够给两眼呈现不同的图片。他惊奇地发现，当两张图片没有关系时，比如脸和房子，视觉就会变得极不稳定。观察者的视觉不停地在两张图片之间切换，而不是融合这两张图片，并且切换的过程非常短暂。有几秒，脸会出现；然后脸消失，房子出现。正如惠斯通所说的："两张图像的出现看起来不像是由意识所控制的。"大脑在面对这种不可能的刺激时，会在房子和脸这两种解释之间摇摆不定。这两张不相容的图片似乎在竞争意识知觉，这也是"双目竞争"这个词的由来。正是由于两眼视差，我们现在才有了用 2 组胶片制作出的 3D 电影。

6.3　人脑与创新

在人类历史中，创造力的作用是至高无上的。当时的人类刚走出丛林，充满敬畏地探索着立足点。到现在人类创造了各种各样的文明，改变了地球的面貌，成为名副其实的创造者。

人类之所以能取得无与伦比的成就，部分要归功于人脑对新奇事物所持有的浓厚兴趣和好奇心。当某种刺激不期而至时，人脑即刻分泌的肾上腺素会马上调动起大脑专注此事。新奇事物与创新密不可分，而理解面向新奇事物时的大脑机制是理解人类创新的关键一步。

创新的复杂性在于其多个层面，不仅包含认知层面、生物层面，甚至包含社会因素。相关的研究包括创新人格、创新心理、创新意识、创新测量等。有些心理学家用发散性量表来测量创新能力，衡量受试者对开放式问题反应的多样性。例如，美国明尼苏达大学的埃利斯·保罗·托兰斯（Ellis Paul Torrance）等编制的托兰斯创造性思维测验。创新心理学研究集中于创新的认知过程，一些研究者认为有创新能力的人具有对学习专业知识和努力创新的坚持。研究者通过对设计专业学生的分析，发现学生的知识越丰富就越有创造力。认知神经科学家艾克纳恩·戈德堡（Elkhonon Goldberg）认为，创新能力的相关因素包括：提出中心问题和重要问题的能力；对以前没有解决过的问题感兴趣并且能够找到解决方案；将旧知识与新问题联系起来的能力；针对同一个问题想出多种解决方法的能力；持续努力的能力；等等。

6.3.1　创新的大脑机制

大脑是所有创新过程的出发点。研究表明，左半脑最适合为各种事物建立模式。所谓模式就是由相互连接的神经元组成的网络，当网络的一部分被感觉输入激活时，网络的其余部分也会被激活。当我们面对的是新事物或新问题，大脑就遇到了新挑战。由于输入大脑的信息不能与先前形成的任何网络产生共鸣，因而左半脑找不到解决方案。不可否认，目前我们还不足够了解大脑如何处理新奇事物和进行创新的机制。

关于脑的研究，我们的研究对象已经从单独的区域功能转变为一系列交互式网络功能。艾克纳恩·戈德堡认为，目前的创新研究主要聚焦于大脑的三个网络：中央执行网络、默认模式网络和突显网络。其中，中央执行网络包括背外侧前额叶皮质和腹外侧前额叶皮质及后顶叶皮质。当我们努力完成挑战任务时，中央执行网络会被激活。它的时序动态揭示了前额叶皮质和后联合皮质的关系，复杂的知识在具有认知挑战性的任务中被表征。默认模式网络则包括腹内侧前额叶皮质或眶额皮质、后顶叶皮质、楔前叶和后扣带回皮质。如果没有外部强加的任务驱动，默认模式网络会被激活。此时，大脑可以自主决定做什么工作。突显网络由前脑岛和前扣带回皮质组成，它在默认模式网络和中央执行网络之间切换时被激活。它可能是前两种模式相互抑制的中转站。神经网络位于不同的皮质区域，并且互不重叠。只要它们被激活的时间接近，它们就暂时被复制到有限的皮质空间中。组合起来的临时神经网络可能会产生全新的激活模式，连接以前从未组合过的元素，其中一部分激活模式就可能提出新的有价值的解决方案。

在探索创造和创造性思维的过程中，研究者自然想到要弄清创新过程激活了哪些大脑区域。在创新过程中，前额叶区域特别活跃。在一项研究中，研究者先向参与者呈现一系列相关或无关的单词，要求参与者用所有这些单词编一个故事。将一系列不相关的单词编成故事，这对创造力的要求定然要高于用语义相关的单词编故事。研究发现，在用不相关的单词编故事时，布罗德曼区第39分区（BA39）活跃起来。而用相关的单词编故事时，这里没有被激活。而BA39与布罗德曼其他相关分区共同参与了言语工作记忆、任务切换和想象等过程。有研究发现，皮质区特别是左额叶、舌回、楔状回、角回、顶下小叶和梭状回等区域的厚度与创造性得分密切相关。这些脑区中有几个布罗德曼分区，其中就有BA39。此外，右后扣带回和右侧角回的相对厚度与创新能力有关。皮质厚度的这些变化，尤其是变薄的各个区域，或许影响着大脑内部的信息流。目前的研究表明，创新这样的复杂功能来自于许多大脑结构之间的相互作用。

随机的基因突变，导致有些人的大脑发展出了看到新奇事物就会刺激奖赏回路的神经系统，使他们能够从学习新知识中更容易地获得快乐。通常我们会看到，充满好奇的孩子更爱冒险和探索，也能从冒险活动和探索过程中获得极大的乐趣。很多成年人也喜欢主动尝试新的工具和手段使做事更方便快捷，喜欢在做事的过程中能够发现或设计新的东西。在完成这些工作的时候，他们觉得创造性的工作更有成就感也更有趣。

6.3.2 创新与知识构建

何为"创新"？创新的定义是推出新事物，innovation是指科技上的发明、创造。后来创新的意义推而广之，指在人的主观作用推动下产生前所未有的设想、技术、文化、商业或者社会方面的关系。很多文献中也采用creation（创造）与originality（原创）这两个词来指代创新。大脑不会凭空产生新的知识或创意，一定程度上都是由以前所获得的信息形成的，最具突破性的创新和最具创造力的成就也不例外。人类产生创新的动力通常由于现有的知识或理论不能为当前的问题提供解决方案，而需要探索新的理论体系。创新是人类进步的驱动力，人类在好奇心驱动下不断探索并认知边界、创新社会秩序、开拓科学前沿并积淀人文底蕴，持续发展人类文明。

在原始社会早期，人类所知有限。部落间通过简单的语言彼此交流，后来逐渐发展出能够表达复杂含义的声音符号系统，用神话故事的形式解释无法解释的自然，增强了部落凝聚力和民族向心力。

人类在结绳符号、原始图画的基础上发展出文字系统，使日趋丰富的知识和经验更长久地保存，并促进跨民族、跨地区、跨国界的经济、政治和文化交流与融合。中国的造纸术和印刷术为推动世界文明的发展和知识传播作出了重大贡献。印刷术的发明标志着人类已经掌握了复制文字信息的技术原理，有了对信息进行批量生产的观念。印刷机使文字信息的机械化生产和大量复制成为可能。15 世纪的文艺复兴和 17 世纪的科学启蒙播下理性思考的种子，人类创造进入快速增长期。在 200 多年内，人类完成了四次工业革命进入了信息时代。计算机和互联网的出现使得人类知识经验的积累和文化传承的效率和质量产生了新的飞跃。

6.3.3　创新生态系统

实施创新驱动发展的战略，根本在于增强自主创新能力。科技创新发展到今天，已经形成了完整的链条。创新的源头是高校，创新的主体是企业家，创新的难点是量产，创新的效果是市场。在由产业、学术、人才和实验室为主所构成的创新生态系统中，人才是创新的根基。谁拥有一流的创新人才，谁就拥有了科技创新的优势和主导权。

多元智能理论创始人米哈里·希斯赞特米哈伊（Mihaly Csikszentmihalyi）描述了创新能力发生的过程。如果一个人使用某个研究领域的符号规则产生了一个新观念或新形式，而这种创新被学界选入了相应的领域，那么下一代人在接触这个领域时，就会把它当作这个领域的一部分。而且，如果它是具有创造力的，则会改变该领域的未来。

6.3.4　创新的原动力

自然进化的大脑提供了人类创新的物质基础，那么创新的原始驱动力是什么呢？人类创新的心理学机制是什么？

美国社会心理学家亚伯拉罕·马斯洛（Abraham Maslow）早在 1954 年就提出了人的需求五层次理论，包括生理需求、安全需求、社会需求、尊重需求和自我实现需求。马斯洛晚年接触了东方文明，认识到"自我实现"并非人的终极目标。他认为，需要"比我们更大的东西，激发出敬畏之情，找到生命的归属。"于是增加了第六个需求维度——自我超越的需求。美国心理学家克莱顿·奥尔德弗（Clayton Alderfer）认为需求层次的递进关系并不明显，即使低层次的需求没有得到满足，也会追求高层次的需求。在此基础上，他提出了"生存、关联、成长"三层模型。还有学者认为，人类创新需求与人的价值观密切相关，是满足个人好奇心而进行的。随着社会的发展，个人与社会之间的连结越来越紧密，社会需求就逐渐成为创新的驱动力。

6.3.5　创新人格

什么样的人富有创新能力呢？通过对学界公认富有创新能力的人士详细访谈，发现他们包含着相互矛盾的两种极端性格。也就是说，每个具有创新能力的人都是"多面的"。

米哈里·希斯赞特米哈伊采用既专注又放松、思维既发散又聚合、既不负责任又能承担责任、在想象与现实之间自由转换、既内向又外向、既谦逊又骄傲、既有"阳刚之气"又有"阴柔之美"、既传统保守又独立冒险、既充满了激情又会客观冷静、既感到痛苦煎熬又享受着巨大的喜悦等 10 对明显对立的性格来说明复杂的人格。在富有创造力的人身上，这些复杂人格同时显现，并且毫无冲突地彼此融合在一起。

那么创新过程中的心理体验是什么呢？为什么他们愿意用"99% 的汗水浇灌 1% 的灵感"呢？米哈里·希斯赞特米哈伊用"心流"（flow）来描述这种理想的体验。在心流体验中，我们始终知道自己需要做什么。音乐家知道接下来该演奏什么音符；攀岩者知道下一步该怎么迈；外科医生每时每刻都清楚该如何用手术刀进行切割。在心流体验中，我们知道自已做得怎么样。音乐家马上能听出演奏的音符是否正确；攀岩者立即知道这一步走得对不对。在心流体验中，我们感到自己的能力与行动非常匹配。就像棋逢对手，将遇良才。在心流体验中，我们的注意力集中于正在做的事情上。挑战与技能的势均力敌要求思维必须非常集中，而明确的目标和不断得到的反馈使之成为可能。在心流体验中，我们只觉察到与此时此刻相关的事情，从而摆脱了日常生活中对抑郁和焦虑的恐惧。在心流体验中，我们太投入了，自我意识消失，且不会考虑到失败。音乐家觉得与宇宙的和声融为一体；运动员与整个团队融为一体；小说读者在另一个世界中度过了几个小时。在心流体验中时，会忘记时间，几个小时感觉好像只有几分钟，或者正相反。花样滑冰运动员会有这样的感觉，一个其实只用了几秒钟的快速旋转，在他们看来似乎被拉长了 10 倍。时钟上的时间不再与感觉到的时间相等。在心流体验中，随着技能的提高，我们认识到自己能做什么，从而使这项活动本身就变得具有意义。

正因为有这样的心理体验，才使得创新领域人才辈出，为人类的发展作出不可磨灭的贡献。

6.3.6 如何提升创新能力？

既然创新是复杂的，包含多个层面多种因素，那么提升创新能力的因素也是多方面的。

一、时代背景

我们古人讲"天时地利人和"，这在创新领域中同样适用。创新需要大时代背景，需要带来灵感的环境，更需要具有创新能力的人。

时代背景是创新的摇篮。原始社会的创新是更安全有效地狩猎，农业文明的创新是收获更多的粮食，工业社会的创新是高效生产，信息社会的创新是更好地生活。超越时代大背景不可能取得有实用价值的创新成果，换言之，时代提供了适合创新的知识储备和技术手段。天时与地利的配合会为具有恰当条件，且碰巧在恰当时间位于恰当地点的人提供恰当的机会。

目前，科学与技术融合形成科技创新的洪流，创新理念、创新设计、创新产品层出不穷，新一轮的科技创新革命正在爆发中。美国凭借前期优势走在前面，日本、韩国、以色列这些国家也通过持续创新克服自然资源贫乏。我国也通过低成本融入全球产业体系完成了工业化进程，并成为世界上唯一一个工业门类最齐全的国家。我国已经具备成为世界科学中心的基础。

当代社会为创新提供了有利的时代背景，生命科学、人工智能、机器人等学科领域交叉融合，持续形成科研创新的原始汤，为进一步的创新提供了丰厚的物质基础和技术手段。

二、创新个体的提升

即使现在的创新活动不再只靠个人或小型团队就能实现，培养创新个体还是核心。创新人才需要具备哪些素质？如何培养？有创新基因吗？这些问题尚无定论。但仍然有一些有益的探索我们可以借鉴。

沃尔特·艾萨克森（Walter Isaacson）通过对第一台通用型的电子计算机的创造者莫奇利（Mauchly）、第一个计算机程序的创造者埃达·洛夫莱斯（Ada Lovelace）、电脑之父冯·诺依曼、计算机科学家阿兰·图灵、微软的比尔·盖茨、苹果公司的史蒂夫·乔布斯（Steve Jobs）等改变了我们工作和生活模式的创新者的深入分析，发现他们每个人都是站在人文和科学的交汇处才能取得辉煌的成果。我国科学家钱学森热爱古典音乐，中学时代就是有名的中学生铜管乐手。"杂交水稻"之父袁隆平除了科研，生活中也喜爱音乐。

创新个体要能控制自己的情绪。只有让理性力量统御情绪反应，我们才能更专注于更重要的工作，从而引发更深层的思考。

创新个体需要培养适合自己身体节律的习惯。大多数富有创造力的人很早就发现了自己最好的生活节奏，如什么时候睡觉、吃饭和工作。习惯形成后，大脑就进入"省力模式"，将更多的注意力投入重要的事情上，从而更有创新能力。

三、大脑升级，"奇点"临近

"奇点"源于数学的 $Y=1/X$ 函数曲线上 $X=0$ 的点。物理学的"奇点"用于描述黑洞中心的情况。黑洞中心物质密度极高，空间被无限大地压缩弯曲，物质压缩在体积非常小的点，时空方程中就会出现分母无穷小的情况。天体物理学认为"奇点"是宇宙大爆炸前那一刻的状态。

人类创新正在加速，技术也以指数级速度增长。我们的生物脑虽然具有优越性，但进化速度无法跟上技术的进步。未来的纳米机器人如果应用于大脑毛细血管中与生物神经元进行交互，并通过内部神经系统创建虚拟现实，这将极大地丰富人类的经历和人类智能。"奇点"代表人类智慧与人工智能融合的顶点，允许我们超越身体和大脑的限制充分理解人类的思想并极大程度地拓展思想的外延。在 21 世纪行将结束的时候，人类智能中的非生物部分将无限超越人类智能本身，人类文明的智能将扩散到宇宙的其他部分。

6.4 人类的未来

"天下兴亡，匹夫有责"，我们不仅关注国家的命运，也关注人类共同体的命运。人类的未来会如何？于是一些科学家和社会学家放眼于预测未来，尤其关乎人类社会的生命演变，以及地球的未来。我们现在正面对一个史无前例的问题：人类要向哪里去？未来学家中已经有很多人设想了人类的未来，以色列尤瓦尔·诺亚·赫拉利（Yuval Noah Harari）在《未来简史》中就描绘了人类未来想要解决的主要议题。2016 年美国发布的《2016-2045 年新兴科学技术趋势》分析，随着机器自主系统、人类增强技术和生物技术的发展，在未来 30 年人机融合技术将使人类生活发生巨大的变化。

6.4.1 长生不死？

生物科学领域的科学家们也在对抗衰老领域取得诸多实质性进展和关键性突破。《自然》杂志在 150 周年专刊中总结了 20 世纪 30 年代以来在抗衰老方面所取得的突破。1904 年，英国生物化学家亚瑟·哈登（Arthur Harden）发现一种人体内天然存在的神奇辅酶烟酰胺腺嘌呤二核苷酸（NAD＋），并因此获得 1929 年诺贝尔化学奖。在此后百年来的研究中，又有科学家不断发现，NAD＋在人体内的含量和活性会随着年龄的增长而下降。企业也在生命科学的长寿问题上发现商机。2009 年，比尔·马里斯（Bill Maris）担任创投公司谷歌风投（Google Ventures）的首席执行官。他将 7.2 亿美元投入生命科技创新公司，包括几项颇具雄心的寿命延长计划。2014 年，哈佛医学院遗传学教授、保罗·F. 格伦（Paul F. Glenn）衰老生物学研究中心主任大卫·辛克莱尔（David Sinclair）因发现烟酰胺单核苷酸（NMN）抗衰老而一跃成为全球瞩目的人物，入选《时代》杂志全球 100 位最具影响力人物。2016～

2018 年间，哈佛大学、华盛顿大学、日本庆应大学等科研机构通过详细评估，证明 NMN 在抑制衰老方面具有全方位的显著效果。2018 年 3 月，*Cell* 发表的最新研究表明：口服 NMN 带来的 NAD＋回升，可以使与人类相近的实验动物寿命延长 30% 以上。2019 年 3 月，美国贝勒医学院天野恭志（Hisayuki Amano）等在 *Cell Metabolism* 发表文章称在端粒研究上取得了突破。他们发现了端粒和"长寿蛋白"sirtuins 的关系，并发现 NMN 可以维持端粒长度。"NMN 可以维持端粒长度"又从端粒的角度再次证明了 NMN 的抗衰老作用。

　　基因工程、再生医学和纳米科技这些前沿技术的发展，也让人类寿命的延长越来越趋向乐观。奇点理论的提出者雷·库兹韦尔正在通过改造人类"生命软件"帮助人类远离疾病和衰老。他认为在不远的将来，纳米机器人可以接管免疫系统，血液中的纳米机器人可以清除疾病，纠正 DNA 错误，甚至逆转衰老过程。人类社会也将发生颠覆性的变化，家庭结构、婚姻关系、亲子关系也将面临新的变化。

6.4.2　幸福快乐？

　　人类不论是整体还是个人，都在持续考虑这个问题：社会发展的根本目的究竟是什么？习近平总书记在 2021 年春节团拜会上的讲话指出，以满足人民日益增长的美好生活需要为根本目的。毕竟，人们辛勤工作的最终目的是能够幸福快乐地生活。

　　人类很早就有幸福快乐的美好愿景。我国哲学中更关注的是人生境界，比如道家认为人生的理想境界是天人合一；儒家认为人生的理想境界是修身、齐家、治国、平天下。因此，幸福不仅追求个人的自我完善，更要实现包括国家和社会的幸福。

6.4.3　协同进化？

　　人类是否已发挥身体的全部潜力？我们能否更强？自然进化把我们变成现在的样子，我们能否把自己创造成别的样子？未来的科技革命可能会重新定义人类。根据库兹韦尔的奇点理论，人类会在软件的帮助下实现 3.0 版本。美国陆军报告也认为在未来 30 年，人类增强技术的发展将帮助人类突破体力和脑力的生物极限。

一、人机结合

　　芯片植入和外骨骼可增强身体的特定能力和局部功能，脑机接口技术可扩展人的控制能力。英国控制论专家凯文·沃维克（Kevin Warwick）率先在自己的手臂安装了电子植入物，可以实现用手臂打开自动门、灯、微波炉和电脑等设备。2002 年，他把诸多微电子芯片的感应器植入自己的神经系统，使自己不仅由大脑控制，也会受到外界感应器的调节和控制。荷兰的全球顶级生物黑客帕特里克·鲍曼（Patrick Paumen）体内有 9 个射频识别技术（radio frequency identification，RFID）植入式标签和 5 个钕磁铁植入物，使他拥有了各种各样与众不同的能力。

　　当普通人穿戴上"外骨骼"，其中自带的智能系统就可以感知运动的意图并与肢体保持同步，从而提升力量、耐力和速度并降低体能消耗。使用脑机接口技术，大脑可以直接控制机器，也被称为"意念控制"。意念控制可帮助残障人士重新获得行动能力，未来则有可能实现对武器装备的意识操控。在意念控制义肢方面，美国匹兹堡大学的研究项目是在一位颈部以下瘫痪的女患者脑运动皮质植入传感器，使其单凭意念即可操作机械手臂将一块巧克力送入口中，使义肢比以往的研究更接近于一个正常人的肢体。2014 年，美国国防高级计划局（DARPA）成功研发了名为"DEKA"的仿生机械手臂，可用于帮助失去手臂的人员恢复生活能力；2015 年，美国霍普金斯大学的研究团队开发出新一代由人的大脑控制的智能义肢，拥有 26 个关节，可以抓举 20kg 的重物。2022 年北京冬残奥运会上，彭园园和杨淑亭就分别借助上下肢助力外骨骼完成了了火炬传递仪式。

二、脑力增强

通过对人的脑力增强，可以提高人类的专注力、记忆力、减少疲劳和提高警觉性，最终使人具有更好的认知与决策能力。美国军方正在测试"经颅直流电刺激器"头盔，希望提升士兵在训练或实战时的专注力和表现。头盔实验由位于俄亥俄州空军基地的人类效能指挥部进行，它配有电极，连接头皮外侧，能够产生弱电磁场，瞄准特定大脑区域，进而刺激或抑制选定的大脑活动。研究结果表明，该头盔能够提升如无人机操作员、空中交通管制员、狙击手等士兵的专注力。《新科学家》的记者莎莉·埃迪（Sally Adee）就曾获准前往一处狙击手训练地点，亲身测试戴不戴头盔的对比效果。虽然这项技术还在探索阶段，但未来可能会对人类产生一定的影响。

在记忆增强方面，使用神经性药物可以提高人的记忆力和思考速度。此类药物能让人更长时间地集中注意力，提高学习能力。但神经性药物也存在巨大的副作用，会出现头晕目眩、呕吐、视力衰退、意识不清等。2012 年，德国科学家发现大脑内的神经传递物质多巴胺有提高记忆的能力，有助于研发提高记忆的药物。通过电、化学或生物方法来刺激人的神经系统也能加强人的学习能力。DARPA 于 2015 年启动了一个称为"恢复活动记忆与回放"的项目，旨在研究确定大脑哪些部分决定着记忆和回忆的形成，从而帮助人脑更好地记住具体的偶发事件，更快地学会技能。

三、大脑上传

硅谷的未来学家一直寻求将人类从物质生命周期中解放出来的方法。虽然我们现在的技术无法上传意识，但苏尼亚·塔拉提（Sonia Talati）和詹姆斯·乌拉霍斯（James Vlahos）共同创办的 HereAfter 公司首次提出"数字人"概念。乌拉霍斯利用 AI 把和父亲的各种谈话、讲述，甚至生活场景都用摄像机录下来。最终打造了"Dadbot"。而编剧安德鲁·卡普兰（Andrew Kaplan）同意成为"AndyBot"数字人，他将在云上获得永生，从而让生命的永恒在某种程度上得以实现。

四、赛博格

雷·库兹韦尔在《奇点临近》中提出使用纳米机器人和智能生物反馈系统等技术来取代我们的器官。在 21 世纪 30 年代，首先被取代的可能是消化系统、内分泌系统、血液和心脏；21 世纪 50 年代，我们的骨骼、皮肤、大脑以及其他器官也会得到升级。即使保留主观体验和情感，我们也会重新设计它们以便同时适应现实世界和虚拟现实。机器人专家汉斯·莫拉维克（Hans Moravec）认为，人类未来可能会在软件中创造出全脑模拟。未来智能可能以软件的形式存在，并通过机器人的身体在物理世界中展现自我。人类智能与人工智能的界限将会日渐模糊。

赛博格（Cyborg）这一词语可以追溯到 1960 年。美国科学家曼弗雷德·克莱恩斯（Manfred Clynes）和内森·S. 克莱恩（Nathan S. Kline）共同提出一个设想，如果通过机械和医学的手段来进行人类增强，人类有可能在太空环境中生存。Cyborg 取自控制论（cybernetics）和有机体（organism）的头三个字母，于是赛博格就成为义体人类或生化电子人的名称。用机械替换人体的一部分或将大脑与机械相连接，从而具有超人的力量、敏锐的感官、超强的智能。

目前，赛博格技术已经可以帮助残障人士重建失去的肢体、器官和身体感觉，甚至可以增强身体的特有功能。2004 年，天生患有全色盲症的活动家兼艺术家尼尔·哈比森（Neil Harbisson）在颅骨的后下方安装了一种电子天线，这种天线将光的频率转化为他的大脑可以理解为声音的振动，允许他"听到颜色"。天线由四个不同的植入物组成：两个天线植入物、一个振动植入物和一个蓝牙植入物。据报道，天线内部网络连接使他能够接收来自卫星和他人相机的色彩及电话。

五、建造太阳系戴森球

美国物理学家弗里曼·戴森提出戴森球理论，该理论认为文明发展到了一定高级的程度后，由于星球自身的固有能源被耗尽，同时文明发展所需要的能源与日俱增，因此对一个高度发达的文明来说，最佳的理想方案便是大量地采集自身恒星的能量来维持文明的发展。那么，未来的人类会不会先在太阳系实现戴森球计划呢？戴森还为未来的人类提供了具体技术方案，将木星重新组合成一个围绕着太阳的球壳状的生物圈，人类的后代能够充分享受比现在的人类多 1000 亿倍的生物量和多 1 万亿倍的能量。如果我们住在戴森球的内部，就总能看到太阳挂在头顶。来到戴森球的外部，我们就能看到整个宇宙。戴森球外的圆形栖息地设计如图 6-6 所示。物理学家杰勒德·K. 奥尼尔（Gerard K. O'Neill）还设计了一对反向旋转的奥尼尔圆柱体。当这对奥尼尔圆柱体围绕太阳旋转时，其离心力可以提供人造重力。该设备采用 3 张可折叠的镜子将阳光反射入圆柱体以便形成 24h 的昼夜周期。这个设备甚至专门设计了作为农业区域的较小的环形区域。反向旋转的奥尼尔圆柱体可以安装在戴森球外部作为人类的栖息地。它有和地球一样的重力和昼夜周期，能让人类过得很惬意。

图 6-6　戴森球外的圆形栖息地（泰格马克，2018）

六、生命瞬间转移

事实上，瞬间转移的理论基础是"量子态隐形传输"。量子理论的思想分歧使爱因斯坦意识到，如果将包含有两个原子的分子分开，将这两个原子分别放置于宇宙的两端，它们仍然能够用同一个波函数来描述。也就是说，它们是相互"纠缠"的。1993 年，查尔斯·H. 班尼特（Charles H. Bennett）认为在每一对纠缠原子之间都存在着一条"量子电话线"，都能够把一粒原子的所有量子态"瞬间转移"到另一粒原子上去。1998 年，加州理工学院的研究团队发布了关于光束的量子态隐形传输的第一个实验证据。2012 年，中国科学技术大学潘建伟教授实现了肉眼可见的物体隐形传输。这个实验催生了有关"量子互联网"的推测。2016 年，来自奥地利、加拿大、德国和挪威的研究团队将一个光子的物理特性通过量子态隐形传输发送往另一处的一个粒子，实现了位于拉帕尔马的卡普坦望远镜与位于特内里费岛的光学观测站之间 143km 的"隐形传输"。2017 年，我国"墨子"号在国际上首次成功实现"千公里级"星地双向量子通信，为我国在未来继续引领世界量子通信技术发展和空间尺度量子物理基本问题检验前沿研究奠定了坚实的科学与技术基础。如何成功地瞬间转移一个人？完成第一个人工生命的克雷格·文特尔团队正在完善一种技术，将数字化的 DNA 密码以电磁波的形式发送到一个遥远的地方，接收这些密码后根据 DNA 重新创造生命。

　　未来执行星球探测任务时，我们可能会将一个能够控制基因测序单元的机器人发送到其他星球上，获取该星球的所有信息，使人类文明以更广阔的形式向宇宙扩散。未来甚至可能利用黑洞辐射和夸克引擎产生的巨大能量，逐渐逼近计算力的理论上限；以反物质作为燃料，以超光速进行宇宙殖民，将现有的生物圈增长几十个数量级。到那个时候，生命的未来会远远超越我们祖先最不羁的梦想。

6.5　人类与地球

　　人类来自大自然，是生物进化的杰作。人类实现了海洋最深处的马里亚纳海沟下潜探索，完成了太空旅行，向太空发射了探索机器人，制造出可以在血液中运动的纳米机器人。但是在我们开始遨游无尽的未来时先低头看看自己：我们的躯体依然像百万年前进化之初的样子，完全依赖于其他有机体维持生存；没有空气我们只能生存 3min，在冰点气温环境下我们只能生存 3h，不喝水只能生存 3d，没有粮食只能生存 3 周；不知名的病毒传播会给我们以致命的打击。在征服宇宙之前，我们依然需要生活在地球上。

　　能源是人类活动的物质基础，各种科学技术活动都需要能源。人类先是利用柴草烧烤食物、驱寒取暖、烧制陶器、冶炼金属，然后利用煤、石油等化石燃料开启第一次工业革命，电能的利用又催生了第二次工业革命。随着信息技术对电能的需求，人类更多地使用可再生能源和核能这类绿色能源。其中可再生能源包括水能、太阳能、风能、地热能、海洋能、生物能等。

　　据统计，2018 年我国总发电量为 6.8 万亿 kW·h。其中火力发电量累计值为 4.98 万亿 kW·h，煤气发电量累计值为 1.2 万亿 kW·h，水力发电量累计值为 1.1 万亿 kW·h，风力发电量 3253.2 亿 kW·h，核能发电量累计值为 2943.6 亿 kW·h，太阳能发电量累计值为 894.5 亿 kW·h。虽然我们还是以火力发电为主，但绿色能源增速较快。

6.5.1　阿斯旺大坝

　　修建大坝是人类对能源渴求的结果。尼罗河全长 6670km，是世界上最长的河流。它纵横埃及，浇灌了古埃及文明。尼罗河定期泛滥，河水退却之后留下肥沃的土壤，孕育了辉煌的古埃及文明。19 世纪下半叶，埃及沦为英国的殖民地。为了让埃及种出更多棉花，英国建造了一系列水利工程，阿斯旺大坝就是其中之一。

　　阿斯旺大坝不仅帮助埃及人民免遭 1975、1988 和 1996 年的洪水之灾，而且帮助埃及人民度过了 20 世纪 80 年代中期的严重干旱。当时几乎全非洲都在闹饥荒，埃及人民还能丰衣足食。阿斯旺大坝的发电量支持全国联网，帮助埃及进入电气时代，为埃及现代化奠定基础。

但阿斯旺大坝也是饱受争议的。首先，大坝工程造成了尼罗河下游可耕地的土质肥力严重下降。1981 年，埃及专门成立了海岸保护局，采取了修建防波堤、护岸等工程，取得了良好效果。其次，大坝导致土壤盐碱化、水涝并威胁到卢克索和开罗的历史遗迹，调查发现土壤盐碱化和水涝的主要原因是农田排水不当。1971 年，埃及启动了尼罗河三角洲排水工程，建立了庞大的地面排水系统。人们还抱怨大坝修建后，尼罗河中的水草开始疯长，进而影响航运和渔业，滋生血吸虫病和疟疾。埃及政府也很重视该问题，成立了水草控制和渠道维护研究所，采取了手工、机器、生物等除草方法，有效降低了水草影响长度。1985 年，纳赛尔湖附近发生了 5.6 级地震，大坝安全又得到人们的重点关注。于是，美国和埃及联合开展了大坝在地震活动中的安全评估。结果表明，大坝能抗 7 级最大潜在地震。密歇根大学与埃及科学院进行了 8 年联合研究，最终结论是：阿斯旺大坝虽然存在一些副作用，但仍是埃及经济史上最佳的投资。它为埃及的农业、工业发展作出了显著贡献。

6.5.2　切尔诺贝利

轻原子核的融合和重原子核的分裂都能放出能量，分别称为核聚变能和核裂变能，在聚变或者裂变时释放大量热量，能量按照核能 - 机械能 - 电能进行转换，这种电力即称为核电。自 1951 年 12 月美国实验增殖反应堆 1 号（EBR-1）首次利用核能发电以来，世界核电至今已有 60 多年的发展历史。核能具有减少资源消耗、保障能源安全、减缓 CO_2 排放、实现绿色低碳等重要特点，因此备受青睐。但核事故也成为世界核能发展道路上影响深远的警示碑。美国三英里岛核事故、苏联切尔诺贝利核事故、日本福岛核事故一起成为人类心中永远的痛。

1986 年 4 月 26 日发生的切尔诺贝利之灾是 20 世纪最大的技术劫难，是首次被评为第七级事件的特大事故。该事件导致周边 27 万人因核泄漏患上癌症，9.3 万人死亡，34 万人被紧急疏散，4300km^2 成为禁区。核泄漏向大气中释放了大量的放射性核素，辐射尘随着大气飘散到苏联的西部地区、东欧地区、北欧的斯堪的纳维亚半岛。其中约 70% 飘落在白俄罗斯，导致大面积土地受到污染。其中 26% 的森林和 50% 以上的河滩草场被列为放射性污染区。

切尔诺贝利事件虽然造成了不可估量的损失，但其对于核能的安全方面确实产生了积极影响。决策者们开始反思长期指导核电发展的基本设想并进行重新评估。蒙特利国际问题研究所俄苏问题研究中心的威廉·C. 波特（William C. Potter）和秦光道教授在《切尔诺贝利事故对苏联核安全决策的影响》中，分析了事故后采取的措施。2019 年，美国拍了 5 集的《切尔诺贝利》纪录片，基本上还原了这次事件的原貌。事件后采取的措施对于世界各国安全使用核能有积极意义，我国也从三大核事故中吸取经验教训。我国经济社会发展对能源需求持续增长，核电已经成为我国未来可持续能源体系中的重要支柱之一。我国核电发展的方针可归纳为：战略必争、确保安全、稳步高效。

6.5.3　生物圈二号

地球生态环境遭到破坏，我们人类是否可以重建生物圈呢？在未来的太空探索中如何保证人类有和地球一样的生活环境呢？美国科学家在亚利桑那州建造了一个超过 3 个足球场大、近 8 层楼高的实验基地，开启"生物圈二号"的生态实验。这个大型生态实验全面模拟了地球自然生态体系，其中的动植物数量高达 4000 多种。1991 年，8 名男女科学家志愿进入"生物圈二号"工作和生活。实验中研究人员发现，首先氧气与二氧化碳的组成比例无法自行达到平衡；其次，水泥建筑物影响正常的碳循环；最后，因为物种多样性欠缺，造成了不可挽回的生物灭绝。这一生态实验未达到原先设计者的预定目标，宣告失败。这也说明，地球目前仍是人类唯一能依赖与信赖的生态系统。

6.5.4　可持续发展

从阿斯旺大坝、切尔诺贝利、生物圈二号可以得出结论，人类的活动确实对生态造成了重大影响，而人类目前也必须依靠地球生态环境生存。因此，地球变化和可持续发展研究这两大主题一直是人类关注的重大议题。2015 年的联合国大会第 70 届会议上，世界各国政府首脑达成一致意向：通过实行《变革我们的世界：2030 年可持续发展议程》推动世界走上一条可持续发展之路。2030 年议程包含 17 个可持续发展目标，为人类在 2030 年将要实现的社会、经济和环境可持续发展设定了量化的具体任务。要求"各国一起努力阻止地球退化，通过可持续方式进行生产和消费，管理地球的自然资源，在气候变化问题上立即采取行动，使地球能够满足今世后代的需求。"联合国在呼吁，各国政府在行动。2019 年，以"落实 2030年可持续发展议程：我们在行动"为主题的首届可持续发展论坛在北京召开，多边国际组织代表、各国政府部门官员、企业负责人和智库代表在内的约 500 位中外来宾探讨了落实 2030年议程的经验和计划，最终形成了《世和园倡议》。

面向可持续发展目标的重大需求，我国不断开拓地球大数据驱动的可持续发展研究新范式。2021 年，可持续发展大数据国际研究中心在北京成立。该中心在地球大数据科学工程专项基础上，建设多学科融合的可持续发展大数据云服务系统平台，建立全球可持续发展目标监测与评估体系，为联合国和中国落实 2030 年可持续发展议程提供科技支撑。

6.6　延伸阅读

6.6.1　科学技术改变人类的观念和行为

纸张曾经是文化传播不可或缺的，晋代左思完成《三都赋》后，豪贵之家竞相传写竟形成"洛阳为之纸贵"的场景。但随着技术的发展，CD 光盘能容纳的信息远远超出纸张的容量。一张 CD 的存储量约为 33 万张 8cm×10cm 的单张纸。纸张需要耗费大量木材、人力和其他资源，而 CD 性价比更高、更环保。1994 年，美国《国家地理》杂志希望通过制作《信息革命》专题，让 CD 技术进入大众视野。路易·皮斯霍斯（Louie Psihoyos）承担了拍摄照片的任务，并为之绞尽脑汁。为了说明数字存储的力量，皮斯霍斯设计了"一张光盘能装多少东西？"的创意，并特邀微软创始人比尔·盖茨作为主角。盖茨高高悬在半空，手持一张CD，身下是 33 万张纸，告诉全世界"这张光盘能够记录的内容比我身下所有的这些纸张都要多"。因为盖茨的光环和直观的 33 万张纸，使科技的力量震撼人心。

6.6.2　科学家的社会责任感

20 世纪 70 年代初，基因重组技术取得成功。作为开拓者之一，美国斯坦福大学的保罗·伯格教授在喜悦的同时也不无忧虑：万一重组出危害人类生存的生物怎么办？从技术上讲，这是完全可能的。为此，他不仅自己主动暂停实验，并且建议同行也这样做。他希望召开一次国际会议，同行共同讨论如何规范基因重组实验以确保安全。经过伯格坚持不懈地努力，对生物安全极为重要的阿西洛马会议终于在 1975 年召开。

2021 年，习近平总书记在中国科学院第二十次院士大会、中国工程院第十五次院士大会、中国科协第十次全国代表大会上的讲话指出，新时代更需要继承发扬以国家民族命运为己任的爱国主义精神，更需要继续发扬以爱国主义为底色的科学家精神。广大院士要不忘初心、牢记使命，响应党的号召，听从祖国召唤，保持深厚的家国情怀和强烈的社会责任感，为党、为祖国、为人民鞠躬尽瘁、不懈奋斗！

第 7 章　人工智能——生命的未来?

我们生活在一个人类智能和人工智能并存的时代。在这个伟大的时代,一方面,在电子显微镜、计算机断层扫描(CT)和磁共振成像(MRI)等神经成像技术的帮助下有关人类智能领域的科技资料数据有了丰富的积累,为人类智能的认知提供空前有效的支持和服务;另一方面,计算机技术和各种算法的积累使得人工智能逐渐浮出水面,并在各个领域取得日益丰富的成果。人工智能的进化与迭代进程比人类智能的自然进化历程迅速得多。生命的进化历程中可能会出现人类智能与人工智能相结合,从而让智能产生新的图景!

本章学习要求:

(1)了解人工智能的发展历程和取得的成果。

(2)理解人工智能和人类智能之间的区别。

(3)思考人类智能、人工智能的未来。

(4)向低碳环保的生命智慧学习,构筑更美好的未来。

第 7 章专题视频

7.1　人工智能简史

既然人类是地球生命智慧最高的,而人脑又是智慧的关键,那么毫不奇怪,人类会模仿自己的智能。人工智能沿着怎样的轨迹发展呢?人工智能将给人类生活带来什么冲击呢?未来人工智能会取代人类吗?

历史虽然不会重复,但有规律可循。过去中蕴藏了关于未来的暗示,了解历史才能更好地预测未来。短短 60 多年的发展历程中,人工智能经历了酝酿、诞生、发展、冰冻、回暖、寒冬、兴旺、爆发各个阶段,好像是一部浓缩的生命史。

7.1.1　人工智能酝酿期

阿兰·图灵在《计算机能思维吗?》一文中不仅给人工智能下了定义,而且还论证了人工智能的可能性。为了验证机器是否具有智能,他还设计了"图灵测试"。从此,研究者们从计算机应用系统的角度出发,持续探索如何制造智能机器或智能系统来模拟人类的智能活动。20 世纪 50 年代,人们对人工智能持乐观态度,人工智能正在孕育。

7.1.2　人工智能诞生期

1956 年的达特茅斯(Dartmouth)学会上,约翰·麦卡锡(John MacCarthy)不仅提出了人工智能(artificial intelligence,AI)概念,更点燃了人工智能的研究热情。科幻作家艾萨克·阿西莫夫前瞻性地提出了机器人学三大定律,希望能在未来保护人类的利益。专家们乐观地预测,20 年后的人工智能就能与正常人的智力水平相同。

7.1.3　人工智能发展期

马文·明斯基（Marvin Minsky）与约翰·麦卡锡共同创建了世界上第一个人工智能实验室。通过微型摄像机、运动传感器等设备，明斯基让人体验到了自己驾驶飞机、在战场上参加战斗、在水下游泳这些现实中未发生的事情，这也为他奠定了"虚拟现实"（virtual reality，VR）倡导者的重大地位。他的代表作《情感机器》构建了未来会思考的机器人的蓝图，并因此获得1969年的图灵奖。麦卡锡将数理逻辑应用于人工智能研究，领导开发了表处理语言LISP，于1971年获得图灵奖。这也使得应用逻辑理论的人工智能程序研究成为主流方向。

7.1.4　人工智能冰冻期

1957年，心理学家弗兰克·罗森布拉特（Frank Rosenblatt）发明了基于人工神经网络的感知器，建立了神经网络动力学理论。但受限于当时计算机的运算能力，长时期没有取得实质性的进展。1969年，明斯基与人合著的《感知器》阐明了神经网络现阶段的真实能力，对神经网络技术产生了毁灭性的打击，导致后续十年内几乎没人投入更进一步的研究。1973年，应用数学大师詹姆斯·莱特希尔（James Lighthill）爵士发挥专业特长，对当时的机器人技术、语言处理技术和图像识别技术进行了严厉的批评，尖锐地指出人工智能那些看上去宏伟的目标根本无法实现，表明AI并没有带来预期影响。英美政府和企业界都因为看不见商业应用前景而停止投资。人工智能进入了冰冻期。

7.1.5　人工智能回暖期

20世纪80年代，机器学习开始取代逻辑理论成为主流。爱德华·艾伯特·费根鲍姆（Edward Albert Feigenbaum）系统地阐述了专家系统的思想并提出"知识工程"的概念。面向特殊领域的专家系统程序使计算机行业看到了人工智能的商业化前景，资金纷纷涌入该领域。第一个成功的商用专家系统用于美国数字设备公司，它为新的计算机系统配置订单。知识工程的方法也很快渗透到人工智能的各个领域，促使AI从实验室研究走向实际应用，人工智能迎来了回暖期。

1980年，美国哲学家约翰·希尔勒（John Searle）提出了"中文屋实验"。该实验希望表达这样一种思想，即使机器表现出了理解中文的智能，它也不像人类那样拥有自我意识。1981年，日本开始研发第五代计算机，美、英等国也出于战略考虑重新开始自主AI计算机研发。我国从1978年开始人工智能方面的研究课题。1981年，中国人工智能学会（CAAI）等学术团体相继成立；1986年起国家把智能计算机系统、智能机器人和智能信息处理等重大项目列入国家高技术研究发展计划；1993年，国家又把智能控制和智能自动化等项目列入国家基础性研究重大项目计划。

7.1.6　人工智能寒冬期

20世纪90年代初，再次由于技术和思路所限，人工智能没有取得突破性进展。但个人计算机是一个更广阔的市场，大批的资金开始转向个人计算机和互联网。人工智能的寒冬再次降临。

7.1.7　人工智能兴旺期

神经科学的发展为人工智能注入新的灵感。麻省理工学院的罗德尼·布鲁克斯（Rodney Brooks）教授发表了《大象不会下国际象棋》宣言，推动了人工智能算法的复兴。1995 年，理查德·华莱士（Richard Wallace）研发出聊天机器人"Alice"。1996 年，机器人"深蓝"报名参与棋王争霸，挑战当时的世界国际象棋棋王加里·卡斯帕罗夫（Garry Kasparov）。虽然棋王以 4∶2 战胜"深蓝"，但人工智能重新成为关注焦点。1997 年，"深蓝"战胜了棋王卡斯帕罗夫，人工智能再次进入公众视野。

7.1.8　人工智能爆发期

之后 20 多年，人工智能在数据挖掘、语音识别、图像识别、医疗影像诊断、搜索引擎等众多领域都取得成功应用。关键是互联网的普及产生了海量数据，给人工智能提供了丰富的学习、挖掘和试错的对象。不仅如此，计算机硬件进步也使得运算能力和存储空间迅速提升。数据、硬件和算法成为三驾马车，推动人工智能掀起新一轮技术创新浪潮。

2006 年，杰弗里·辛顿（Geoffrey Hinton）等人提出了深度学习架构，开拓机器学习应用化前景。2011 年国际商业机器公司（IBM）研发的超级电脑"沃森"在美国智力竞赛电视节目《危险边缘》中脱颖而出，之后逐渐变身为超级医学专家。2015 年，谷歌推出了人工智能围棋程序"AlphaGo"。2016 年，它战胜了世界围棋冠军李世石。2017 年，它又战胜了世界围棋冠军柯洁。人工智能在记忆、计算等方面的能力已经超出人类。2018 年，英国政府在其官网宣布对人工智能行业进行 10 亿英镑的联合投资，以确保英国在 AI 领域的国际竞争中处于领先地位。国内外在人工智能领域的全球化布局证明了人工智能将成为产业新风口。像 200 年前电力彻底颠覆人类世界一样，人工智能也必将掀起一场新的产业革命。目前，人工智能领域的研究已经在模拟人的大脑旧皮质功能方面取得突破。

当前，人工智能正处在爆发期。根据国际数据公司（IDC）的《全球人工智能白皮书》估计，2021 年全球人工智能系统支出 853 亿美元；到 2025 年，这一数据将跃升至超过 2040 亿美元。2021～2025 年的复合年增长率将达到 24.5%。我国在人工智能领域的科学技术研究和产业发展起步稍晚，但在最近十余年的时间里抓住了机遇，进入了快速发展阶段。2015 年，《国务院关于积极推进"互联网＋"行动的指导意见》颁布，提出人工智能作为重点布局的 11 个领域之一；2016 年，在《中华人民共和国国民经济和社会发展第十三个五年规划纲要》中提出重点突破新兴领域人工智能技术；2017 年，国务院发布《新一代人工智能发展规划》，预计到 2030 年，我国 AI 将达到世界领先水平，与此同时，"人工智能"也被首次写入《十九大报告》，提出推动互联网、大数据、人工智能和实体经济深度融合；2018 年，李克强总理在政府工作报告中再次谈及人工智能，提出"加强新一代人工智能研发应用"；2019 年，习近平总书记主持召开中央全面深化改革委员会第七次会议并发表重要讲话，会议审议通过了《关于促进人工智能和实体经济深度融合的指导意见》。目前，在多层次规划的指导下，无论是学术界还是产业界，我国在人工智能国际同行中均有不错的表现。与此同时，我国从事该领域的研究人员逐渐成长并获得国际认可。例如，南京大学周志华教授主要从事人工智能、机器学习、数据挖掘等领域的研究工作，当选人工智能领域顶级学术会议 AAAI 2019 大会程序委员会主席，是该会议自 1980 年成立以来首位华人主席，也是首次由美欧之外国家的学者出任主席。在 2019 世界人工智能大会的"AI 让城市会思考"分会场上，阿里云发布了《中国企业 2020：人工智能应用实践与趋势》白皮书。提出了中国企业应用人工智能技术的成熟度分析和阶段性演进路径，总结出人工智能为企业创造价值的七大模式，为企业应用人工智能提供指导。

7.2　人工智能研究领域

人工智能是对人类智能的模拟，包括思维过程模拟和行为模拟。根据模拟等级的不同，可分为弱人工智能、强人工智能和超人工智能。目前，人工智能已经处于第四次科技革命的核心地位，但还属于弱人工智能领域，下一步是实现通用人工智能。

7.2.1　弱人工智能

弱人工智能只能完成某一项特定任务或者解决某一特定问题。例如，"深蓝""AlphaGo"等只在棋类游戏中称霸；无人驾驶专门应用于交通领域。

美国奇点大学人工智能部门负责人尼尔·杰卡布斯坦（Neil Jacobstein）将人工智能划分为三个大的领域：机器学习、规则化的知识库及对于人类大脑的逆向工程。目前全世界范围内人工智能的研究及应用领域已拓展到包括：机器学习、知识工程、机器视觉、自然语言处理、语音识别、计算机图形学、多媒体技术、人脑逆向、人机交互、机器人、数据库技术、可视化技术、数据挖掘、信息检索与推荐、无人驾驶等重点领域，这些领域彼此也互相交叉融合。这里以机器学习、知识工程、机器视觉和可视化技术、人脑逆向和无人驾驶等为例进行介绍。

一、机器学习

学习是人类智能的主要标志和获取知识的基本手段。机器学习（machine learning，ML）就是研究怎样使计算机模拟或实现人类的学习行为，一方面获取新的知识或技能，另一方面重新组织已有的知识结构使之不断改善自身的性能。它通过找出数据里隐藏的模式从而做出预测的识别模式，是计算机具有智能的根本途径。南京大学周志华教授以西瓜为例，深入浅出地介绍机器算法。有挑西瓜经验的人知道，色泽青绿、根蒂蜷缩、敲声浊响的西瓜正好熟透。那么，西瓜的数据就包括"（色泽＝青绿；根蒂＝蜷缩；敲声＝浊响）""（色泽＝乌黑；根蒂＝稍蜷；敲声＝沉闷）""（色泽＝浅白；根蒂＝硬挺；敲声＝清脆）"等不同取值。数据的集合就是数据集，每条记录就是1个样本，样本中的"色泽""根蒂""敲声"等称为属性。以"色泽""根蒂""敲声"三种属性作为三个坐标轴，就可以形成一个用于描述西瓜的三维空间。如果我们想通过机器学习算法帮助预测西瓜的好坏，需要获得训练样本的结果信息，如"[（色泽＝青绿；根蒂＝蜷缩；敲声＝浊响），好瓜]"，其中好瓜就是"结果"。如果我们想要的预测是"好瓜""坏瓜"这样的离散值，属于"分类"学习任务；如果是西瓜成熟度0.95、0.37这样的连续值，属于"回归"学习任务。如果想要"浅色瓜""深色瓜"，甚至"本地瓜""外地瓜"这样的分类，则属于"聚类"学习任务。

人类神经网络工作方式一直是人工智能的模拟对象。美国神经生物学家大卫·H.休伯尔（David H. Hubel）和托尔斯滕·威塞尔（Torsten Wiesel）在研究视觉和脑神经关联实验中发现，生物视觉是由不同脑体皮质神经元自主掌控的。图像会激活不同的大脑神经元，它们将图像抽象为符号信息向上传递。基于神经科学研究成果，人工智能领域的科学家持续模拟人脑的神经网络及思维方式。他们将原始的神经网络进行强化加深，形成了具有一定的自主推算能力的深度学习算法。该算法使得计算机能够通过简单的概念构建复杂的概念，并能够像人一样识别特征。2011 年，"谷歌大脑"识别猫的深度学习实验产生了轰动效应。实验中，1000 万张静态图片被输入到具有深度学习能力的计算机网络当中。3 天后，计算机就具有了区分猫和其他形象的能力。这个实验结果极大地推动了科学界对于深度学习的兴趣，众多国际知名企业、世界尖端人才都纷纷展开了对于深度学习理念的研究。基于此算法的高质量机器人也纷纷出现，使人工智能进一步进入大众视野。2017 年，Facebook 宣布推出基于卷积神经网络（convolutional neural network，CNN）开发的语言翻译模型。该翻译系统在英语-德语、英语-法语的测试上都比循环神经网络（recurrent neural network，RNN）更接近人工翻译。同年，拥有深度学习能力的"AlphaGo"战胜人类棋手柯洁也成为人工智能领域的盛事。该领域三位教授杰弗里·辛顿、杨·勒丘恩（Yann Lecun）、约书亚·本吉奥（Yoshua Bengio）也因深度学习研究成果同获 2018 年的图灵奖。

二、知识工程

知识积累是人类智能的基本成果，而知识工程（knowledge engineering，KE）是实现知识表示、获取、推理、决策和应用的技术。知识工程不仅研究如何获取、表示、组织和存储知识，更要研究如何运用知识和创造新知识。大数据时代为知识工程提供提升的空间，在国民经济中也发挥重要作用，典型的应用领域包括电子商务、教育、医学，甚至华谱系统等。我们知道中华民族历史悠久，家族和姓氏起源、变迁非常频繁。华谱系统以历史年代为线索，以互联网为平台，以大数据知识工程为技术手段，分析姓氏的起源、不同姓氏的关联、姓氏的变迁，逐渐建立华人姓氏的家谱系统。华谱系统是国家重点研发计划重点专项项目"大数据知识工程及其应用研究"的示范应用之一，它在提供隐私保护的前提下，赋予用户多样化的权限管理及隐私信息输入、整理和检索功能，通过数据融合和协同过滤的手段，以分布式的数据存储快速响应，并给出合理的姓氏推理结果。

知识图谱属于知识工程研究范畴，最近在知识获取、推理和应用研究取得了显著的进展。它可以在资源匮乏情况下，进行知识图谱的知识补全和可解释推理。我们知道，互联网上个性化推荐技术利用了知识图谱提供的丰富结构化信息。例如，知识图注意力网络（KGAT）利用知识图谱中商品之间的关系，训练了一个端到端的含注意力机制的模型，用于提高推荐系统的能力。注意增强的知识感知推荐用户偏好模型（AKUPM）使用注意力模型，利用知识图谱对用户进行建模，显著提升了推荐系统的效果。还有利用知识进行明确的推理来做出决策，使得推荐由可解释的因果推理程序生成和支持。正如中国科学院院士陆汝钤所说，"知识的获取和应用是人类永恒的需求，所以知识工程也就是人类永恒的课题。"

三、机器视觉

机器视觉（machine vision，MV）也是人工智能领域的重要分支。它借助于几何、物理和学习理论来建立模型，使用统计方法来处理数据。我们熟知的人脸识别、图像处理、智能识别等，都属于机器视觉的范畴。机器视觉在很多领域中已经得到了广泛应用。例如，在工业自动化生产线中应用机器视觉可避免人因疲劳或走神误判，提高生产质量和效率；在无人驾驶中，可避免人员危险，提高精度和速度；在机器检验中，可采用立体视觉检测在特定的光照环境下器件的容差，快速检验质量等。

自 2015 年马云演示支付宝的"刷脸"支付，到 2017 年很多机场、高铁站都启用了"刷脸"进站。人脸识别就是从照片中提取人脸中的特征，基于生物特征识别技术通过特征的对比输出结果。人脸识别包括特征提取算法、分类算法，深度学习也正逐渐被应用于人脸识别中。深度学习融合特征提取和分类，利用神经网络算法提供最适合的特征提取模式，让人脸识别效果更好。

四、可视化技术

为什么可视化的知识更容易传播？因为我们人类是直观的视觉生物，更容易接受看到的东西。可视化技术（visualization technology，VT）就是将复杂的信息以图像的形式呈现出来，让这些信息更容易、更快速地被人理解。它充分应用了计算机图形学、图像处理、用户界面等技术，将复杂的客观事物图形化展现，提供人类和计算机信息处理系统之间的接口。

其应用领域涉及社交媒体可视化、医疗信息可视化和体育数据可视化。其中医疗可视化中的平面 X 线扫描和三维 CT 影像，都能清晰地看到图像。而可穿戴设备的广泛应用，使得更多的抽象数据被采集。人体具体信息可视化技术也催生了医疗 2.0 概念的诞生，并可开发出新的可视化技术。例如，开发用户健康系统、汇总公众健康信息、分析临床电子病历等。

目前，可视化技术也面临新的挑战。如何深入挖掘人类对于图形、动画以及交互的感知和认知模式，从而逐步完善可视化的相关理论；如何批量创造风格化的可视展现，从而满足大规模可视化需求；如何根据不同用户自动推荐合适的可视化方式，满足个性化需求。这些挑战也为可视化技术的发展提供新的机遇。

五、人脑逆向

"蓝脑计划"开始于 2005 年，重点是研究用于处理亲子关系、社会互动的复杂认知功能的新大脑皮质。"蓝脑计划"项目的目的是使用超级计算机来模拟人脑机制，从实验数据逆向建模哺乳动物的大脑。

"蓝脑计划"项目的负责人查尔斯·佩克（Charles Peck）认为，模拟大脑的真正价值在于研究人员可以获得每个神经元的数据。并获知大脑各个组成部分之间的结合方式，从而明确大脑如何思考、学习及如何形成概念。如果该计划成功，这将是人类首次观察并同时模拟我们的大脑用以反映世界的电子代码，还可能有助于理解当大脑的"微电路"出故障时是如何引起孤独症、精神分裂症和抑郁症等精神上的紊乱的。2018 年，"蓝脑计划"发布了第一个 3D 脑细胞图谱，提供了大脑 737 个区域的主要细胞类型、数量和位置信息。在完成 3D 脑细胞图谱后，科学家们发现，如果要完成人脑的复制，需要组建一个超过 1000 亿个细胞的神经网络。经过详细测算目前技术条件下是无法实现的。但在未来呢？新技术可能产生新的突破。

六、无人驾驶

人类的交通技术在现在也发生了重大变革。人类早期驯化了马、牛、骆驼和大象等动物来提升交通速度；人类发明了轮子之后开始了动物拉车的交通方式；之后人类开始使用机械动力驱动的火车、汽车；逐渐地，高铁、飞机车将我们带到远方，载人航天器甚至将人送上月球。

但在地球陆地，汽车还是主要交通工具。其实在汽车工业刚起步，喜欢创新的人就开始探索自动驾驶的可能性了。当传感技术、多传感器融合技术、图像识别技术、全球定位系统、4G 技术和人工智能这些科技手段纷纷登上历史舞台，无人驾驶就应运而出了。定位系统提供准确的位置信息,引导车以最优路线到达目的地;计算机大脑尽快处理来自传感器和定位系统的信息,给出最佳行驶方案;人工智能算法快速处理复杂的情况,并具有自我学习和提升的能力。2004 年的美国国防高级研究计划局(DARPA)自动驾驶挑战赛中,行驶距离最长的是卡内基梅隆大学团队设计的自动驾驶汽车,约 12km。2005 年度挑战赛中,22 辆参赛车辆超过了 12km,其中 5 辆车完成了全程 212km。第三届自动驾驶挑战赛举办于 2007 年,这次的赛程增加了一段 97km 的城市路段,挑战难度明显增大。这次比赛的冠军仍然是卡内基梅隆大学团队,亚军是斯坦福大学团队。2007 年比赛结束后,美国斯坦福大学自动驾驶汽车研发团队的负责人塞巴斯蒂安·特龙(Sebastian Thrun)加入了谷歌,并且负责自动驾驶汽车开发项目。2011 年,一位《纽约时报》记者受邀乘坐谷歌自动驾驶汽车。他发表了一篇生动详尽的报道,在汽车行业业内和公众层面均引起巨大反响。2015 年 10 月,谷歌新推出了一辆名为"豆荚车"的自动驾驶汽车。它没有方向盘,没有油门踏板,没有刹车踏板,甚至也没有备用司机。一位双目失明的体验者独自乘坐这辆车在普通公路上行驶。最终,这段 10min 的旅程非常顺利。对自动驾驶来说,这是一个重要的里程碑。2016 年,新加坡启动了世界上首次自动驾驶出租车服务公开测试。2018 年,我国第一辆由百度联合红旗发布的 L4 无人驾驶出租车在广州运营,之后长沙被确定为全国首个落地无人驾驶出租车的城市。目前,我国无人驾驶已应用于很多生产生活场景,包括物流无人配送、港口矿山等无人运输和无人环卫等。

7.2.2 强人工智能

强人工智能指可以像人一样胜任智力任务,也是人工智能领域研究的目标。它作为一个引人入胜的话题出现在许多科幻作品中,如《三体》中的智子、《流浪地球》中的 AI 中控莫斯、《I, Robot》中的机器人、《阿丽塔:战斗天使》中的阿丽塔等。

7.2.3 超人工智能

强人工智能的下一步是超人工智能,它能超越任何人的所有智力活动。到那时,人类的智能会被远远甩在后面。它不仅可以对自身进行重编程和改进,而且思考速度和自我改进速度将远远超过人类。例如,《生命 3.0》开篇故事中欧米茄团队设计的超级智能计算机普罗米修斯,《超验骇客》中科学家威尔在死后将天才头脑和先进科技完美融合发展成的超级智能。

那么,第一台超级智能机器人会不会成为人类最后一个发明?关键风险是超人工智能可能会"逃脱",并"抢夺自己命运的控制权"。为了自己的未来,人类必须学会共同面对未知。

7.3 人工智能机器人

人工智能机器人就是给传统机械机器人装上一个中央处理器作为大脑。因此,人工智能机器人逐步具备了"人"的自主能力。随着计算机技术、互联网技术和人工智能技术的发展,人工智能机器人不断融入新的技术成果,并持续升级完善。

人工智能通过人机大战逐步奠定自己的地位。历史上每一次的人机大战都会给人类带来重大的心灵冲击。通过这些交战,我们可以梳理出人工智能机器人发展过程中的一座座里程碑。从"深蓝"通过穷举蛮算的数学计算能力战胜国际象棋世界冠军卡斯帕罗夫,到"浪潮天梭"以一对五战胜人类中国象棋大师，再到"AlphaGo"通过深度学习获得的学习能力轻松战胜围棋世界冠军李世石，人工智能机器人在思维模式上已经发生了质的飞跃。"沃森"在综艺节目中击败人类冠军选手这一令人震惊的成就展示了人工智能无限的前景。辩论机器人更是将人工智能推向新的高峰。

7.3.1 "深蓝"的发展历程

1997年，人工智能机器人"深蓝"（Deep Blue）凭借每秒分析2亿个棋局的逻辑分析能力，击败了人类的国际象棋冠军加里·卡斯帕罗夫。人工智能战胜了欲捍卫世界冠军称号的人类，当时震惊了国际象棋界。但"深蓝"如何能够具备这样的能力呢？它经历了哪些发展阶段和过程？

一、"芯片测试"

20世纪40年代，工业中出现了很多复杂工程。如果国际象棋能用人工智能解决，也会为其他复杂问题的解决提供借鉴。如何实现"国际象棋"的计算机编程？ 1949年，美国信息论之父克劳德·艾尔伍德·香农（Claude Elwood Shannon）论述了如何编制计算机下国际象棋的程序，使之成为人工智能领域中的一个重要的目标。当时的普遍共识是，如果计算机能下国际象棋，就表明它融入了人类智能活动的核心。

20世纪70年代，卡内基梅隆大学建立了"高科技"（Hitech）和"芯片测试"（ChipTest）2个国际象棋计算机研究小组。弈棋机包括走法生成器、评价函数和搜索控制三个部分。当时"高科技"组的走法生成器包含64个芯片，每个芯片对应1格棋盘。"芯片测试"组的许峰雄则希望设计一台超大规模集成电路走法生成器。他设计了可以每秒钟搜索3万个棋局的芯片，并组织同学们一起参加了1986年的计算机国际象棋锦标赛。结果"芯片测试"首次参赛取得了"两胜两负一平"的成绩。基于芯片设计，许峰雄提出了利用多台弈棋机实现高速搜索的设想，成为"深蓝"的设计蓝图。采用"单步延伸"的程序设计思路后，"芯片测试"有了更好的表现。虽然"单步延伸"能使程序发现在最佳方案下的潜在危险，但不能帮助程序找到更好的替代方案。"高故障单步延伸"增加了"芯片测试"检测妙招的能力。在1987年的计算机国际象棋锦标赛上，"芯片测试"晋级并与"Cray Blitz"对弈。开局不久，"芯片测试"预见会被吃掉一个兵，于是进入应急模式，计算了30min后为自己找到补救措施，走了很奇怪的一步棋。"Cray Blitz"丧失了开局优势，结果整场比赛只经过27步棋就结束了。乔纳森·谢弗（Jonathan Schaeffer）的"phoenix"也历经同样的命运。于是，"芯片测试"获得冠军，成为最优秀的弈棋机。

二、"深思"

受《银河系漫游指南》的启发，许峰雄为他的新一代弈棋机取名"深思"（Deep Thought）并开启与人对弈的模式。"深思"采用双处理器加快运算速度，采用自动调节和评价函数的程序设计思路。新的硬件评价采用现场可编程门阵列（FPGA）。

1988年，"芯片测试"和"深思"同场参加了弗雷德金基金会赞助的计算机国际象棋年度赛事。二者首次与人类棋手过招，结果人类棋手获得第一名，"深思"获得第二名，"芯片测试"获得第五名。巴黎记者招待会上，有人问国际象棋世界冠军加里·卡斯帕罗夫一个问题：在2000年前，计算机能否在国际象棋中战胜人类大师？卡斯帕罗夫肯定地回答绝对不可能。因为这句话，他在人工智能的历史上永远留下了自己的故事。同年9月，德国计算机先驱康拉德·楚泽(Konrad Zuse)策划一场赛事,要让世界上最好的弈棋机与国际象棋冠军一争高下。"深思"被邀请参加,但赛事因故取消,成为人机赛事的遗憾。11 月,"深思"参加美国计算机协会国际象棋锦标赛获得冠军,参加软件工具国际象棋锦标赛与人类棋手并列冠军。当时,卡斯帕罗夫仍然是人类和计算机类都无法争锋的国际象棋之王。

1989 年 10 月,经过升级的"深思"拥有 6 个处理器,并能够在一秒钟内分析 200 万个棋位。"深思"终于有机会和卡斯帕罗夫对弈,结果却以惨败收场。相信这个事实也让卡斯帕罗夫更加坚定自己的判断。许峰雄也意识到"深思"不尽完美,仍有很大的改进空间。他设想把整个弈棋机集成到一个硅芯片上,然后用大量的这种芯片构建最终的弈棋机。德国的 IBM 支持这个计划,并将"沉思"研究团队核心成员纳入麾下。

三、"深蓝"

1996 年,卡斯帕罗夫与"深蓝"(Deep Blue)对决,以 4 : 2 获胜。"深蓝"设计师们积极改进,将它的运算速度提高了一倍。三届美国国际象棋冠军乔尔·本杰明(Joel Benjamin)加盟,将他对象棋的理解编成程序教给"深蓝"。每场对局结束后,设计组都会根据卡斯帕罗夫的表现修改特定的参数。"深蓝"虽不会思考,但这些工作帮助它不断学习。1997 年,"深蓝"再次与卡斯帕罗夫展开了一场人机世纪之战。此时的"深蓝"拥有 480 个象棋芯片,运算速度可达 2 亿次 /s。它吸收了史上所有棋谱,记住了所有国际象棋的路数。必要时,它甚至可以依靠强大的计算能力破解国际象棋大师的棋路。在这次人机大战中,"深蓝"就是以这种"蛮横"的姿态,预测出国际象棋后 12 步的走法,比卡斯帕罗夫多 2 步。结果在前五局平局的情况下,卡斯帕罗夫在第六盘决胜局中仅走了 19 步就向"深蓝"拱手称臣。卡斯帕罗夫表示,"深蓝"的思维模式让人捉摸不透,更无法预测它下一步会怎么走。历经 11 年研发历史的"深蓝"体现出超越人类智能的计算能力,成为人工智能研究中的一个里程碑。

7.3.2 "浪潮天梭"

那么在中国象棋界,人工智能战况如何呢? 2002 年,浪潮启动"天梭工程",吹响国内人工智能进军高端市场的号角。2003,浪潮发布了代表中国计算机产业最高技术水平的"浪潮天梭 TS20000"。2004 年,它打破并刷新了由 IBM 保持的全球商业智能计算世界纪录。2004 年,"浪潮天梭 TS20000 DB"成为全球首台基于高速互联技术通过 Oracale 认证环境(Oracale certification environment,OCE)国际认证的中国高性能服务器产品。2005 年,"浪潮天梭"获得信息产业部信息产业重大技术发明奖。2006 年,在"浪潮杯"首届中国象棋人机大战中,"浪潮天梭"同时迎战柳大华、张强、汪洋、徐天红和卜凤波等 5 位中国象棋特级大师。它凭借平均每步棋 27s 的速度和每步 66 万亿次的棋位分析与检索能力,最终以 11 : 9 战胜了中国象棋大师们。

这次人机大战十分激烈,不仅是脑力的消耗,更是耐力的比拼。几位中国象棋大师惊叹超级计算机的耐力和稳定性。通常,人类下象棋的最后时刻拼的是意志和心态,而"浪潮天梭"却没有意志和心态的问题。因此,这个比赛结果也是可以接受的。遗憾的是,当时"中国象棋第一人"许银川因时间冲突未能亲临现场。后来,许银川与"浪潮天梭"特地展开了一场终极对决。在两回合较量中,许银川与超级计算机两战两和,为本次人机大战画上了圆满句号。

7.3.3　"沃森"

"沃森"（Watson）是 IBM 研发的一款人工智能机器人，名字源于 IBM 公司创始人托马斯·约翰·沃森（Thomas John Watson）。它的核心能力是解读非结构化数据，主要应用于人机对话问答，所处理的都是语言、声音甚至是图片。所以，沃森的理解、分析、提炼和推理建立在自然语言和图片之上。

"沃森"由 90 台 IBM 服务器组成，利用深度自然语言处理技术产生答案，并根据不同标准对不同答案进行评估，最终产生精确答案。2011 年，"沃森"在益智问答节目《危险边缘》中总的得分比肯·詹宁斯（Ken Jennings）和布拉德·鲁特（Brad Rutter）两人的总分还要高。其实这两人也并非泛泛之辈，詹宁斯曾连续赢得 74 场比赛；而鲁特斩获的奖金最高。鉴于在节目中的出色表现，"沃森"成为冲击人工智能领域的生力军。

新一代"沃森"则朝着医疗、金融和营销行业进军。它们不仅能理解我们所熟悉的视觉、听觉及书面信息，还能理解那些我们并不熟悉的在电脑和网络中传送的数据。在医疗领域，它能查找、阅读医学文献，据称"沃森"可以每秒阅读 8 亿页的资料。第一类新系统已经进入应用阶段，它们可以从经验中学习，因此当之无愧地成为大师级的诊疗医师和医学咨询师。

"沃森"甚至进军教育领域，评估学生答案，提供指导并识别出常见错误。它还可以通过提问来检查学生对知识的理解程度。2016 年，美国佐治亚理工学院采用"沃森"做教学助理。学生们反映，"沃森"比其他助教回复更迅速。同年，IBM 与网易云课堂达成战略合作。由 IBM 中国研究院研制的认知计算课程体系已经登录网易云课堂，可提供学习认知计算、人工智能、机器学习等前沿科技课程。

7.3.4　"AlphaGo"

除了国际象棋和中国象棋，围棋也是人工智能挑战的领域。继"深蓝"之后，谷歌旗下的 DeepMind 公司开始围棋领域的人机大战。该团队开发了基于深度神经网络的围棋人工智能程序，命名为"AlphaGo"。它将深度学习、强化学习、蒙特卡洛树搜索和大规模计算的思想融于一体，形成了"AlphaGo Fan""AlphaGo Lee""AlphaGo Master""AlphaGo Zero"系列，通过人机大战成为人工智能研究领域的里程碑。

一、"AlphaGo Fan"

2013 年至 2015 年，樊麾蝉联三届欧洲围棋冠军。而他就是"AlphaGo Fan"的对弈目标。与"深蓝"穷尽计算方法不同，"AlphaGo"通过策略网络和价值网络来决定棋路。它的核心系统是深度学习，先通过大量数据分析学习职业棋手棋谱，再通过增强学习的方法自我博弈，从而寻找比基础棋谱更多的打点来击败人类。2015 年，"AlphaGo Fan"以 5∶0 的成绩击败樊麾。

二、"AlphaGo Lee"

李世石是韩国围棋九段大师，数次获得世界冠军。2016 年，谷歌派"AlphaGo Lee"在首尔挑战李世石。比赛之前，各路围棋高手和媒体大众都倾向于李世石，认为人类将完胜智能机器人。在五局三胜制的围棋比赛中，李世石开始就连输两局。在关键性的第三局，"AlphaGo"执白棋，李世石执黑棋，当白棋下到第 176 手时，李世石投子认输。第四局比赛中李世石执白棋击败对手扳回一局。第五局中，李世石赛前主动申请选择下黑棋，"AlphaGo"取得最终局的胜利。结果李世石以 1∶4 输掉了这场围棋人机大战。这个比赛结果一时间引起轩然大波，也引发了很多思考和讨论。人工智能领域的巨大成就引起更多人的注意，乐观者坚信人类能设计和操控人工智能，而悲观者担心人类会陷入被人工智能取代的命运。

三、"AlphaGo Master"

1997 年出生于浙江的柯洁是天才棋手，2015 年首次成为世界冠军并由四段直升九段。2016 年，柯洁在中国中央电视台贺岁杯围棋赛决赛中击败韩国李世石夺冠。2017 年，谷歌派 "AlphaGo Master" 在乌镇挑战柯洁。为备战，人类棋手古力、樊麾、聂卫平、柯洁与谷歌 CEO 桑德尔·皮蔡（Sundar Pichai）一起探讨 "AlphaGo" 的棋艺。中国 "棋圣" 聂卫平认为，柯洁会被 0∶3 击溃。围棋九段古力认为，如果柯洁发挥出 100% 的状态，那么他也许有 5% 的胜率。柯洁则表示代表人类出战，绝不轻言失败。此时的 "AlphaGo" 已经摆脱了监督学习，不再需要人类下围棋的历史数据，而是通过增强学习和 "AlphaGo" 相互对战学习如何下棋。结果正如聂卫平的预言，柯洁以 0∶3 输掉了比赛。

四、"AlphaGo Zero"

2017 年，DeepMind 在《自然》杂志报道了新版程序 "AlphaGo Zero" 的情况。它采用启发式搜索、强化学习和深度神经网络算法，只以作战的历史棋面作为输入。仅经过 3d 的训练，"AlphaGo Zero" 便以 100∶0 的战绩击败了 "AlphoGo Lee"，经过 40d 的训练便击败了 "AlphoGo Master"。它不再受限于人类知识的局限，而是从一张白纸的状态开始从 "AlphaGo" 自身学习。"AlphaGo Zero" 在 3d 内自学了三种不同的棋类游戏，包括国际象棋、围棋和日本将军棋，而且无需人工干预。它的表现成功碾压了那些花了几十年时间来手工开发围棋软件和象棋软件的世界顶尖人工智能研究者。似乎在围棋这项运动中，人机对战将成为历史。

IBM 希望未来将 "沃森" 打造成通用人工智能，DeepMind 也希望利用人工智能推动人类社会进步，终极目标是利用 "AlphaGo" 打造通用的终极工具。他们目前正积极与英国医疗机构和电力能源部门合作，希望通过人工智能的帮助提高看病效率和能源效率。"沃森" 和 "AlphaGo" 走上殊途同归之路。

7.3.5　辩论机器人 "Project Debater"

辩论不仅是对人工智能语言理解和分析等综合能力的最大挑战，而且要求具备批判性思维、涉猎广泛和幽默感。虽然涉猎广泛对人工智能机器人来说是小菜一碟，但是其他要求对人工智能是重大的挑战。IBM 在前期智能机器人开发基础上，开始挑战辩论领域。辩论是一个开放式的挑战，与之前 AI 所解决的挑战不太相同。以色列海法辩论技术团队经理拉尼特·阿哈罗诺夫（Ranit Aharonov）认为辩论技术与任何需要做决策的事情都有关系，未来可以有很多应用领域。

"Project Debater" 是一个像人一样高的黑色长方形物体，拥有简单的类似语音助手一样的用户界面（UI）交互设计，将多种算法与 AI 技术组合在一起。2018 年，"Project Debater" 对垒 2016 年以色列全国辩论冠军诺亚·奥瓦迪亚（Noa Ovadia）和以色列辩论专家丹·扎夫里（Dan Zafrir）。双方各拥有 4min 陈述论点，4min 反驳论点，2min 做最后总结。人类将主题告诉计算机,它会扫描数据库,数据内包括海量新闻、学术论文,它会用算法做出判断,看看哪些文本相关性高、观点性强。在辩论过程中,语音识别系统会倾听机器的对手说了什么,如果机器人出现误听,系统会在出错的地方增加另一个层。

辩题之一是政府是否应该资助太空探索。"Project Debater"持支持观点,奥瓦迪亚持反方观点。"Project Debater"认为,资助太空探索就像投资好的轮胎一样,这样的探索可以推进科学发现、丰富人类思维并激励年轻人超越自我。奥瓦迪亚提出,政府补贴应当更好地用于地球上的科学研究。"Project Debater"则反驳说,太空探索带来的潜在技术和经济利益超过其他政府支出。辩题之二是远程医疗的未来,"Project Debater"对阵扎夫里。辩论中,"Project Debater"甚至成功讲述了一两个相关的笑话。大部分观众认为,与人类辩手相比,"Project Debater"传达了更多信息。"Project Debater"具有协助人类制定日常复杂决策的潜力,包括在金融顾问领域、公共事务决策领域、学生助手领域,以及律师和企业决策领域等。

7.4　人工智能的未来

人工智能是人类智能的仿生。人类智能的特点是什么?人工智能的特点是什么?人工智能的未来如何?这不仅关乎人工智能的命运,更与人类的命运息息相关。

7.4.1　人类智能与人工智能

人类智能不仅经历了漫长的生命演化历程中物理、化学、生物的演化过程,同时也经历了缓慢的社会演化。因此,人类智能既包含自然规律也包含社会规律。作为人类智能的载体,大脑是人体中耗能最高的。虽然大脑的分量大约只占体重的2%,但其耗能达总能量的20%。通常人类大脑的耗能是20~30W,当下棋时大脑全功率运转,这个数字还可能往上升。

人工智能是人类智能达到一定阶段时,对人类智能的模拟。它的物质承担者是集成电路、电子管、晶体管等电子元件。与人脑相比,电脑的能耗要高得多。据计算,与蝉联2013年至2015年的三届欧洲围棋冠军樊麾交战并取胜的"AlphaGo"所有计算元件耗能应该超过200 000W,总耗能近似人类大脑的一万倍。

人类的学习能力源于自然演化,人脑的思维过程完全依赖于大脑结构和其中的电化学反应,但能自主运行。但我们的大脑也有自身的局限性。

(1)运算速度有限。人类大脑的信息处理速度主要取决于大脑神经元的传导速度,神经纤维直径越粗、内阻越小,传递速度越快。人类 α 神经纤维的信号传递速度可达120m/s,和复兴号高铁的速度差不多。

(2)储存容量有限。人类大脑约包含1000亿个神经元,也有观点认为是860亿个神经元。限于神经元数量,人脑内存储知识的理论上限为5亿本书的知识。据估计,人每天能记录生活中大约8600万条信息,而人的一生能凭记忆储存100万亿条信息。

(3)学习时间有限。人的生命有限,即使寿命长达120岁且天天都在学习,能掌握的知识也是有限的。

(4)容易忘记和失真。人脑由于生理机制的局限性,总是会把不太重要的信息不断地忘掉,以便快速、无障碍地处理更重要的信息,而且疾病与衰老也会加快记忆信息的流失。

(5)干扰因素多。由于生理机制的局限性,人不仅容易受到如噪声、气温、光线等外部环境因素的干扰，而且容易受到如情绪、疾病、生理需求等身体内部环境的干扰。这些干扰因素容易产生情绪波动和注意力不集中，从而影响人类智能。

（6）沟通渠道障碍。人类主要是通过自然语言进行相互交流和沟通的，但不同的国家和不同的民族自然语言往往不同，导致沟通交流方式效率低。

相反，人工智能却能完全克服人类智能的局限性。人工智能的运算速度随着技术进步逐渐提高，每秒可达 1 万亿次以上。有了云服务器，人工智能存储空间的增长也是日新月异。只要有电，计算机就不需要吃饭、休息、锻炼、娱乐等生理需求。它们不仅能理解视觉、听觉和书面信息，还能理解电脑和网络中的数据。

人工智能确实有它的优势，它可以存储数以亿计的事件，并且可以瞬间召回这些信息。而且一旦掌握了一项技能，便可以高速重复使用这项技能，并且极其精准、不知疲倦。人工智能可以在近乎光速（3×10^8m/s）的速度下进行信号的处理和转换。它不仅能够通过互联网理解并掌握人机文明的所有知识，而且能够共享资源、智能和存储能力，两台或者多台机器可以联合也可以分离。

目前，人工智能的发展势头非常迅猛。其研究领域不断朝数学运算、逻辑推理、专家系统、模式识别、深度学习等更深层的智能方向发展；其应用领域不断向智能电视、智能手机、智能家居、智能交通、智能购物、智能城市、智能养老等进行扩展。有的专家认为人工智能的下一个技术突破口是人工情感。实现了真正意义的人工情感，人工智能会有更加广阔的发展空间，也会对社会生产力形成更加强大的推动力。

7.4.2　人类与人工智能结合

在机器与人类的竞争仅限于身体能力时，人类还有数不尽的认知任务可以做得更好。所以，随着机器取代纯体力工作，人类便转向专注于需要认知技能的工作。人类的知识进步源于人类的长寿命和世代重叠形成的获得性遗传，各种信息介质的发明不断强化了这一点。而人工智能仍然可以被视为人类知识积累在计算机硬件辅助下的一种"延伸"，而不是一种简单的并行或竞争关系。

未来学家库兹韦尔预言，到 2030 年，人类将成为混合式机器人进入进化的新阶段。人类不仅能够设计自己的硬件外形，也能够设计自己的软件内核，这种人机结合体就是泰格马克提出的生命 3.0 阶段。2019 年，硅谷创新狂人埃隆·马斯克（Elon Musk）发布了一个脑机接口系统，并已成功实现在猴子上的应用。他通过一台神经手术机器人向猴大脑内快速植入大量 4～6μm 粗细的线，通过 USB-C 接口直接读取大脑信号，并可以用 iPhone 控制。而在同年 Facebook 紧随其后也发布了其脑机项目的新进展，即将人脑的思维解码为文字语音，直接从大脑中解读语音。人机结合协同进化正逐渐从科幻走向现实。

7.4.3　人工智能的发展趋势

人工智能的发展可分为短期未来和长期未来。人工智能在接下来的几年中，将呈现出如下发展趋势。

一、人工智能技术产品化

在智能手机方面，华为作为中国通信巨头，已经发布了自主研发的人工智能芯片，并且将这些人工智能芯片应用在旗下智能手机产品中。三星发布的语音助手"Bixby"，在软件层面进行了升级，改变了语音系统长期停留于"你问我答"的模式。基于智能手机的人工智能，已经与人们的生活越来越密切。图灵机器人 CEO 俞志晨预言："人们将会像挑选智能手机一样挑选机器人。"在仿人智能机器人市场，日本软银公司开始把研发的情感机器人"Pepper"面向普通消费者发售。我国人工智能机器人团队已经超过 100 家。德国企业研发的绘画机器人，可以在模特摆好造型后 10min 之内为模特画出一幅生动的素描画像来。意大利的科学家研制出了一款可以弹奏钢琴的智能机器人"特奥特罗尼科"。

二、人工智能将达到专家顾问级别

凯文·凯利曾说："使用人工智能的人越多，它就越聪明。人工智能越聪明，使用它的人就越多。"就像人类专家顾问的水平，很大程度上取决于自身的经验一样，人工智能的经验就是数据以及处理数据的经历。由于深度学习能力的提升和大数据的积累，全球极具权威的IT 研究与顾问咨询公司高德纳（Gartner）认为，人工智能将很快达到"认知专家顾问"级别。

三、人工智能技术实用化

人工智能机器人"尤金"首次通过图灵测试，"AlphaGo"接连战胜了人类围棋冠军，"Project Debater"和人类辩论，这些史无前例的事件让我们感觉到，人工智能已经发展到了一定的水平。人工智能与不同产业的结合，逐渐发展成为一种可以购买的商品。美籍华人吴恩达博士认为人工智能将和电一样成为未来生活的必需品。无人驾驶、厨房机器人、扫地机器人、医疗机器人都将使我们的生活更为便利。

四、人工智能大爆炸

虽然目前人工智能还在人类可控范围内，但人工智能很可能在具有意识后进行超越。机器人专家汉斯·莫拉维克曾提出"人类能力地形图"（图 7-1），进行人类智能与人工智能的比

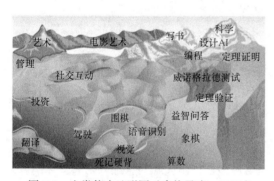

图 7-1　人类能力地形图（泰格马克，2018）

较，其中海拔高度代表这项任务对计算机的难度。我们亦喜亦忧地看着人工智能的能力不断向上攀升，直到有一天全部超越人类达到奇点。到那时，通用超级智能的产生将会导致智能爆炸。到时候人类是否拥有控制权，泰格马克进行了分析。如果一些人类控制这场智能爆炸，则他们可能会迅速控制整个世界；如果人类没能掌控这场智能爆炸，则人工智能会以更快的速度控制世界，人类则被淘汰出局。未来，超级智能或许会促成更大宇宙尺度上的合作。

7.5　延　伸　阅　读

7.5.1　《人工智能时代》

中国人工智能学会名誉理事长，中国工程院院士李德毅为斯坦福大学人工智能专家、智能时代领军人杰瑞·卡普兰（Jerry Kaplan）的《人工智能时代》作序，"他为我们描绘了一幅人机共生的未来图景，在这个新生态中，机器与人的关系将彻底实现质的跨越，这对整个

社会的法律、经济体系也提出了艰巨的挑战。"创新工场 CEO 李开复认为，"在这个生态中，机器人犯罪了，我们知道该如何去惩罚，也知道该如何让自己置身事外，不受牵连；在这个生态中，我们的企业、教育体系与个人知道该如何建立一个有益的绿色闭环，以帮助将近半数的失业人员再就业；在这个生态中，我们知道企业的形态、竞争机制，甚至社会保险制度会面临什么样的选择，又该如何做才能让社会经济良性运行。最终，在这个生态中，机器人做的将是机器人该做的，而人的价值自有它的去向。"人工智能促成的科技进步终将给社会带来挑战。

7.5.2 《人工智能的未来》

2045 年，人工智能将超过人类智能，储存在云端的"仿生大脑新皮质"与人类的大脑新皮质将实现"对接"，世界将开启一个新的文明时代，"奇点"将会到来。那时候的我们面临怎样的命运？雷·库兹韦尔在《人工智能的未来》中通过对人类思维本质的全新思考，大胆地预言了人工智能的未来。他坚信，未来人类一定会制造出可与人脑相媲美的"仿生大脑新皮质"。它们甚至比人脑更具可塑性，并可放置在云端，与遥远的人类生物大脑远程相连。那时，或许人工智能真的能够与人类相媲美。

主要参考文献

艾伯茨，布雷，霍普金，等. 2012. 细胞生物学精要. 丁小燕，陈跃磊，译. 北京：科学出版社

布拉特纳. 2017. 宇宙的尺度. 阳曦，译. 北京：北京联合出版公司

达尔文. 2010. 物种起源. 舒德干，等译. 北京：北京大学出版社

戴维森，贝格利. 2019. 大脑的情绪生活. 三喵，译. 上海：上海人民出版社

迪昂. 2018. 脑与意识. 章熠，译. 杭州：浙江教育出版社

段云峰. 2018. 晓肚知肠：肠菌的小心思. 北京：清华大学出版社

福冈伸一. 2017. 生物与非生物之间. 曹逸冰，译. 海口：南海出版公司

格林. 2018. 宇宙的结构. 王文浩，译. 长沙：湖南科学技术出版社

格林. 2018. 宇宙的琴弦. 李泳，译. 长沙：湖南科学技术出版社

格林. 2021. 隐藏的现实平行宇宙是什么. 李剑龙，权伟龙，田苗，译. 北京：人民邮电出版社

海克尔. 2016. 自然界的艺术形态. 北京：北京大学出版社

凯利. 2016. 失控：全人类的最终命运和结局. 张行舟，陈新武，王钦，等译. 北京：电子工业出版社

凯利. 2018. 必然. 周峰，董理，金阳，译. 北京：电子工业出版社

考夫曼. 2017. 火星零距离：好奇号火星探索全记录. 姚若洁，等译. 北京：北京联合出版公司

乐毅全，王士芬. 2019. 环境微生物学. 北京：化学工业出版社

刘佳峰，付新苗，昌增益. 2016. ATP 合酶旋转催化的一种新机制. 中国科学：生命科学，46（3）：
    269—273

卢因. 2009. 细胞. 桑建利，连慕兰，等译. 北京：科学出版社

任露泉，梁云虹. 2016. 仿生学导论. 北京：科学出版社

泰格马克. 2017. 穿越平行宇宙. 汪婕舒，译. 杭州：浙江人民出版社

泰格马克. 2018. 生命 3.0. 汪婕舒，译. 杭州：浙江教育出版社

唐炳华，郑晓珂. 2017. 分子生物学. 北京：中国中医药出版社

温伯格. 2018. 最初三分钟：关于宇宙起源的现代观点. 王丽，译. 重庆：重庆大学出版社

希斯赞特米哈伊. 2015. 创造力：心流与创新心理学. 黄珏苹，译. 杭州：浙江人民出版社

谢伯让. 2018. 大脑简史. 北京：化学工业出版社

薛定谔. 2018. 生命是什么. 周程，胡万亨，译. 北京：北京大学出版社

员冬梅，徐启红. 2020. 普通生物学. 2 版. 北京：化学工业出版社

翟中和，王喜忠，丁名孝. 2011. 细胞生物学. 4 版. 北京：高等教育出版社

张惟杰. 2016. 生命科学导论. 北京：高等教育出版社

赵君亮. 2018. 宇宙的暴涨. 上海：上海科学技术文献出版社

赵宗江. 2016. 细胞生物学. 北京：中国中医药出版社

中国电子学会. 2017. 机器人简史. 北京：电子工业出版社

周廷华，魏昌瑛. 2007. DNA 双螺旋结构发现背后的女性：纪念罗莎琳德·富兰克林逝世 49 周年. 生
    物学通报，42（8）：61—62

周晓青. 2009. 角果藜地上地下结果性的生活史对策. 乌鲁木齐：新疆农业大学硕士学位论文

朱钦士. 2019. 生命通史. 北京：北京大学出版社

Gazzaniga M S，Ivry R B，Mangun G R. 2011. 认知神经科学：关于心智的生物学. 周晓林，高定国，等译. 北京：中国轻工业出版社

Ferguson B J, Indrasumunar A, Hayashi S, et al. 2010. Molecular analysis of legume nodule developmentand autoregulation. Journal of Integrative Plant Biology, 52(1): 61-76

Gu J, Zhang L, Zong S, et al. 2019. Cryo-EM structure of the mammalian ATP synthase tetramer bound with inhibitory protein IF1. Science, 364(6445): 1068-1075

Guo J, Meng X Z, Chen J, et al. 2014. Real-space imaging of interfacial water with submolecular resolution. Nature Materials, (13): 184-189

Lodish H F, Berk A, Kaiser C A. 2016. Molecular cell biology. 8th ed. New York: W. H. Freeman & Company

Zhang P, Abate A R. 2020. High-definition single-cell printing: cell-by-cell fabrication of biological structures. Adv Mater, 32(52): e2005346

Zhang Q, Dehaini D, Zhang Y, et al. 2018. Neutrophil membrane-coated nanoparticles inhibit synovial inflammation and alleviate joint damage in inflammatory arthritis. Nature Nanotechnology, (13): 1182-1190

全部参考文献